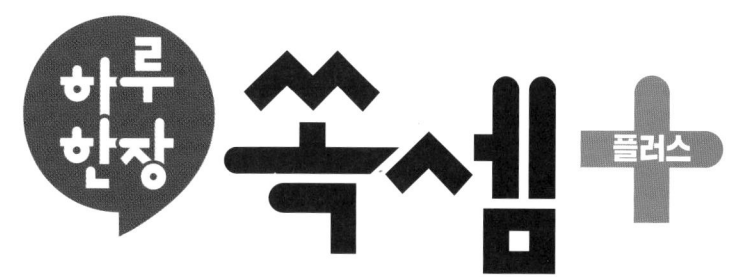

"연산 문제는 잘 푸는데 문장제만 보면 머리가 멍해져요."

"문제를 어떻게 풀어야 할지 모르겠어요."

"문제에서 무엇을 구해야 할지 이해하기가 힘들어요."

연산 문제는 척척 풀 수 있는데

문장제를 보면 문제를 풀기도 전에

어렵게 느껴지나요?

하지만 연산 문제도 처음부터 쉬웠던 것은 아닐 거예요.

반복 학습을 통해 계산법을 익히면서 잘 풀게 된 것이죠.

문장제를 학습할 때에도 마찬가지입니다.

단순하게 연산만 적용하는 문제부터 점점 난이도를 높여 가며,

문제를 이해하고 풀이 과정을 반복하여 연습하다 보면

문장제에 대한 두려움은 사라지고

아무리 복잡한 문장제라도 척척 풀어낼 수 있을 거예요.

『하루 한장 쏙셈 +』는

가장 단순한 문장제부터 한 단계 높은 응용 문제까지

알차게 구성하였어요.

자, 우리 함께 시작해 볼까요?

구성과 특징

1일차

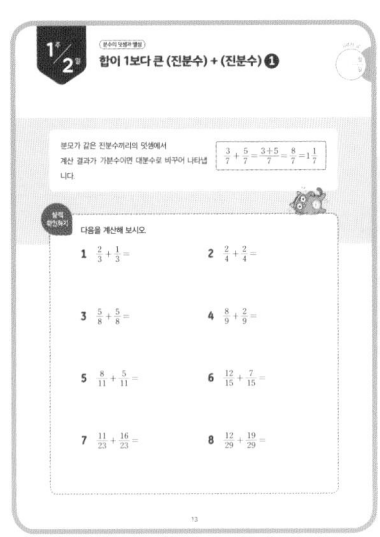

- 주제별 개념을 확인합니다.
- 개념을 확인하는 기본 문제를 풀며 실력을 점검합니다.

- 주제별로 가장 단순한 문장제를 『문제 이해하기 ➡ 식 세우기 ➡ 답 구하기』 단계를 따라가며 풀어 보면서 문제풀이의 기초를 다집니다.
- 문제는 예제, 유제 형태로 구성되어 있어 반복 학습이 가능합니다.

2일차

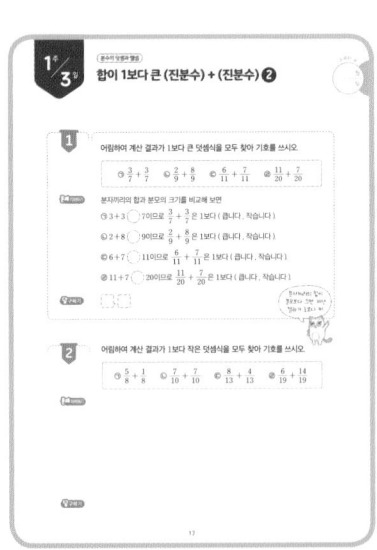

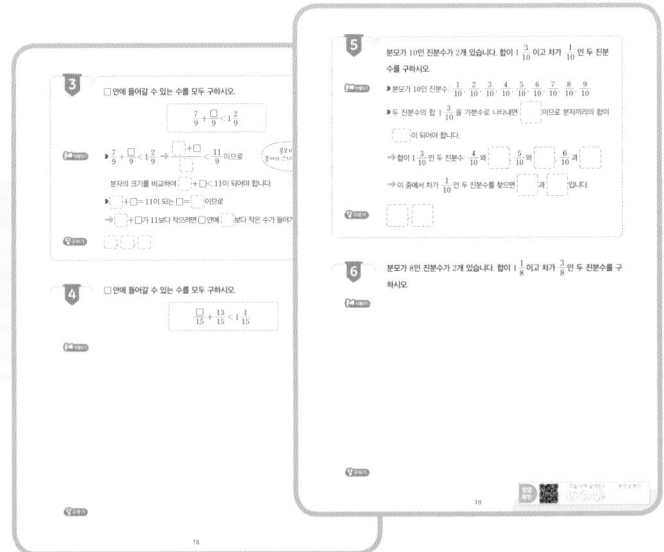

- 1일차 학습 내용을 다시 한 번 확인합니다.

- 주제별 1일차보다 난이도 있는 다양한 유형의 문제를 예제, 유제 형태로 구성하였습니다.
- 교과서에서 다루고 있는 문제 중에서 교과 역량을 키울 수 있는 문제를 선별하여 수록하였습니다.

● 창의력을 키우는 수학 놀이터로 하루 학습을 마무리합니다.

● 학습에 대한 부담은 줄이고, 수학에 대한 흥미, 자신감을 최대로 끌어올릴 수 있습니다.

쏙셈+는
주제별로 2일 학습으로 구성되어 있습니다.

1일차 학습을 통해 **기본 개념**을 다지고,

2일차 학습을 통해 **문장제 적용 훈련**을 할 수 있습니다.

단원의
마무리 학습

● 창의력을 키우는 수학 놀이터로 하루 학습을 마무리합니다.

● 학습에 대한 부담은 줄이고, 수학에 대한 흥미, 자신감을 최대로 끌어올릴 수 있습니다.

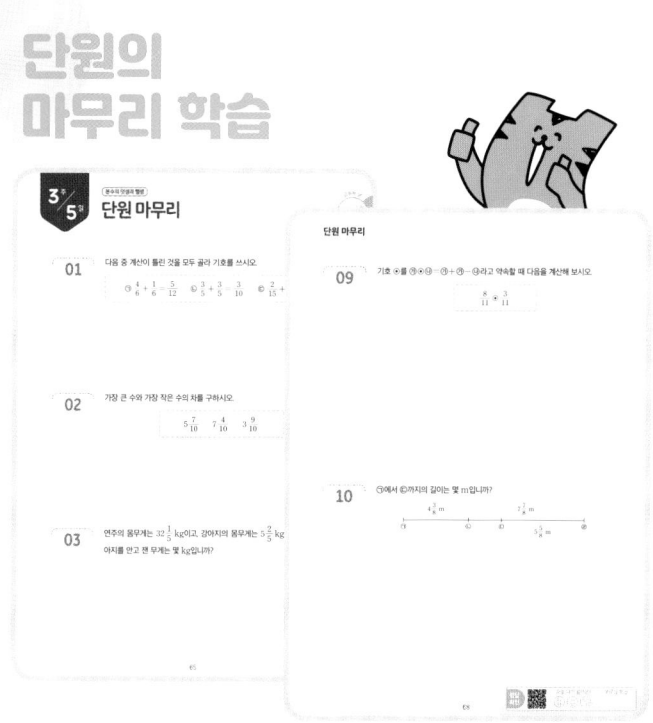

● 단원에서 배웠던 내용을 되짚어 보며 실력을 점검합니다.

● 수학적으로 생각하는 힘을 키울 수 있는 문제를 수록하였습니다.

 차례

✿ 분수의 덧셈과 뺄셈

✿ 소수의 덧셈과 뺄셈

삼각형과 사각형

『하루 한장 쏙셈＋』 이렇게 활용해요!

교과서와 연계 학습을!

교과서에 따른 모든 영역별 연산 부분에서 다양한 유형의 문장제를 만날 수 있습니다. **『하루 한장 쏙셈＋』**는 학기별 교과서와 연계되어 있으므로 방학 중 선행 학습 교재나 학기 중 진도 교재로 사용할 수 있습니다.

실력이 쑥쑥!

수학의 기본이 되는 연산 학습을 체계적으로 학습했다면, 문장으로 된 문제를 이해하고 어떻게 풀어야 하는지 수학적으로 사고하는 힘을 길러야 합니다. **『하루 한장 쏙셈＋』**로 문제를 이해하고 그에 맞게 식을 세워서 풀이하는 과정을 반복함으로써 문제 푸는 실력을 키울 수 있습니다.

문장제를 집중적으로!

문장제는 연산을 적용하는 가장 단순한 문제부터 난이도를 점점 높여 가며 문제 푸는 과정을 반복하는 학습이 필요합니다. **『하루 한장 쏙셈＋』**로 문장제를 해결하는 과정을 집중적으로 훈련하면 특정 문제에 대한 풀이가 아닌 어떤 문제를 만나도 스스로 해결 방법을 생각해 낼 수 있는 힘을 기를 수 있습니다.

분수의 덧셈과 뺄셈

 이것을 배울 거예요!

학습 계획 세우기

공부할 내용에 대한 계획을 세우고,
학습해 보아요!

		학습 계획일	
1주 1일	합이 1보다 작은 (진분수)+(진분수)	월	일
1주 2일	합이 1보다 큰 (진분수)+(진분수) ❶	월	일
1주 3일	합이 1보다 큰 (진분수)+(진분수) ❷	월	일
1주 4일	(진분수)-(진분수)	월	일
1주 5일	1-(진분수) ❶	월	일
2주 1일	1-(진분수) ❷	월	일
2주 2일	진분수 부분의 합이 1보다 작은 (대분수)+(대분수)	월	일
2주 3일	진분수 부분의 합이 1보다 큰 (대분수)+(대분수) ❶	월	일
2주 4일	진분수 부분의 합이 1보다 큰 (대분수)+(대분수) ❷	월	일
2주 5일	진분수 부분끼리 뺄 수 있는 (대분수)-(대분수)	월	일
3주 1일	(자연수)-(분수) ❶	월	일
3주 2일	(자연수)-(분수) ❷	월	일
3주 3일	진분수 부분끼리 뺄 수 없는 (대분수)-(대분수) ❶	월	일
3주 4일	진분수 부분끼리 뺄 수 없는 (대분수)-(대분수) ❷	월	일
3주 5일	단원 마무리	월	일

분수의 덧셈과 뺄셈

합이 1보다 작은 (진분수) + (진분수)

분모가 같은 진분수끼리의 덧셈은 분모는 그대로 두고 분자끼리 더합니다.

$$\frac{1}{5} + \frac{2}{5} = \frac{1+2}{5} = \frac{3}{5}$$

실력 확인하기

다음을 계산해 보시오.

1 $\frac{1}{4} + \frac{1}{4} =$ 　　　　　　**2** $\frac{4}{9} + \frac{3}{9} =$

3 $\frac{1}{6} + \frac{3}{6} =$ 　　　　　　**4** $\frac{2}{7} + \frac{3}{7} =$

5 $\frac{2}{10} + \frac{5}{10} =$ 　　　　　**6** $\frac{6}{13} + \frac{5}{13} =$

7 $\frac{10}{22} + \frac{7}{22} =$ 　　　　　**8** $\frac{3}{17} + \frac{11}{17} =$

1

피자 한 판을 똑같이 6조각으로 나누어 서호는 3조각을 먹고, 다인이는 2조각을 먹었습니다. 두 사람이 먹은 피자는 전체의 얼마입니까?

문제 이해하기 ▸ 서호가 먹은 피자의 양: ☐   ▸ 다인이가 먹은 피자의 양: ☐

➡ 피자의 양을 그림으로 나타내 더하면

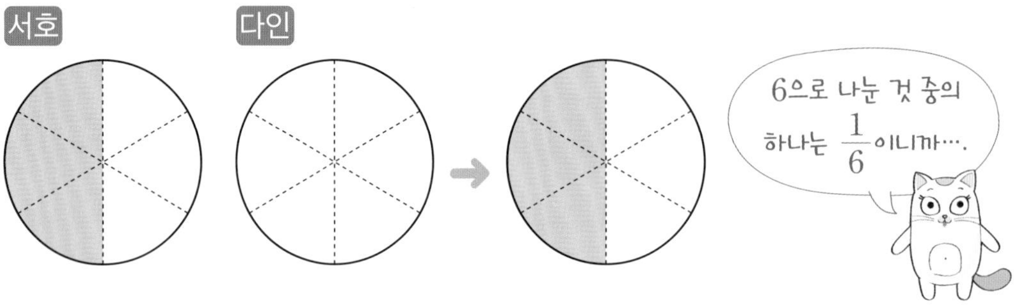

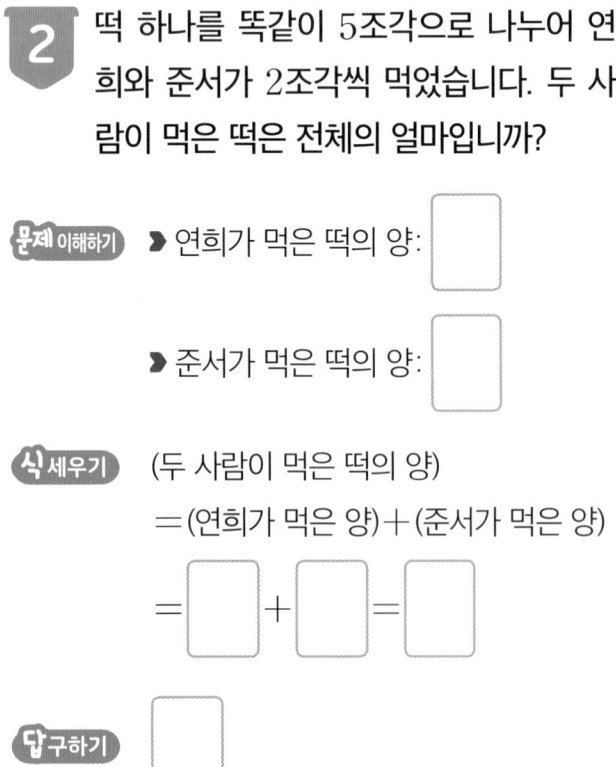

서호   다인

6으로 나눈 것 중의 하나는 $\frac{1}{6}$ 이니까….

식 세우기 (두 사람이 먹은 피자의 양)=(서호가 먹은 양)+(다인이가 먹은 양)

= ☐ + ☐ = ☐

답 구하기 ☐

---

2 떡 하나를 똑같이 5조각으로 나누어 연희와 준서가 2조각씩 먹었습니다. 두 사람이 먹은 떡은 전체의 얼마입니까?

문제 이해하기 ▸ 연희가 먹은 떡의 양: ☐

▸ 준서가 먹은 떡의 양: ☐

식 세우기 (두 사람이 먹은 떡의 양)
=(연희가 먹은 양)+(준서가 먹은 양)

= ☐ + ☐ = ☐

답 구하기 ☐

---

3 은하가 색종이를 똑같이 4조각으로 나누어 어제 2조각을 사용했고, 오늘 1조각을 사용했습니다. 어제와 오늘 사용한 색종이는 전체의 얼마입니까?

문제 이해하기 ▸ 어제 사용한 색종이의 양: ☐

▸ 오늘 사용한 색종이의 양: ☐

식 세우기 (어제와 오늘 사용한 색종이의 양)
=(어제 사용한 양)+(오늘 사용한 양)

= ☐ + ☐ = ☐

답 구하기 ☐

4

효준이는 주스를 $\frac{4}{9}$ L 마셨고, 다림이는 $\frac{2}{9}$ L 마셨습니다. 두 사람이 마신 주스는 모두 몇 L입니까?

문제 이해하기

▶ 효준이가 마신 주스의 양: ☐ L   ▶ 다림이가 마신 주스의 양: ☐ L

➡ 주스의 양을 수직선에 나타내 더하면

$$\frac{4}{9}$$

0 ————————————————————— 1

식 세우기

(두 사람이 마신 주스의 양)＝(효준이가 마신 양)＋(다림이가 마신 양)

$$= \boxed{} + \boxed{} = \boxed{}$$

답 구하기

☐ L

5

바구니에 배와 사과가 각각 $\frac{3}{8}$ kg씩 들어 있습니다. 바구니에 들어 있는 배와 사과의 무게는 모두 몇 kg입니까?

문제 이해하기

▶ 배의 무게: ☐ kg

▶ 사과의 무게: ☐ kg

식 세우기

(배와 사과의 무게)
＝(배의 무게)＋(사과의 무게)

$$= \boxed{} + \boxed{} = \boxed{}$$

답 구하기

☐ kg

6

리본을 재하는 $\frac{4}{6}$ m 사용하였고, 연우는 재하보다 $\frac{1}{6}$ m 더 사용하였습니다. 연우가 사용한 리본은 몇 m입니까?

문제 이해하기

▶ 재하가 사용한 리본의 길이: ☐ m

▶ 연우가 더 사용한 길이: ☐ m

식 세우기

(연우가 사용한 리본의 길이)
＝(재하가 사용한 길이)
＋(더 사용한 길이)

$$= \boxed{} + \boxed{} = \boxed{}$$

답 구하기

☐ m

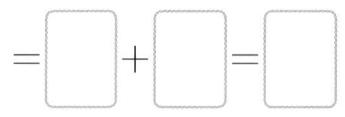

정답 확인      오늘 나의 실력은?   부모님 확인

재미있는
수학
놀이터

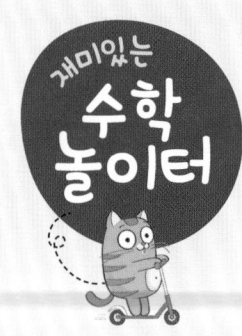

남은 초콜릿은 얼마큼일까?

친구들이 커다란 초콜릿을 하나씩 선물 받아 조각 내어 나누어 먹고 있어요. 월요일과 화요일 이틀간 먹고 남은 초콜릿은 전체의 얼마일까요? 남아 있는 부분에 색칠하고 알맞은 분수를 선으로 이어 보세요.

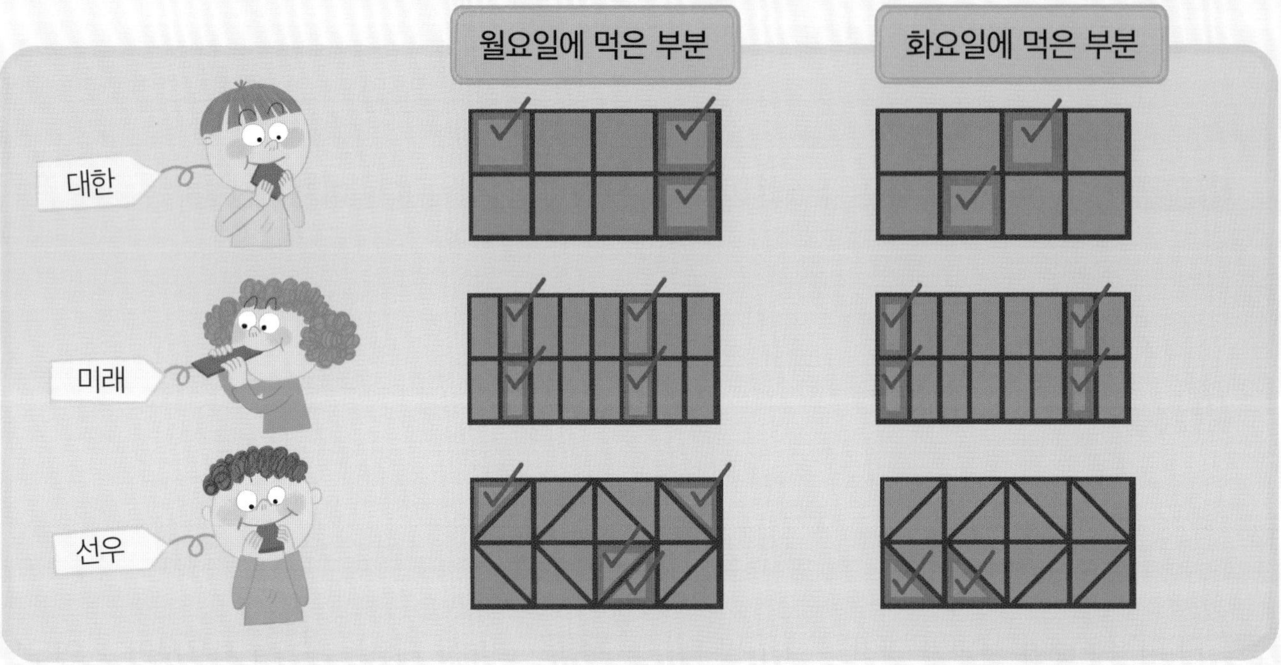
월요일에 먹은 부분
화요일에 먹은 부분
대한
미래
선우

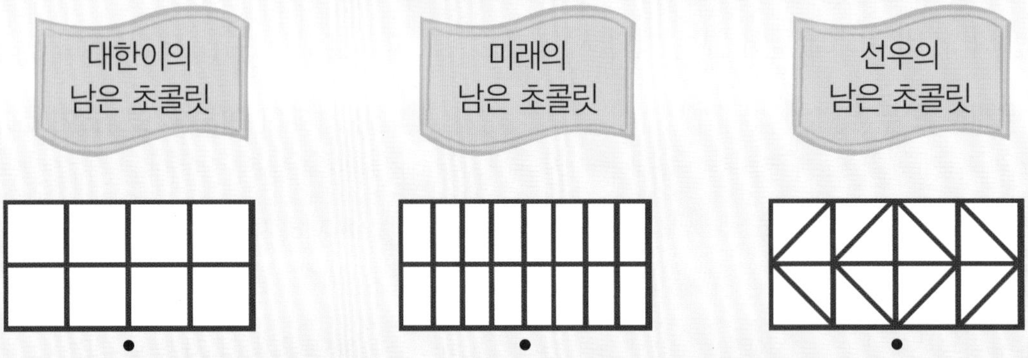
대한이의
남은 초콜릿
미래의
남은 초콜릿
선우의
남은 초콜릿

$\frac{2}{8}$ $\frac{3}{8}$ $\frac{7}{8}$ $\frac{3}{16}$ $\frac{8}{16}$ $\frac{10}{16}$ $\frac{12}{16}$

분수의 덧셈과 뺄셈

합이 1보다 큰 (진분수) + (진분수) ❶

분모가 같은 진분수끼리의 덧셈에서 계산 결과가 가분수이면 대분수로 바꾸어 나타냅니다.

$$\frac{3}{7} + \frac{5}{7} = \frac{3+5}{7} = \frac{8}{7} = 1\frac{1}{7}$$

실력 확인하기

다음을 계산해 보시오.

1 $\dfrac{2}{3} + \dfrac{1}{3} =$

2 $\dfrac{2}{4} + \dfrac{2}{4} =$

3 $\dfrac{5}{8} + \dfrac{5}{8} =$

4 $\dfrac{8}{9} + \dfrac{2}{9} =$

5 $\dfrac{8}{11} + \dfrac{5}{11} =$

6 $\dfrac{12}{15} + \dfrac{7}{15} =$

7 $\dfrac{11}{23} + \dfrac{16}{23} =$

8 $\dfrac{12}{29} + \dfrac{19}{29} =$

예은이는 오늘 오전에 우유를 $\frac{2}{3}$ 잔 마셨고, 오후에 $\frac{2}{3}$ 잔 마셨습니다. 예은이가 오늘 마신 우유는 모두 몇 잔입니까?

문제 이해하기
▶ 오전에 마신 우유의 양: ☐ 잔　　▶ 오후에 마신 우유의 양: ☐ 잔

➡ 우유의 양을 그림으로 나타내 더하면

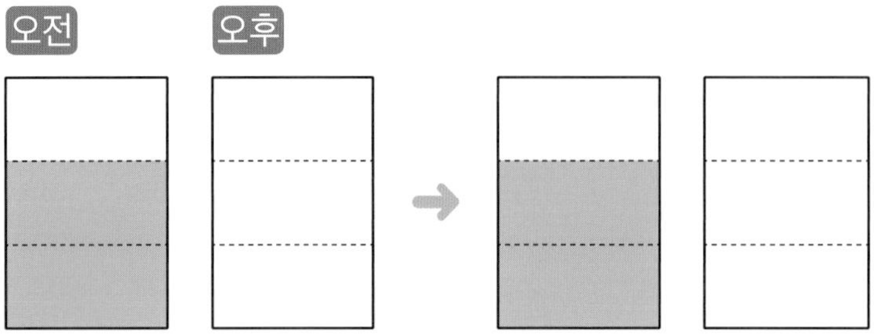

오전　오후

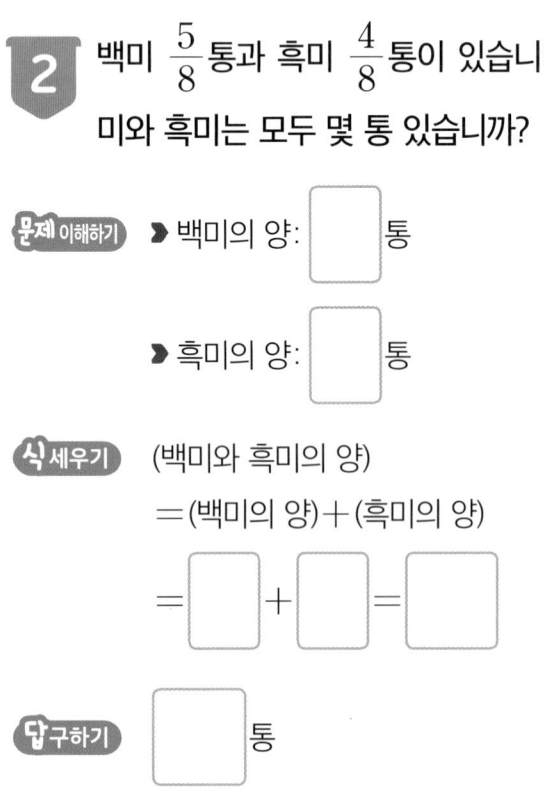

식 세우기　(예은이가 마신 우유의 양)＝(오전에 마신 양)＋(오후에 마신 양)

$$= \boxed{} + \boxed{} = \boxed{}$$

답 구하기　☐ 잔

---

2 백미 $\frac{5}{8}$ 통과 흑미 $\frac{4}{8}$ 통이 있습니다. 백미와 흑미는 모두 몇 통 있습니까?

문제 이해하기
▶ 백미의 양: ☐ 통

▶ 흑미의 양: ☐ 통

식 세우기　(백미와 흑미의 양)

＝(백미의 양)＋(흑미의 양)

$$= \boxed{} + \boxed{} = \boxed{}$$

답 구하기　☐ 통

---

3 혜수는 빵을 $\frac{2}{5}$ 개 먹고, 은지는 빵을 $\frac{3}{5}$ 개 먹었습니다. 혜수와 은지가 먹은 빵은 모두 몇 개입니까?

문제 이해하기
▶ 혜수가 먹은 빵의 양: ☐ 개

▶ 은지가 먹은 빵의 양: ☐ 개

식 세우기　(두 사람이 먹은 빵의 양)

＝(혜수가 먹은 양)＋(은지가 먹은 양)

$$= \boxed{} + \boxed{} = \boxed{}$$

답 구하기　☐ 개

4 은수네 집에서 학교까지의 거리는 $\frac{8}{10}$ km이고, 학교에서 병원까지의 거리는 $\frac{5}{10}$ km입니다. 은수네 집에서 학교를 들러 병원까지 가는 거리는 몇 km입니까?

문제 이해하기
▶ 집에서 학교까지 거리: ☐ km   ▶ 학교에서 병원까지 거리: ☐ km

➡ 거리를 수직선에 나타내 더하면

$$\frac{8}{10}$$

0 ————————————— 1

식 세우기
(집에서 병원까지 거리)=(집에서 학교까지 거리)+(학교에서 병원까지 거리)

= ☐ + ☐ = ☐

답 구하기
☐ km

---

5 현서는 찰흙을 $\frac{4}{5}$ kg 사용하고, 준호는 찰흙을 $\frac{3}{5}$ kg 사용하였습니다. 두 사람이 사용한 찰흙은 모두 몇 kg입니까?

문제 이해하기
▶ 현서가 사용한 찰흙의 무게: ☐ kg

▶ 준호가 사용한 찰흙의 무게: ☐ kg

식 세우기
(두 사람이 사용한 찰흙의 무게)
= (현서가 사용한 무게)
  + (준호가 사용한 무게)

= ☐ + ☐ = ☐

답 구하기
☐ kg

---

6 벽에 페인트를 칠하는 데 흰색 페인트는 $\frac{2}{6}$ L 사용하고, 파란색 페인트는 흰색 페인트보다 $\frac{4}{6}$ L 더 많이 사용하였습니다. 파란색 페인트는 몇 L 사용했습니까?

문제 이해하기
▶ 흰색 페인트의 양: ☐ L

▶ 더 사용한 양: ☐ L

식 세우기
(파란색 페인트의 양)
= (흰색 페인트의 양)+(더 사용한 양)

= ☐ + ☐ = ☐

답 구하기
☐ L

정답
확인 오늘 나의 실력은? 부모님 확인

원하는 향수를 만들어요

향을 섞어서 살 수 있는 향수 가게예요. 모든 병에 같은 양의 향수가 들어 있고 향수 옆에는 한 번에 섞을 수 있는 양이 적혀 있네요. 네 명의 손님이 산 향수의 양을 쓰고, 가장 많은 양의 향수를 산 손님에게 ○표 하세요.

$\dfrac{6}{8}$	$\dfrac{4}{8}$	$\dfrac{5}{8}$	$\dfrac{5}{8}$	$\dfrac{6}{8}$	$\dfrac{7}{8}$
달콤한 향	포근한 향	시원한 향	상큼한 향	산뜻한 향	부드러운 향

달콤하고 포근한 향을 원해요.

시원하고 부드러운 향으로 만들어 주세요.

1번 손님

2번 손님

3번 손님

4번 손님

나는 상큼하고 산뜻한 향이 좋아요.

나는 부드럽고 달콤한 향으로 주세요.

분수의 덧셈과 뺄셈

합이 1보다 큰 (진분수) + (진분수) ❷

1 어림하여 계산 결과가 1보다 큰 덧셈식을 모두 찾아 기호를 쓰시오.

$$㉠ \frac{3}{7} + \frac{3}{7} \qquad ㉡ \frac{2}{9} + \frac{8}{9} \qquad ㉢ \frac{6}{11} + \frac{7}{11} \qquad ㉣ \frac{11}{20} + \frac{7}{20}$$

문제 이해하기 분자끼리의 합과 분모의 크기를 비교해 보면

㉠ $3+3$ ◯ 7이므로 $\frac{3}{7} + \frac{3}{7}$ 은 1보다 (큽니다 , 작습니다).

㉡ $2+8$ ◯ 9이므로 $\frac{2}{9} + \frac{8}{9}$ 은 1보다 (큽니다 , 작습니다).

㉢ $6+7$ ◯ 11이므로 $\frac{6}{11} + \frac{7}{11}$ 은 1보다 (큽니다 , 작습니다).

㉣ $11+7$ ◯ 20이므로 $\frac{11}{20} + \frac{7}{20}$ 은 1보다 (큽니다 , 작습니다).

답 구하기 ☐ , ☐

> 분자끼리의 합이
> 분모보다 크면 계산
> 결과가 1보다 커.

2 어림하여 계산 결과가 1보다 작은 덧셈식을 모두 찾아 기호를 쓰시오.

$$㉠ \frac{5}{8} + \frac{1}{8} \qquad ㉡ \frac{7}{10} + \frac{7}{10} \qquad ㉢ \frac{8}{13} + \frac{4}{13} \qquad ㉣ \frac{6}{19} + \frac{14}{19}$$

문제 이해하기

답 구하기

3

□ 안에 들어갈 수 있는 수를 모두 구하시오.

$$\frac{7}{9} + \frac{\square}{9} < 1\frac{2}{9}$$

 문제 이해하기

▶ $\frac{7}{9} + \frac{\square}{9} < 1\frac{2}{9}$ → $\frac{\square + \square}{\square} < \frac{11}{9}$ 이므로

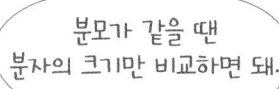
분모가 같을 땐
분자의 크기만 비교하면 돼.

분자의 크기를 비교하여 $\square + \square < 11$ 이 되어야 합니다.

▶ $\square + \square = 11$ 이 되는 $\square = \square$ 이므로

→ $\square + \square$ 가 11보다 작으려면 □ 안에 $\square$ 보다 작은 수가 들어가야 합니다.

 답 구하기 □ , □ , □

4

□ 안에 들어갈 수 있는 수를 모두 구하시오.

$$\frac{\square}{15} + \frac{13}{15} < 1\frac{1}{15}$$

문제 이해하기

답 구하기

5 분모가 10인 진분수가 2개 있습니다. 합이 $1\dfrac{3}{10}$ 이고 차가 $\dfrac{1}{10}$ 인 두 진분수를 구하시오.

❯ 분모가 10인 진분수: $\dfrac{1}{10}$, $\dfrac{2}{10}$, $\dfrac{3}{10}$, $\dfrac{4}{10}$, $\dfrac{5}{10}$, $\dfrac{6}{10}$, $\dfrac{7}{10}$, $\dfrac{8}{10}$, $\dfrac{9}{10}$

❯ 두 진분수의 합 $1\dfrac{3}{10}$ 을 가분수로 나타내면 ☐ 이므로 분자끼리의 합이

☐ 이 되어야 합니다.

➡ 합이 $1\dfrac{3}{10}$ 인 두 진분수: $\dfrac{4}{10}$ 와 ☐ , $\dfrac{5}{10}$ 와 ☐ , $\dfrac{6}{10}$ 과 ☐

➡ 이 중에서 차가 $\dfrac{1}{10}$ 인 두 진분수를 찾으면 ☐ 과 ☐ 입니다.

 ☐ , ☐

---

6 분모가 8인 진분수가 2개 있습니다. 합이 $1\dfrac{1}{8}$ 이고 차가 $\dfrac{3}{8}$ 인 두 진분수를 구하시오.

으쌰으쌰 이어달리기

친구들이 세 명씩 팀을 짜 이어달리기를 했어요. 앞 사람이 달릴 수 있을 만큼 달리고 나면 뒷사람이 이어서 달리는 경기랍니다. 같은 시간 동안 더 많이 달린 팀이 승리한다고 할 때, 두 팀이 각각 몇 바퀴 달렸는지 쓰고, 승리한 팀에 ○표 하세요.

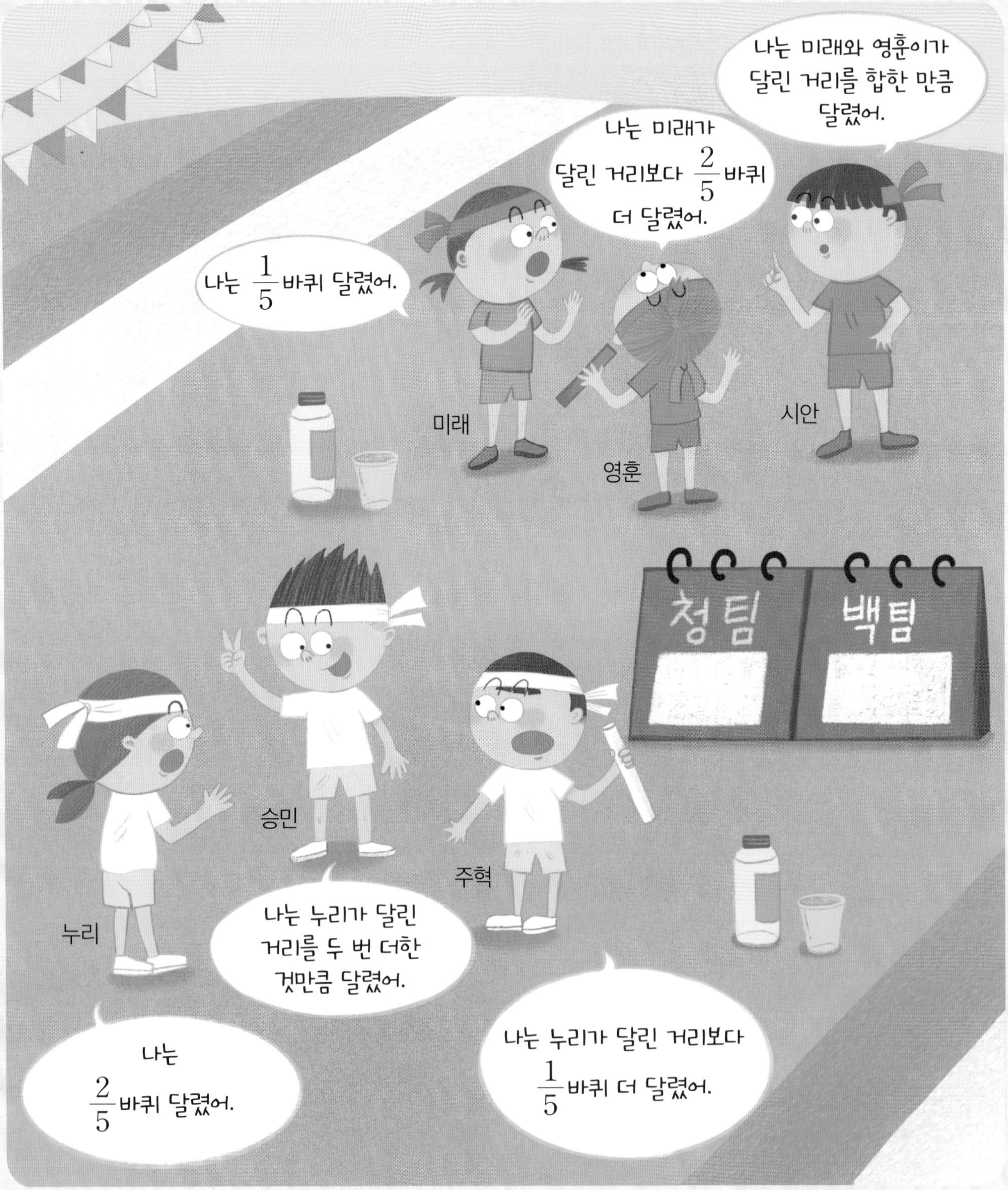

분수의 덧셈과 뺄셈

(진분수) – (진분수)

분모가 같은 진분수끼리의 뺄셈은 분모는 그대로 두고 분자끼리 뺍니다.

$$\frac{3}{5} - \frac{2}{5} = \frac{3-2}{5} = \frac{1}{5}$$

실력 확인하기

다음을 계산해 보시오.

1 $\dfrac{3}{8} - \dfrac{2}{8} =$

2 $\dfrac{5}{7} - \dfrac{3}{7} =$

3 $\dfrac{8}{9} - \dfrac{4}{9} =$

4 $\dfrac{9}{10} - \dfrac{2}{10} =$

5 $\dfrac{11}{14} - \dfrac{6}{14} =$

6 $\dfrac{13}{21} - \dfrac{9}{21} =$

7 $\dfrac{13}{19} - \dfrac{11}{19} =$

8 $\dfrac{19}{26} - \dfrac{2}{26} =$

1 색 테이프 한 개를 8조각으로 나누어 정우는 5조각을 갖고, 동생은 3조각을 가졌습니다. 정우가 동생보다 더 가진 색 테이프의 양은 전체의 얼마입니까?

문제 이해하기
▶ 정우가 가진 색 테이프의 양: ☐
▶ 동생이 가진 색 테이프의 양: ☐

➡ 색 테이프의 양을 그림으로 나타내 빼면

8조각으로 나눈 것 중의 하나는 $\frac{1}{8}$ 이니까….

정우

동생

식 세우기
(정우가 동생보다 더 가진 색 테이프의 양)=(정우가 가진 양)−(동생이 가진 양)

$$= \boxed{} - \boxed{} = \boxed{}$$

답 구하기 ☐

---

2 세호는 초콜릿을 $\frac{5}{6}$개 먹고, 준희는 $\frac{2}{6}$개 먹었습니다. 세호가 준희보다 더 먹은 초콜릿은 몇 개입니까?

문제 이해하기
▶ 세호가 먹은 초콜릿의 양: ☐ 개
▶ 준희가 먹은 초콜릿의 양: ☐ 개

식 세우기
(세호가 준희보다 더 먹은 초콜릿의 양)
=(세호가 먹은 양)−(준희가 먹은 양)

$$= \boxed{} - \boxed{} = \boxed{}$$

답 구하기 ☐ 개

---

3 지혜는 우유를 $\frac{1}{4}$컵 마셨고, 희아는 우유를 $\frac{3}{4}$컵 마셨습니다. 희아가 지혜보다 더 마신 우유는 몇 컵입니까?

문제 이해하기
▶ 지혜가 마신 우유의 양: ☐ 컵
▶ 희아가 마신 우유의 양: ☐ 컵

식 세우기
(희아가 지혜보다 더 마신 우유의 양)
=(희아가 마신 양)−(지혜가 마신 양)

$$= \boxed{} - \boxed{} = \boxed{}$$

답 구하기 ☐ 컵

4 설탕이 $\frac{5}{7}$ kg 있었습니다. 그중에서 $\frac{2}{7}$ kg을 잼을 만드는 데 사용하였습니다. 잼을 만들고 남은 설탕은 몇 kg입니까?

문제 이해하기
▶ 전체 설탕의 무게: ☐ kg ▶ 사용한 설탕의 무게: ☐ kg

➡ 설탕의 무게를 수직선에 나타내 빼면

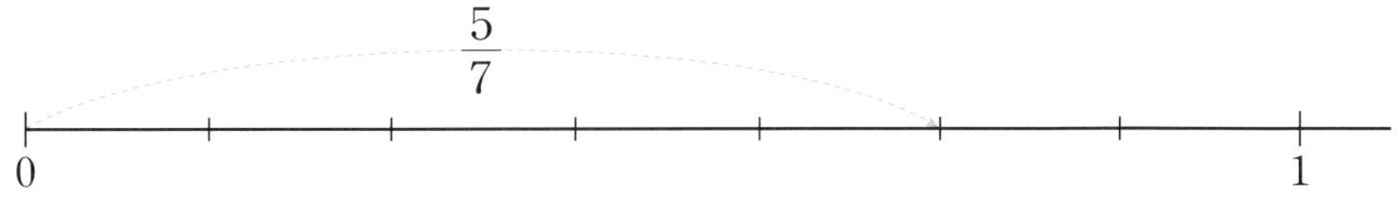

$$\frac{5}{7}$$

0 ————————————————— 1

식 세우기 (남은 설탕의 무게)＝(전체 무게)－(사용한 무게)

$$= \boxed{} - \boxed{} = \boxed{}$$

답 구하기 ☐ kg

---

5 윤수는 $\frac{4}{5}$ L짜리 주스를 사서 $\frac{3}{5}$ L만큼 마셨습니다. 윤수가 마시고 남은 주스는 몇 L입니까?

문제 이해하기 ▶ 전체 주스의 양: ☐ L

▶ 마신 주스의 양: ☐ L

식 세우기 (남은 주스의 양)
＝(전체 양)－(마신 양)

$$= \boxed{} - \boxed{} = \boxed{}$$

답 구하기 ☐ L

---

6 끈이 $\frac{7}{9}$ m 있습니다. 그중 상자를 포장하는 데 $\frac{5}{9}$ m를 사용하였습니다. 남은 끈은 몇 m입니까?

문제 이해하기 ▶ 전체 끈의 길이: ☐ m

▶ 사용한 끈의 길이: ☐ m

식 세우기 (남은 끈의 길이)
＝(전체 길이)－(사용한 길이)

$$= \boxed{} - \boxed{} = \boxed{}$$

답 구하기 ☐ m

정답 확인 | 오늘 나의 실력은? | 부모님 확인

아이스크림이 얼마나 남았을까?

미래네 동네 아이스크림 가게에서는 좋아하는 맛을 골라 직접 떠 먹을 수 있답니다. 아이스크림 스푼으로 한 번에 $\frac{1}{14}$ 통만큼 뜰 수 있다면 미래, 연주, 준서가 다녀간 뒤에 각 아이스크림은 얼마큼 남았는지 써 보세요.

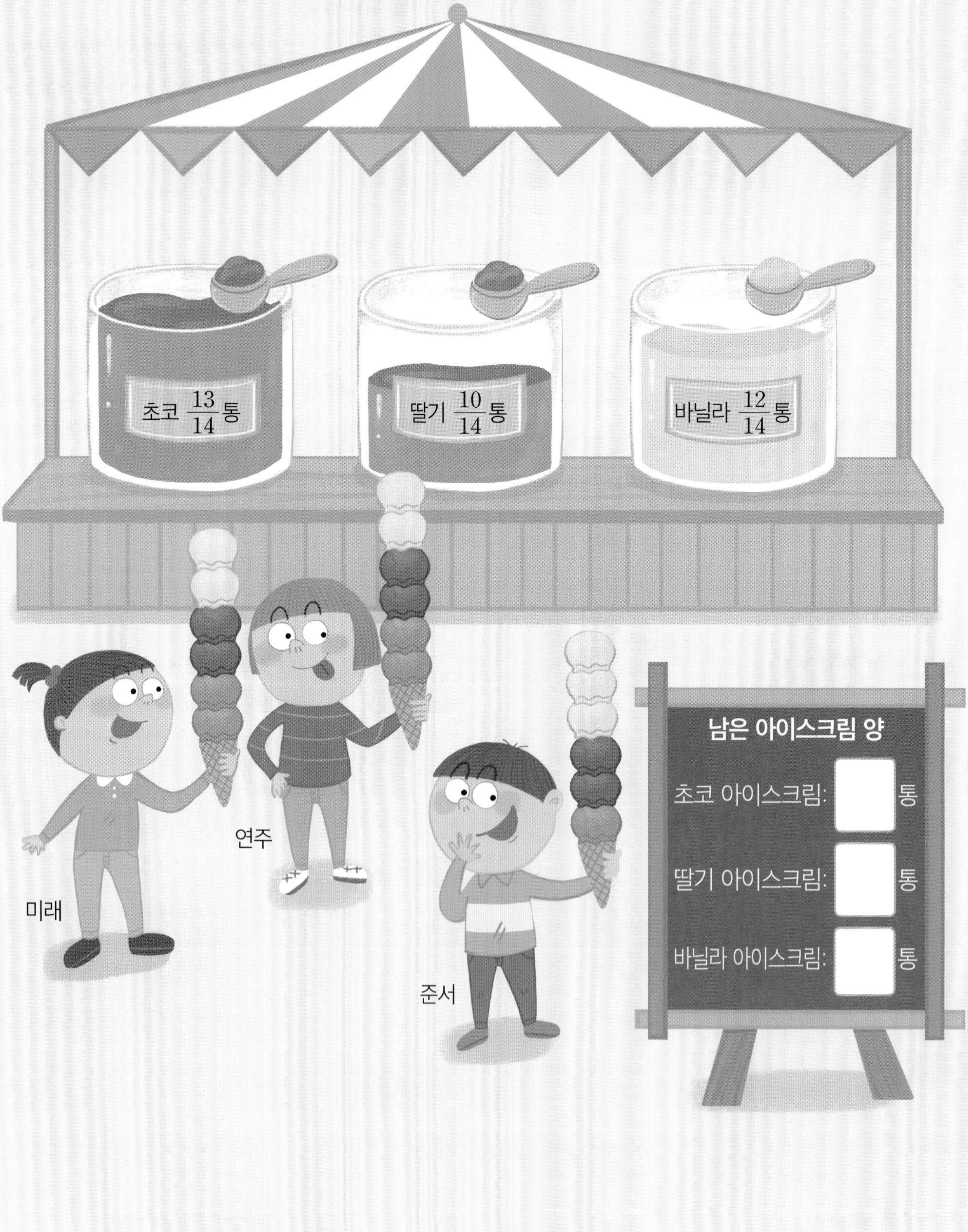

초코 $\frac{13}{14}$ 통

딸기 $\frac{10}{14}$ 통

바닐라 $\frac{12}{14}$ 통

미래

연주

준서

남은 아이스크림 양

초코 아이스크림: ☐ 통

딸기 아이스크림: ☐ 통

바닐라 아이스크림: ☐ 통

분수의 덧셈과 뺄셈

1 - (진분수) ①

- 1은 $\dfrac{1}{\bigstar}$이 $\bigstar$개이므로 $1 = \dfrac{\bigstar}{\bigstar}$로 나타낼 수 있습니다.

- 1에서 진분수를 뺄 때는 $1 - \dfrac{\blacksquare}{\bigstar}$를 $\dfrac{\bigstar}{\bigstar} - \dfrac{\blacksquare}{\bigstar}$로 바꾸어 계산합니다.

$$1 - \frac{2}{9} = \frac{9}{9} - \frac{2}{9} = \frac{9-2}{9} = \frac{7}{9}$$

실력 확인하기

다음을 계산해 보시오.

1 $\quad 1 - \dfrac{1}{6} =$

2 $\quad 1 - \dfrac{4}{5} =$

3 $\quad 1 - \dfrac{3}{8} =$

4 $\quad 1 - \dfrac{3}{10} =$

5 $\quad 1 - \dfrac{9}{16} =$

6 $\quad 1 - \dfrac{5}{17} =$

7 $\quad 1 - \dfrac{11}{25} =$

8 $\quad 1 - \dfrac{7}{20} =$

1

서연이네 가족은 케이크를 한 개 사서 전체의 $\frac{5}{8}$를 먹었습니다. 남은 케이크는 전체의 얼마입니까?

문제 이해하기 ▶ 전체 케이크의 양: ☐ 　　▶ 먹은 케이크의 양: ☐

➡ 케이크의 양을 그림으로 나타내 빼면

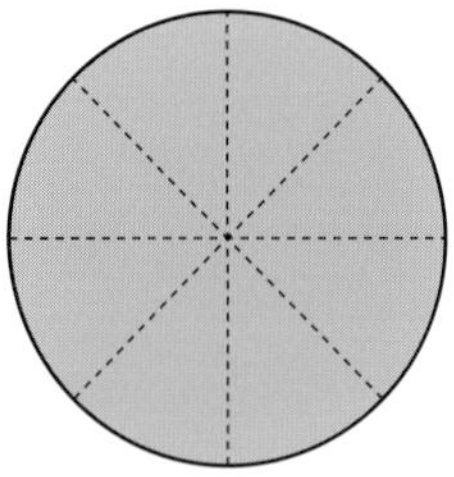

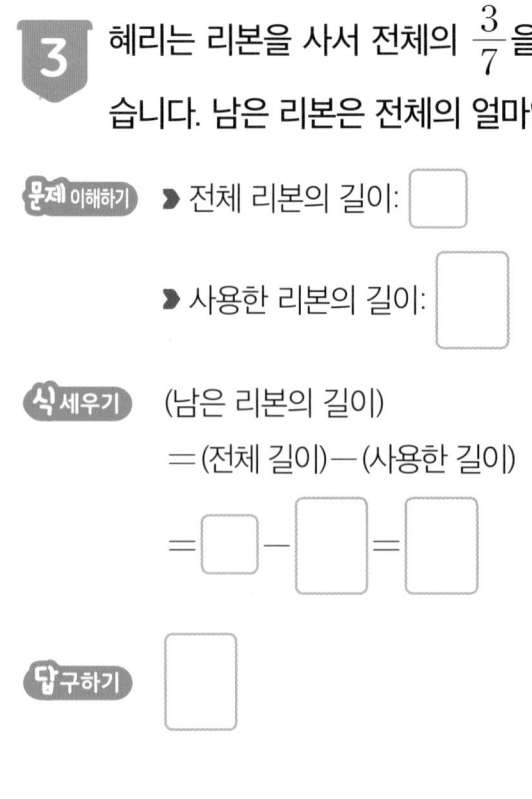

먹은 양을 빗금으로 나타내 남은 양을 알아봐.

식 세우기 (남은 케이크의 양)＝(전체 양)－(먹은 양)

$$=☐-☐=☐-☐=☐$$

답 구하기 ☐

---

2 정훈이가 우유 한 병을 사서 전체의 $\frac{1}{4}$을 마셨습니다. 남은 우유는 전체의 얼마입니까?

문제 이해하기 ▶ 전체 우유의 양: ☐

▶ 마신 우유의 양: ☐

식 세우기 (남은 우유의 양)
＝(전체 양)－(마신 양)

$$=☐-☐=☐$$

답 구하기 ☐

---

3 혜리는 리본을 사서 전체의 $\frac{3}{7}$을 사용했습니다. 남은 리본은 전체의 얼마입니까?

문제 이해하기 ▶ 전체 리본의 길이: ☐

▶ 사용한 리본의 길이: ☐

식 세우기 (남은 리본의 길이)
＝(전체 길이)－(사용한 길이)

$$=☐-☐=☐$$

답 구하기 ☐

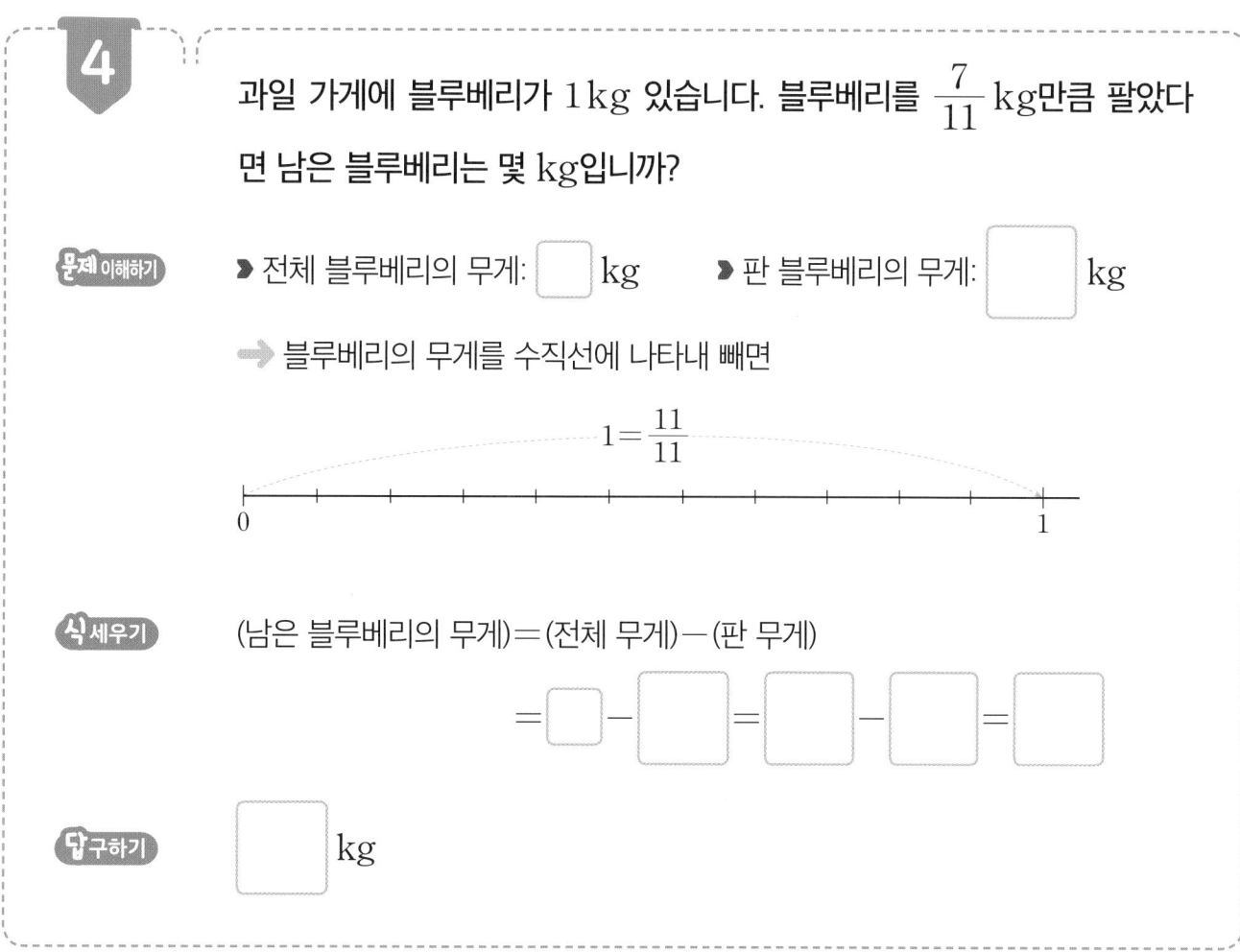

4 과일 가게에 블루베리가 $1\,kg$ 있습니다. 블루베리를 $\dfrac{7}{11}\,kg$만큼 팔았다면 남은 블루베리는 몇 kg입니까?

문제 이해하기
▶ 전체 블루베리의 무게: ☐ kg ▶ 판 블루베리의 무게: ☐ kg

➡ 블루베리의 무게를 수직선에 나타내 빼면

$$1 = \frac{11}{11}$$

0 ─────────────────────── 1

식 세우기
(남은 블루베리의 무게)=(전체 무게)$-$(판 무게)

$$= \boxed{} - \boxed{} = \boxed{} - \boxed{} = \boxed{}$$

답 구하기
☐ kg

---

5 민호가 식용유 $1\,L$를 사서 $\dfrac{3}{6}\,L$를 사용했습니다. 남은 식용유는 몇 L입니까?

문제 이해하기
▶ 전체 식용유의 양: ☐ L

▶ 사용한 식용유의 양: ☐ L

식 세우기
(남은 식용유의 양)
$=$(전체 양)$-$(사용한 양)

$$= \boxed{} - \boxed{} = \boxed{}$$

답 구하기
☐ L

---

6 주희가 $1\,km$만큼 달리려고 합니다. 지금까지 $\dfrac{3}{5}\,km$만큼 달렸다면 몇 km를 더 달려야 합니까?

문제 이해하기
▶ 달리려고 하는 거리: ☐ km

▶ 지금까지 달린 거리: ☐ km

식 세우기
(더 달려야 하는 거리)
$=$(달리려고 하는 거리)
$-$(지금까지 달린 거리)

$$= \boxed{} - \boxed{} = \boxed{}$$

답 구하기
☐ km

재미있는
수학
놀이터

꽃밭을 가꿔요

세 친구가 꽃밭을 가꾸고 있어요. 꽃밭을 9등분하여 장미, 튤립, 나팔꽃을 심었어요. 꽃마다 담당을 정해 놓고 매일매일 물을 주고 있지요. 친구들의 대화를 듣고, 각각 어떤 꽃에 물을 주고 있는지 빈칸에 써 보세요.

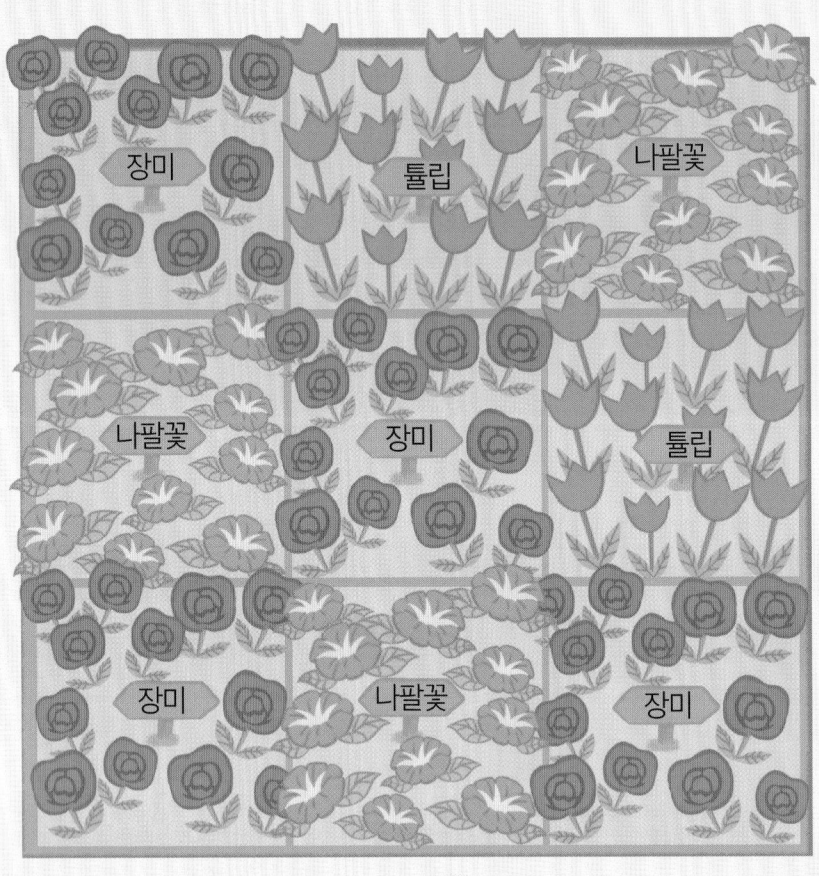

나는 전체 꽃밭의 $\frac{2}{9}$에 물을 주고 있어.

영훈

나는 영훈이보다 2배 더 넓은 곳에 물을 준다고.

수빈

내가 물을 주는 꽃밭은 전체에서 너희 둘의 꽃밭을 뺀 나머지 부분이야.

다람

28

1 - (진분수) ❷

1

세린이는 책을 한 권 사서 어제는 전체의 $\frac{2}{7}$ 만큼을 읽고, 오늘은 전체의 $\frac{3}{7}$ 만큼을 읽었습니다. 아직 읽지 않은 부분은 전체의 얼마입니까?

문제 이해하기

읽은 양을 그림으로 나타내 빼면

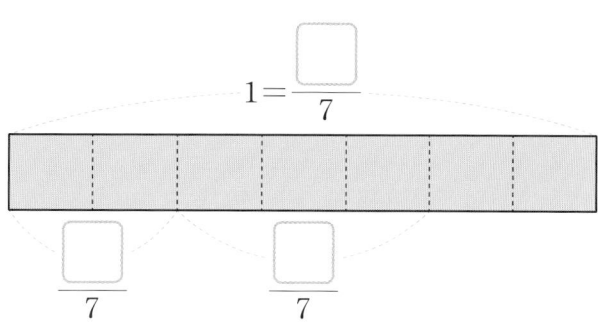

전체는 1이고, 1은 ▨/▨ 로 나타낼 수 있어.

식 세우기

(읽지 않은 부분의 양)＝(전체 양)－(어제 읽은 양)－(오늘 읽은 양)

$$= 1 - \boxed{} - \boxed{} = \boxed{} - \boxed{} - \boxed{} = \boxed{}$$

답 구하기

$\boxed{}$

2

어머니가 쌀을 한 가마니 사서 전체의 $\frac{4}{6}$ 만큼을 떡을 만드는 데 사용하고, 전체의 $\frac{1}{6}$ 만큼을 밥을 짓는 데 사용했습니다. 남은 쌀은 전체의 얼마입니까?

문제 이해하기

식 세우기

답 구하기

3 수 카드 두 장을 골라 □ 안에 써넣어 계산 결과가 가장 크게 되는 식을 만들고 계산해 보시오.

$$8 \quad 3 \quad 6 \quad 4 \quad \rightarrow \quad 1 - \dfrac{\square}{\square}$$

 문제 이해하기

▶ $1 - \dfrac{\square}{\square}$의 차가 가장 크게 되려면 $\dfrac{\square}{\square}$를 가장 작게 만들어야 합니다.

▶ 수의 크기를 비교해 보면 $8 > 6 > 4 > 3$ 이므로

$\dfrac{\square}{\square}$의 분모에 가장 큰 수인 □ 을 넣고, 분자에 가장 작은 수인 □ 을 넣습

니다. ➔ $\dfrac{\square}{\square}$

분모가 클수록
분자가 작을수록
분수의 크기가 작아.

 식 세우기

$$1 - \boxed{} = \boxed{} - \boxed{} = \boxed{}$$

 답 구하기 □

---

4 수 카드 두 장을 골라 □ 안에 써넣어 계산 결과가 가장 크게 되는 식을 만들고 계산해 보시오.

$$5 \quad 2 \quad 6 \quad 1 \quad \rightarrow \quad 1 - \dfrac{\square}{\square}$$

문제 이해하기

식 세우기

답 구하기

5

□ 안에 들어갈 수 있는 수를 모두 구하시오.

$$1 - \frac{\Box}{9} < \frac{3}{9}$$

 문제 이해하기

➤ $\dfrac{\Box}{9}$ 는 진분수이므로 □ 안에 $\boxed{}$ 부터 $\boxed{}$ 까지의 수가 들어갈 수 있습니다.

➤ $1 - \dfrac{\Box}{9} < \dfrac{3}{9}$ → $\boxed{} - \dfrac{\Box}{9} < \dfrac{3}{9}$ → $\dfrac{\boxed{} - \boxed{}}{\boxed{}} < \dfrac{3}{9}$ 이므로

분자의 크기를 비교하여 $\boxed{} - \Box < 3$ 이 되어야 합니다.

➤ $\boxed{} - \Box = 3$ 이 되는 $\Box = \boxed{}$ 이므로

→ $\boxed{} - \Box$ 가 3보다 작으려면 □ 안에 $\boxed{}$ 보다 큰 수가 들어가야 합니다.

답구하기 $\boxed{}$, $\boxed{}$

6

□ 안에 들어갈 수 있는 수를 모두 구하시오.

$$1 - \frac{\Box}{14} < \frac{3}{14}$$

문제 이해하기

답구하기

사과파이를 지켜라

미래는 마법 사과파이 하나를 가지고 할머니 댁에 가고 있어요. 숲에서 늑대를 만나면 전체의 $\dfrac{2}{10}$ 만큼이 줄어들고, 사과를 발견하면 다시 전체의 $\dfrac{1}{10}$ 만큼이 늘어나요. 미래가 할머니 댁에 도착했을 때 남은 사과파이는 전체의 얼마일까요?

할머니!
사과파이가 전체의

⬜ 만큼 남았어요.

분수의 덧셈과 뺄셈

진분수 부분의 합이 1보다 작은 (대분수) + (대분수)

분모가 같은 대분수끼리의 덧셈은

• 자연수 부분끼리 더하고, 분수 부분끼리 더합니다.

$$1\frac{1}{5}+2\frac{2}{5}=(1+2)+(\frac{1}{5}+\frac{2}{5})=3+\frac{3}{5}=3\frac{3}{5}$$

• 대분수를 가분수로 바꾸어 더합니다.

$$1\frac{1}{5}+2\frac{2}{5}=\frac{6}{5}+\frac{12}{5}=\frac{18}{5}=3\frac{3}{5}$$

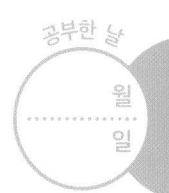

실력 확인하기

다음을 계산해 보시오.

1 $2\frac{1}{3}+2\frac{1}{3}=$

2 $2\frac{3}{7}+3\frac{3}{7}=$

3 $3\frac{4}{9}+4\frac{4}{9}=$

4 $2\frac{3}{6}+7\frac{2}{6}=$

5 $1\frac{1}{24}+7\frac{16}{24}=$

6 $3\frac{1}{16}+2\frac{2}{16}=$

1 윤수는 어제 물을 $2\frac{1}{4}$병 마셨고, 오늘 $1\frac{2}{4}$병 마셨습니다. 윤수가 어제와 오늘 마신 물은 모두 몇 병입니까?

문제 이해하기 ▶ 어제 마신 물의 양: ☐ 병 ▶ 오늘 마신 물의 양: ☐ 병

➡ 물의 양을 그림으로 나타내 더하면

어제 [표] [표] [표]

오늘 [표] [표]

[표] [표] [표] [표]

식 세우기 (어제와 오늘 마신 물의 양)＝(어제 마신 양)＋(오늘 마신 양)

$$= \boxed{} + \boxed{} = (2+\boxed{}) + (\frac{1}{4}+\boxed{}) = \boxed{}$$

자연수 부분끼리, 진분수 부분끼리 더해.

답 구하기 ☐ 병

---

2 세린이는 사과를 $2\frac{1}{3}$개 먹었고, 주호는 $1\frac{1}{3}$개 먹었습니다. 세린이와 주호가 먹은 사과는 모두 몇 개입니까?

문제 이해하기 ▶ 세린이가 먹은 사과의 양: ☐ 개

▶ 주호가 먹은 사과의 양: ☐ 개

식 세우기 (두 사람이 먹은 사과의 양)
＝(세린이가 먹은 양)＋(주호가 먹은 양)

$$= \boxed{} + \boxed{} = \boxed{}$$

답 구하기 ☐ 개

---

3 재우는 피아노 연습을 하루에 $1\frac{2}{6}$시간씩 합니다. 재우는 이틀 동안 피아노 연습을 모두 몇 시간 합니까?

문제 이해하기 ▶ 하루 연습 시간: ☐ 시간

식 세우기 (이틀 동안 연습하는 시간)
＝(하루 연습 시간)＋(하루 연습 시간)

$$= \boxed{} + \boxed{} = \boxed{}$$

답 구하기 ☐ 시간

4 선물을 포장하는 데 은비는 리본을 $2\frac{1}{7}$ m 사용하였고, 민재는 은비보다 $1\frac{2}{7}$ m 더 많이 사용했습니다. 민재가 사용한 리본은 몇 m입니까?

문제 이해하기 ▶ 은비가 사용한 리본의 길이: ☐ m ▶ 더 사용한 리본의 길이: ☐ m

➡ 리본의 길이를 수직선에 나타내 더하면

$$2\frac{1}{7} = \frac{15}{7}$$

0   1   2   3   4

식 세우기 (민재가 사용한 리본의 길이)

＝(은비가 사용한 길이)＋(더 사용한 길이)

$$= \boxed{} + \boxed{} = \frac{15}{7} + \boxed{} = \boxed{}$$

대분수를 가분수로 나타내어 더할 수도 있어.

답 구하기 ☐ m

---

5 로희 어머니가 시루떡을 만드는 데 쌀 $1\frac{1}{4}$ kg과 팥 $1\frac{2}{4}$ kg을 사용했습니다. 사용한 쌀과 팥은 모두 몇 kg입니까?

문제 이해하기 ▶ 쌀의 무게: ☐ kg

▶ 팥의 무게: ☐ kg

식 세우기 (쌀과 팥의 무게)

＝(쌀의 무게)＋(팥의 무게)

$$= \boxed{} + \boxed{} = \boxed{}$$

답 구하기 ☐ kg

---

6 찬호는 한 번 세수할 때 물을 $1\frac{2}{5}$ L씩 사용합니다. 찬호가 세수를 두 번 하는 데 필요한 물의 양은 모두 몇 L입니까?

문제 이해하기 ▶ 세수를 한 번 하는 데 필요한 물의 양:

☐ L

식 세우기 (세수를 두 번 하는 데 필요한 물의 양)

＝(세수를 한 번 하는 데 필요한 양)

＋(세수를 한 번 하는 데 필요한 양)

$$= \boxed{} + \boxed{} = \boxed{}$$

답 구하기 ☐ L

금덩이와 맞바꾼 도토리묵

도토리묵 장사를 하는 할머니가 산속을 지나고 있었어요. 배고픈 도깨비들이 할머니에게 도토리묵을 달라고 부탁했어요. 도깨비들은 할머니에게 자기들이 받은 도토리묵 양만큼의 금덩이를 주었답니다. 할머니가 받은 금덩이 양은 얼마큼일까요?

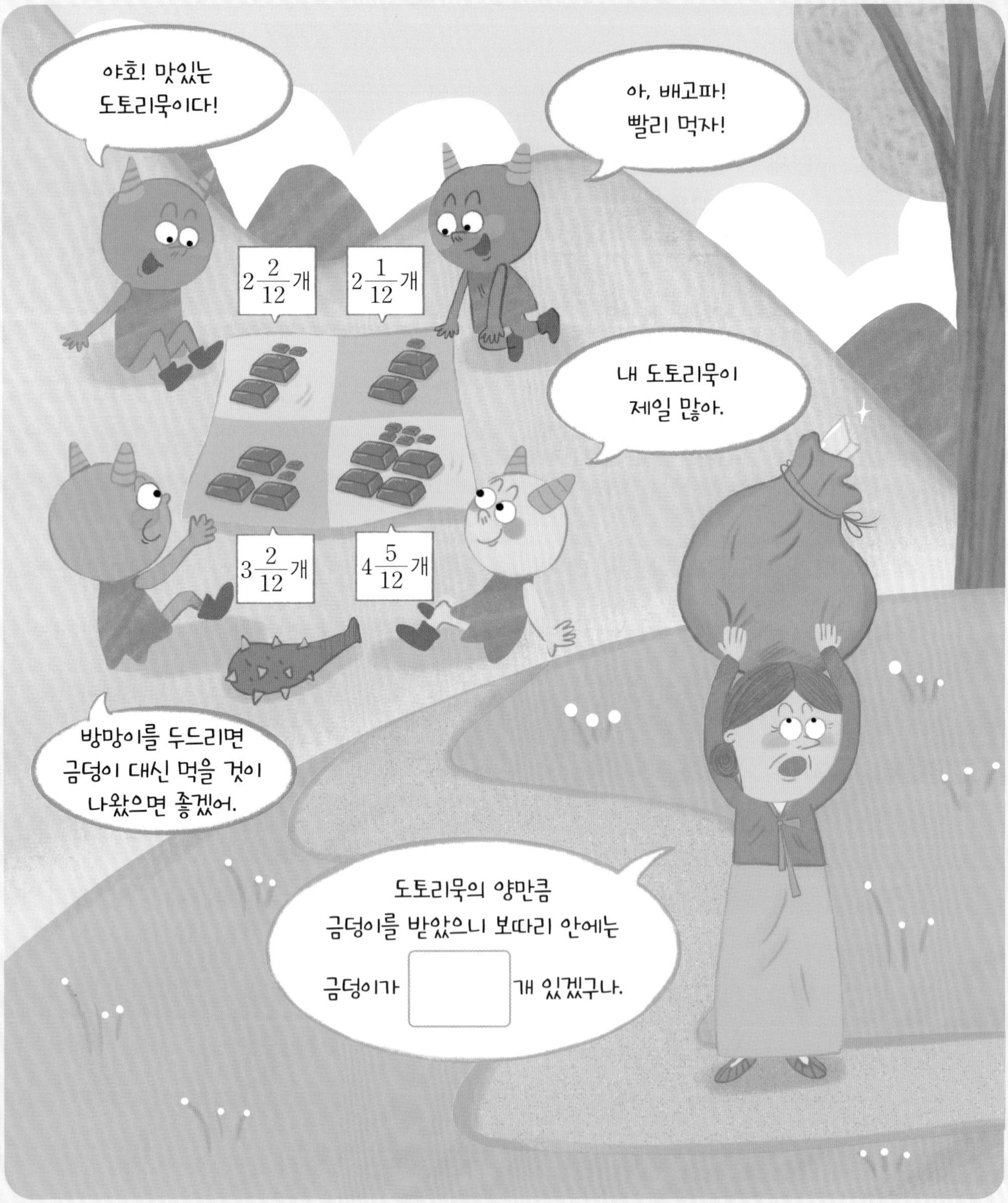

야호! 맛있는 도토리묵이다!

아, 배고파! 빨리 먹자!

$2\frac{2}{12}$ 개 $2\frac{1}{12}$ 개

내 도토리묵이 제일 많아.

$3\frac{2}{12}$ 개 $4\frac{5}{12}$ 개

방망이를 두드리면 금덩이 대신 먹을 것이 나왔으면 좋겠어.

도토리묵의 양만큼 금덩이를 받았으니 보따리 안에는 금덩이가 ☐ 개 있겠구나.

분수의 덧셈과 뺄셈

진분수 부분의 합이 1보다 큰 (대분수) + (대분수) ❶

공부한 날

월
일

분모가 같은 대분수끼리의 덧셈은

• 자연수 부분끼리 더하고, 분수 부분끼리 더합니다.

$$1\frac{4}{7}+1\frac{4}{7}=(1+1)+(\frac{4}{7}+\frac{4}{7})=2+\frac{8}{7}=2+1\frac{1}{7}=3\frac{1}{7}$$

• 대분수를 가분수로 바꾸어 더합니다.

$$1\frac{4}{7}+1\frac{4}{7}=\frac{11}{7}+\frac{11}{7}=\frac{22}{7}=3\frac{1}{7}$$

실력 확인하기

다음을 계산해 보시오.

1 $1\frac{2}{5}+1\frac{3}{5}=$

2 $3\frac{3}{4}+1\frac{1}{4}=$

3 $1\frac{3}{7}+2\frac{6}{7}=$

4 $1\frac{3}{6}+1\frac{4}{6}=$

5 $4\frac{11}{12}+2\frac{5}{12}=$

6 $1\frac{9}{18}+3\frac{10}{18}=$

1

민규가 어제는 낮잠을 $1\frac{3}{4}$ 시간 동안 잤고, 오늘은 낮잠을 $1\frac{1}{4}$ 시간 동안 잤습니다. 어제와 오늘 민규가 낮잠을 잔 시간은 모두 몇 시간입니까?

문제 이해하기

▶ 어제 낮잠을 잔 시간: [ ]시간   ▶ 오늘 낮잠을 잔 시간: [ ]시간

➡ 낮잠을 잔 시간을 그림으로 나타내 더하면

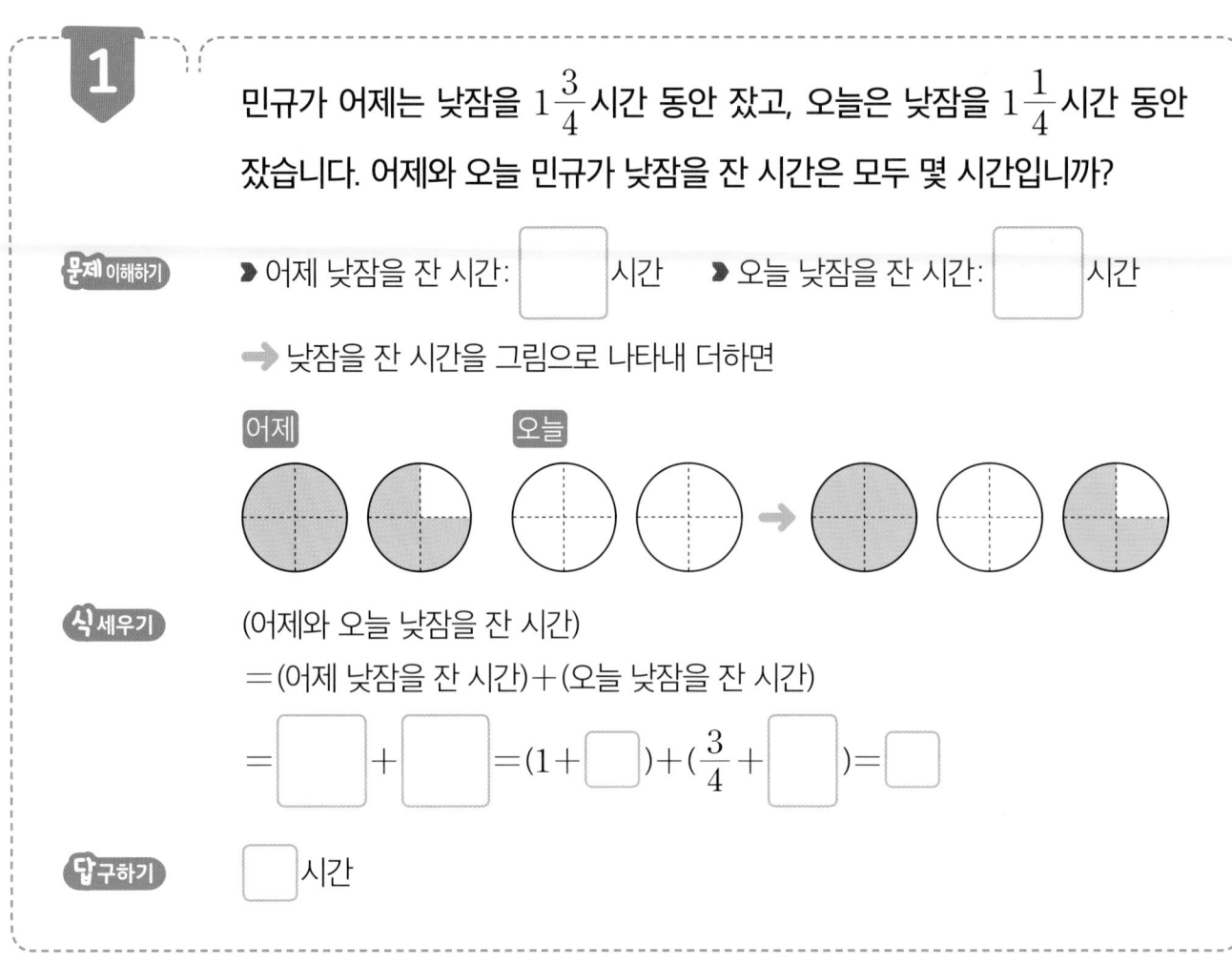

어제   오늘

식 세우기

(어제와 오늘 낮잠을 잔 시간)

＝(어제 낮잠을 잔 시간)＋(오늘 낮잠을 잔 시간)

＝[ ]＋[ ]＝$(1+$[ ]$)+(\frac{3}{4}+$[ ]$)=$[ ]

답 구하기

[ ]시간

2

윤지는 색종이를 $2\frac{8}{9}$ 장 사용하고 주희는 $2\frac{2}{9}$ 장 사용했습니다. 두 사람이 사용한 색종이는 모두 몇 장입니까?

문제 이해하기

▶ 윤지가 사용한 색종이의 양: [ ]장

▶ 주희가 사용한 색종이의 양: [ ]장

식 세우기

(두 사람이 사용한 색종이의 양)

＝(윤지가 사용한 양)

＋(주희가 사용한 양)

＝[ ]＋[ ]＝[ ]

답 구하기

[ ]장

3

노란색 페인트 $2\frac{2}{3}$ 통과 파란색 페인트 $3\frac{2}{3}$ 통을 섞었습니다. 섞은 페인트는 모두 몇 통이 됩니까?

문제 이해하기

▶ 노란색 페인트의 양: [ ]통

▶ 파란색 페인트의 양: [ ]통

식 세우기

(섞은 페인트의 양)

＝(노란색 페인트의 양)

＋(파란색 페인트의 양)

＝[ ]＋[ ]＝[ ]

답 구하기

[ ]통

4 물통에 물이 $1\dfrac{4}{6}$ L 있습니다. 물을 $1\dfrac{3}{6}$ L 더 부으면 물통에 있는 물은 모두 몇 L가 됩니까?

문제 이해하기

▶ 처음에 있던 물의 양: [ ] L   ▶ 더 부은 물의 양: [ ] L

➡ 물의 양을 수직선에 나타내 더하면

$$1\dfrac{4}{6}=\dfrac{10}{6}$$

```
0          1          2          3
```

식 세우기

(물통에 있는 물의 양)＝(처음에 있던 양)＋(더 부은 양)

$$=\boxed{}+\boxed{}=\dfrac{10}{6}+\boxed{}=\boxed{}$$

답 구하기 [ ] L

> 대분수를 가분수로 나타내어 더할 수도 있어.

---

5 키가 $2\dfrac{4}{5}$ cm인 화초가 $1\dfrac{3}{5}$ cm만큼 더 자랐다면 화초의 키는 몇 cm가 되겠습니까?

문제 이해하기

▶ 처음 화초의 키: [ ] cm

▶ 더 자란 키: [ ] cm

식 세우기

(더 자란 후 화초의 키)
＝(처음 화초의 키)＋(더 자란 키)

$$=\boxed{}+\boxed{}=\boxed{}$$

답 구하기 [ ] cm

---

6 배추 한 통의 무게는 $2\dfrac{3}{4}$ kg이고, 무 한 개의 무게는 $1\dfrac{2}{4}$ kg입니다. 배추 한 통과 무 한 개는 모두 몇 kg입니까?

문제 이해하기

▶ 배추 한 통의 무게: [ ] kg

▶ 무 한 개의 무게: [ ] kg

식 세우기

(배추와 무의 무게)
＝(배추 한 통의 무게)
　＋(무 한 개의 무게)

$$=\boxed{}+\boxed{}=\boxed{}$$

답 구하기 [ ] kg

기차를 멈춰라

기차 세 대가 멈추지 못하고 계속 달리고 있어요. 색이 칠해진 빈칸에 들어갈 글자를 찾아 외치면 달리는 기차를 멈출 수 있어요. 기차를 멈출 수 있는 암호를 찾아 써 보세요.

1	2	3	4	5	6	7	8	9
솔	람	개	울	지	무	쥐	다	방

$\frac{1}{12}$ $\frac{11}{12}$ 솔 $2\frac{5}{12}$ $3\frac{7}{12}$ $2\frac{3}{12}$ $1\frac{1}{12}$ $4\frac{8}{12}$ 다

$1\frac{5}{9}$ $2\frac{4}{9}$ $3\frac{1}{9}$ $3\frac{8}{9}$ $1\frac{5}{9}$ $2\frac{8}{9}$ $\frac{5}{9}$

$4\frac{2}{7}$ $4\frac{5}{7}$ $\frac{1}{7}$ $1\frac{6}{7}$ $1\frac{4}{7}$ $\frac{5}{7}$ $\frac{5}{7}$

암호는 ▮ ▮ ▮ 에 들어가는 글자야. 그러니까 암호는 바로

[   ]! 멈췄다!

분수의 덧셈과 뺄셈

진분수 부분의 합이 1보다 큰 (대분수) + (대분수) ❷

1

계산 결과가 2와 3 사이인 덧셈식을 모두 찾아 기호를 쓰시오.

$$⊙\ 1\frac{2}{8}+1\frac{3}{8} \qquad ⓒ\ 1\frac{2}{5}+1\frac{4}{5} \qquad ⓒ\ \frac{4}{7}+1\frac{5}{7}$$

문제 이해하기

⊙ 자연수끼리의 합은 ☐ 이고 진분수끼리의 합은 1보다 (작습니다 , 큽니다).

➡ $1\frac{2}{8}+1\frac{3}{8}$ 의 합은 ☐ 와 ☐ 사이

ⓒ 자연수끼리의 합은 ☐ 이고 진분수끼리의 합은 1보다 (작습니다 , 큽니다).

➡ $1\frac{2}{5}+1\frac{4}{5}$ 의 합은 ☐ 과 ☐ 사이

ⓒ 자연수끼리의 합은 ☐ 이고 진분수끼리의 합은 1보다 (작습니다 , 큽니다).

➡ $\frac{4}{7}+1\frac{5}{7}$ 의 합은 ☐ 와 ☐ 사이

2와 3 사이인
대분수는 $2\frac{\blacktriangle}{\blacksquare}$ 야.

답 구하기 ☐ , ☐

2

계산 결과가 3과 4 사이인 덧셈식을 모두 찾아 기호를 쓰시오.

$$⊙\ 1\frac{6}{7}+1\frac{2}{7} \qquad ⓒ\ 1\frac{1}{9}+2\frac{6}{9} \qquad ⓒ\ 1\frac{3}{4}+2\frac{3}{4}$$

문제 이해하기

답 구하기

3

수 카드 두 장을 골라 □ 안에 써넣어 계산 결과가 가장 크게 되는 식을 만들고 계산해 보시오.

$$\boxed{7} \quad \boxed{5} \quad \boxed{4} \quad \boxed{8} \quad \rightarrow \quad \boxed{\Box\frac{\Box}{6}+2\frac{1}{6}}$$

문제 이해하기

▶ 합이 가장 크게 되려면 $\Box\frac{\Box}{6}$ 를 가장 (크게 , 작게) 만들어야 합니다.

▶ 수의 크기를 비교해 보면 $\boxed{8} > \boxed{7} > \boxed{5} > \boxed{4}$ 이므로

$\Box\frac{\Box}{6}$ 의 자연수 부분에 가장 큰 수 $\boxed{}$ 을 넣고,

분자에 6보다 작은 수 중 가장 큰 수인 $\boxed{}$ 를 넣습니다. $\rightarrow \Box\frac{\Box}{6}$

대분수의 분자는 분모보다 작아야 해.

식 세우기

$$\Box\frac{\Box}{6}+2\frac{1}{6}=(\boxed{}+2)+(\frac{\Box}{6}+\frac{1}{6})=\boxed{}$$

답 구하기 $\boxed{}$

4

수 카드 두 장을 골라 □ 안에 써넣어 계산 결과가 가장 작게 되는 식을 만들고 계산해 보시오.

$$\boxed{6} \quad \boxed{1} \quad \boxed{3} \quad \boxed{9} \quad \rightarrow \quad \boxed{5\frac{6}{7}+\Box\frac{\Box}{7}}$$

문제 이해하기

식 세우기

답 구하기

분모가 9인 두 가분수를 더하여 합이 $2\frac{5}{9}$가 되는 덧셈식을 만들려고 합니다. ㉠과 ㉡에 알맞은 수를 찾아 덧셈식을 3개 만들어 보시오.

$$\frac{㉠}{9} + \frac{㉡}{9} = 2\frac{5}{9}$$

문제 이해하기

▶ 분모가 9인 가분수: $\frac{9}{9}$, ☐, ☐, ☐, ☐, ☐, ……

▶ $\frac{㉠}{9} + \frac{㉡}{9} = \frac{㉠+㉡}{9}$이고 $2\frac{5}{9}$를 가분수로 나타내면 ☐ 이므로

㉠+㉡= ☐ 이 되어야 합니다.

→ 합이 $2\frac{5}{9}$인 두 가분수: $\frac{9}{9}$와 ☐, $\frac{10}{9}$과 ☐, $\frac{11}{9}$과 ☐

답 구하기

☐ , ☐ , ☐

6

분모가 5인 두 가분수를 더하여 합이 $3\frac{2}{5}$가 되는 덧셈식을 만들려고 합니다. ㉠과 ㉡에 알맞은 수를 찾아 덧셈식을 4개 만들어 보시오.

$$\frac{㉠}{5} + \frac{㉡}{5} = 3\frac{2}{5}$$

문제 이해하기

답 구하기

정답 확인   오늘 나의 실력은?   부모님 확인

재미있는 수학 놀이터

이달의 독서왕은 누구?

미래네 반에서는 매달 독서왕을 선정하고 있어요. 매주 읽은 책의 양을 기록하고, 월말에 모두 합하여 독서왕을 뽑아요. 과연 이달의 독서왕은 누구인지 찾아 ○표 하세요.

9월의 독서왕에 도전하세요!

단위(권)

	선우	미래	대한	영웅	슬비
1주차	$2\frac{1}{3}$	$3\frac{3}{5}$	$\frac{11}{6}$	$4\frac{3}{4}$	4
2주차	$\frac{8}{3}$	$2\frac{3}{5}$	2	$5\frac{1}{4}$	$\frac{20}{9}$
3주차	3	$2\frac{2}{5}$	$3\frac{4}{6}$	$5\frac{2}{4}$	$5\frac{5}{9}$
4주차	$2\frac{2}{3}$	$1\frac{4}{5}$	$2\frac{4}{6}$	$\frac{14}{4}$	$4\frac{2}{9}$
5주차	$11\frac{1}{3}$	$11\frac{3}{5}$	$10\frac{5}{6}$	4	6

선우   미래   대한   영웅   슬비

□권   □권   □권   □권   □권

분수의 덧셈과 뺄셈

진분수 부분끼리 뺄 수 있는 (대분수) – (대분수)

분모가 같은 대분수끼리의 뺄셈은

• 자연수 부분끼리 빼고, 분수 부분끼리 뺍니다.

$$2\frac{4}{5}-1\frac{2}{5}=(2-1)+(\frac{4}{5}-\frac{2}{5})=1+\frac{2}{5}=1\frac{2}{5}$$

• 대분수를 가분수로 바꾸어 뺍니다.

$$2\frac{4}{5}-1\frac{2}{5}=\frac{14}{5}-\frac{7}{5}=\frac{7}{5}=1\frac{2}{5}$$

실력 확인하기

다음을 계산해 보시오.

1 $2\frac{2}{3}-1\frac{2}{3}=$

2 $5\frac{5}{6}-2\frac{4}{6}=$

3 $4\frac{10}{11}-2\frac{8}{11}=$

4 $8\frac{6}{13}-3\frac{2}{13}=$

5 $7\frac{13}{25}-4\frac{6}{25}=$

6 $9\frac{25}{30}-2\frac{7}{30}=$

1 치즈가 $1\frac{5}{6}$장 있습니다. 서환이가 치즈를 $1\frac{3}{6}$장 먹었다면 남은 치즈는 몇 장입니까?

문제 이해하기
▶ 전체 치즈의 양: ☐ 장   ▶ 먹은 치즈의 양: ☐ 장

➡ 치즈의 양을 그림으로 나타내 빼면

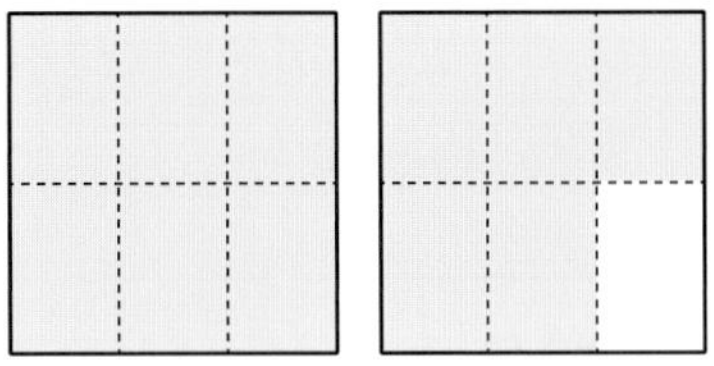

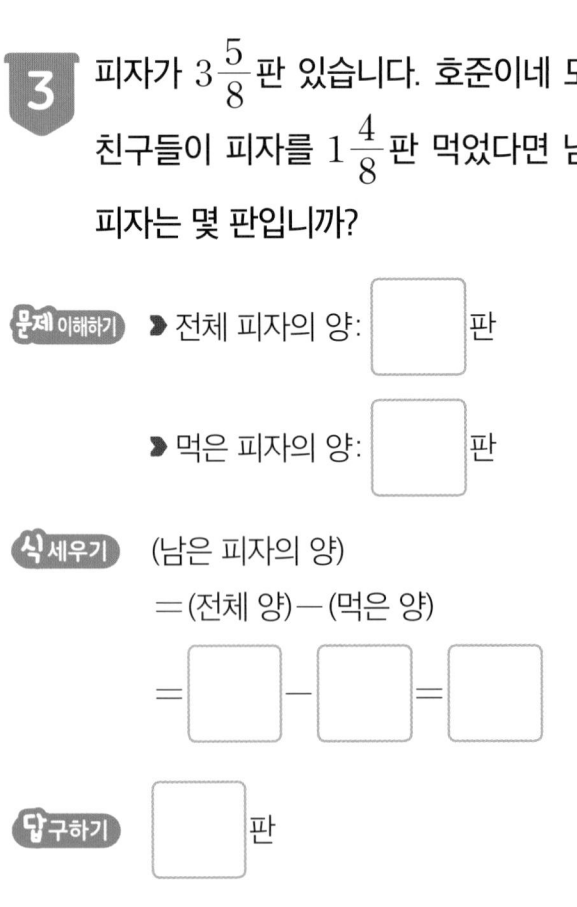

먹은 양을 빗금으로 나타내 남은 양을 알아봐.

식 세우기
(남은 치즈의 양)＝(전체 양)－(먹은 양)

$$= \boxed{} - \boxed{} = (1-\boxed{})+(\frac{5}{6}-\boxed{})= \boxed{}$$

답 구하기 ☐ 장

---

2 민채가 색종이를 $2\frac{3}{4}$장 가지고 있습니다. 색종이를 $1\frac{3}{4}$장 사용했다면 남은 색종이는 몇 장입니까?

문제 이해하기
▶ 전체 색종이의 양: ☐ 장
▶ 사용한 색종이의 양: ☐ 장

식 세우기
(남은 색종이의 양)
＝(전체 양)－(사용한 양)

$$= \boxed{} - \boxed{} = \boxed{}$$

답 구하기 ☐ 장

---

3 피자가 $3\frac{5}{8}$판 있습니다. 호준이네 모둠 친구들이 피자를 $1\frac{4}{8}$판 먹었다면 남은 피자는 몇 판입니까?

문제 이해하기
▶ 전체 피자의 양: ☐ 판
▶ 먹은 피자의 양: ☐ 판

식 세우기
(남은 피자의 양)
＝(전체 양)－(먹은 양)

$$= \boxed{} - \boxed{} = \boxed{}$$

답 구하기 ☐ 판

4

영은이는 철사를 $3\frac{4}{5}$ m 가지고 있습니다. 미술 시간에 이 중 $1\frac{3}{5}$ m만큼 사용했다면 남은 철사는 몇 m입니까?

문제 이해하기

▶ 전체 철사의 길이: ☐ m ▶ 사용한 철사의 길이: ☐ m

➡ 철사의 길이를 수직선에 나타내 빼면

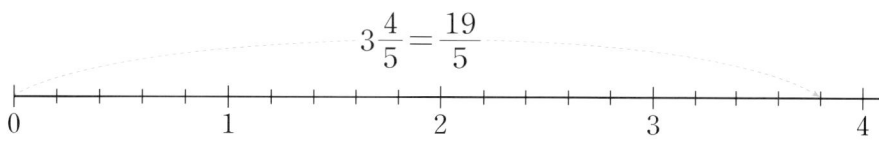

$$3\frac{4}{5} = \frac{19}{5}$$

식 세우기

(남은 철사의 길이)＝(전체 길이)－(사용한 길이)

$$= \boxed{} - \boxed{} = \frac{19}{5} - \boxed{} = \boxed{}$$

답 구하기 ☐ m

 **5**

약수터에서 물을 $2\frac{2}{3}$ L 떠 와서 밥을 짓는 데 $1\frac{1}{3}$ L를 사용했습니다. 남은 물은 몇 L입니까?

문제 이해하기 ▶ 떠 온 물의 양: ☐ L

▶ 사용한 물의 양: ☐ L

식 세우기 (남은 물의 양)

＝(떠 온 양)－(사용한 양)

$$= \boxed{} - \boxed{} = \boxed{}$$

답 구하기 ☐ L

6

윤서의 가방 무게는 $3\frac{2}{4}$ kg이고, 지호의 가방 무게는 $5\frac{3}{4}$ kg입니다. 누구의 가방이 몇 kg 더 무겁습니까?

문제 이해하기 $3\frac{2}{4}$ ◯ $5\frac{3}{4}$ 이므로

☐ 의 가방이 더 무겁습니다.

식 세우기 (가방 무게의 차이)

$$= \boxed{} - \boxed{} = \boxed{}$$

답 구하기 ☐ , ☐ kg

포포의 우주선 찾기

건망증이 심한 외계인 포포가 지구에 놀러왔어요. 포포의 아빠는 우주선을 숨겨 둔 장소를 암호 쪽지에 적어 두었어요. 포포가 우주선을 찾아 고향별로 돌아가려면 어느 곳에 손을 대야 할까요? 암호를 풀어 손을 대야 하는 장소에 ○표 하세요.

포포야, 잊지 마!
암호를 풀어서 이곳에 손을 대면 우주선이 나타날 거야.

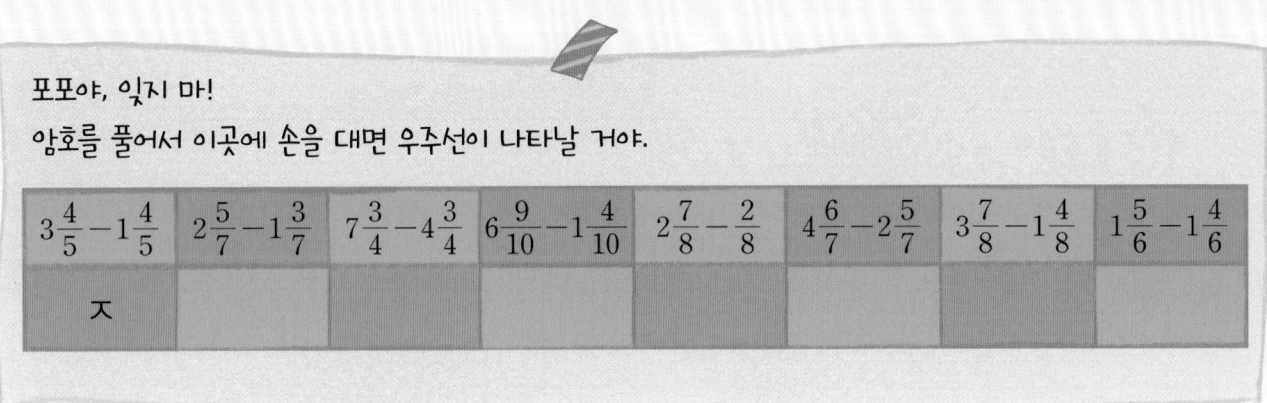

$3\frac{4}{5}-1\frac{4}{5}$	$2\frac{5}{7}-1\frac{3}{7}$	$7\frac{3}{4}-4\frac{3}{4}$	$6\frac{9}{10}-1\frac{4}{10}$	$2\frac{7}{8}-\frac{2}{8}$	$4\frac{6}{7}-2\frac{5}{7}$	$3\frac{7}{8}-1\frac{4}{8}$	$1\frac{5}{6}-1\frac{4}{6}$
ㅈ							

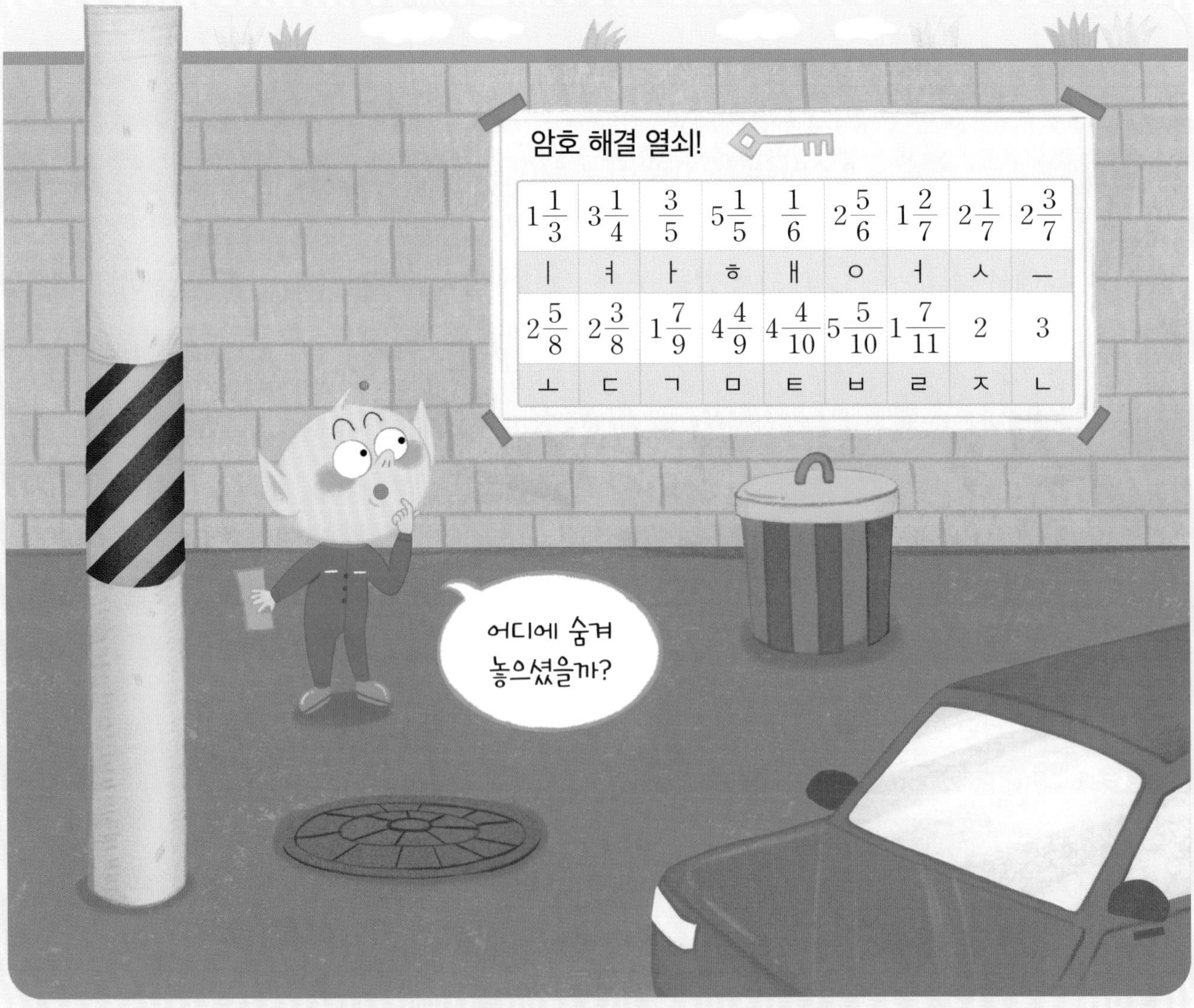

암호 해결 열쇠!

$1\frac{1}{3}$	$3\frac{1}{4}$	$\frac{3}{5}$	$5\frac{1}{5}$	$\frac{1}{6}$	$2\frac{5}{6}$	$1\frac{2}{7}$	$2\frac{1}{7}$	$2\frac{3}{7}$
ㅣ	ㅕ	ㅏ	ㅎ	ㅐ	ㅇ	ㅓ	ㅅ	ㅡ
$2\frac{5}{8}$	$2\frac{3}{8}$	$1\frac{7}{9}$	$4\frac{4}{9}$	$4\frac{4}{10}$	$5\frac{5}{10}$	$1\frac{7}{11}$	2	3
ㅗ	ㄷ	ㄱ	ㅁ	ㅌ	ㅂ	ㄹ	ㅈ	ㄴ

어디에 숨겨 놓으셨을까?

(자연수) − (분수) ❶

자연수에서 대분수를 뺄 때는

• 자연수에서 1만큼을 가분수로 바꾸어 뺍니다.

$$8-3\frac{4}{5}=7\frac{5}{5}-3\frac{4}{5}=(7-3)+(\frac{5}{5}-\frac{4}{5})=4+\frac{1}{5}=4\frac{1}{5}$$

• 자연수와 대분수를 모두 가분수로 바꾸어 뺍니다.

$$8-3\frac{4}{5}=\frac{40}{5}-\frac{19}{5}=\frac{21}{5}=4\frac{1}{5}$$

실력 확인하기

다음을 계산해 보시오.

1 $3-\frac{1}{3}=$

2 $9-\frac{6}{7}=$

3 $10-\frac{8}{13}=$

4 $4-2\frac{1}{2}=$

5 $6-1\frac{3}{4}=$

6 $5-3\frac{1}{6}=$

1

음료수가 5병 있습니다. 태정이가 음료수를 $\frac{2}{3}$병 쏟았다면 남은 음료수는 몇 병입니까?

문제 이해하기

▶ 전체 음료수의 양: ☐ 병   ▶ 쏟은 음료수의 양: ☐ 병

➡ 음료수의 양을 그림으로 나타내 빼면

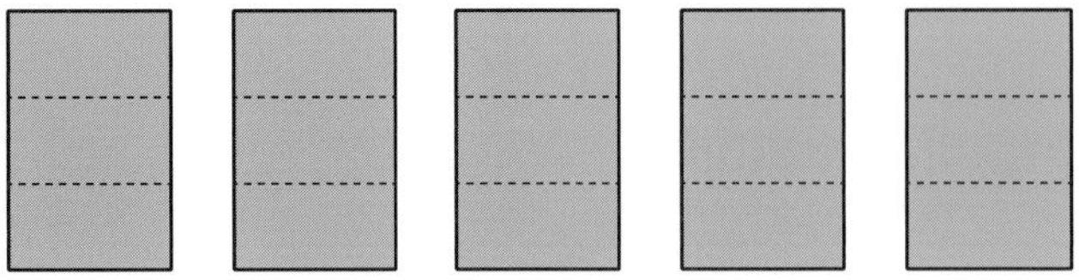

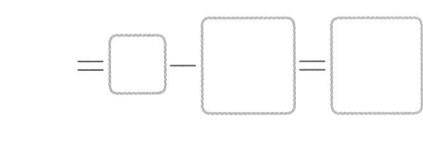

쏟은 양을
빗금으로 나타내
남은 양을 알아봐.

식 세우기

(남은 음료수의 양)＝(전체 양)－(쏟은 양)

$$=\boxed{}-\boxed{}=4\frac{3}{3}-\boxed{}=\boxed{}$$

답 구하기 ☐ 병

2

설탕이 4봉지 있습니다. 승호가 잼을 만드는 데 설탕을 $2\frac{2}{5}$봉지 사용했다면 남은 설탕은 몇 봉지입니까?

문제 이해하기

▶ 전체 설탕의 양: ☐ 봉지

▶ 사용한 설탕의 양: ☐ 봉지

식 세우기

(남은 설탕의 양)

＝(전체 양)－(사용한 양)

$$=\boxed{}-\boxed{}=\boxed{}$$

답 구하기 ☐ 봉지

3

빵이 3개 있습니다. 가은이가 빵을 $1\frac{1}{4}$개 먹었다면 남은 빵은 몇 개입니까?

문제 이해하기

▶ 전체 빵의 양: ☐ 개

▶ 먹은 빵의 양: ☐ 개

식 세우기

(남은 빵의 양)

＝(전체 양)－(먹은 양)

$$=\boxed{}-\boxed{}=\boxed{}$$

답 구하기 ☐ 개

4 서희 어머니가 바느질을 하는 데 실 $5\,\mathrm{m}$ 중에서 $3\dfrac{2}{7}\,\mathrm{m}$를 사용하였습니다. 남은 실은 몇 m입니까?

문제 이해하기

▶ 전체 실의 길이: ☐ m　　▶ 사용한 실의 길이: ☐ m

➡ 실의 길이를 수직선에 나타내 빼면

$$5=\dfrac{35}{7}$$

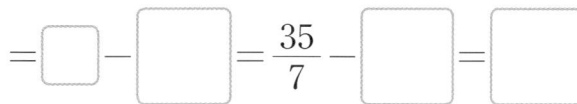

0　　1　　2　　3　　4　　5

식 세우기

(남은 실의 길이)＝(전체 길이)－(사용한 길이)

$$=\boxed{}-\boxed{}=\dfrac{35}{7}-\boxed{}=\boxed{}$$

답 구하기 ☐ m

자연수를 가분수로 나타내어 계산할 수도 있어.

---

5 혜준이가 찰흙 $7\,\mathrm{kg}$ 중에서 $2\dfrac{1}{2}\,\mathrm{kg}$만큼을 떼어서 사용했습니다. 남은 찰흙의 무게는 몇 kg입니까?

문제 이해하기

▶ 전체 찰흙의 무게: ☐ kg

▶ 사용한 찰흙의 무게: ☐ kg

식 세우기

(남은 찰흙의 무게)

＝(전체 무게)－(사용한 무게)

$$=\boxed{}-\boxed{}=\boxed{}$$

답 구하기 ☐ kg

---

6 물이 욕조에는 $9\,\mathrm{L}$ 들어 있고, 물탱크에는 $5\dfrac{1}{4}\,\mathrm{L}$ 들어 있습니다. 물이 둘 중 어느 쪽에 몇 L 더 많이 있습니까?

문제 이해하기

$9\;\bigcirc\;5\dfrac{1}{4}$ 이므로

☐ 에 물이 더 많이 있습니다.

식 세우기

(물 양의 차이)

$$=\boxed{}-\boxed{}=\boxed{}$$

답 구하기 ☐ , ☐ L

로봇 윙크를 충전해 주세요

윙크는 집안일을 도와주는 로봇이에요. 윙크가 완전히 충전되었을 때에는 배터리 5칸이 가득 차고, 집안일을 할 때마다 배터리가 소모됩니다. 오늘도 열심히 일한 윙크의 배터리는 몇 칸 남았을까요?

배터리 5칸이 가득 찼어. 집안일을 시작해 볼까?

집안일별 배터리 소모량
(배터리 1칸을 1로 계산함.)

▶ 설거지: $\dfrac{7}{10}$칸

▶ 청소: $1\dfrac{3}{10}$칸

▶ 빨래: $1\dfrac{5}{10}$칸

열심히 일했더니

배터리가 ☐ 칸밖에 남지 않았어.

충전이 필요해!

(자연수) − (분수) ❷

1 계산 결과가 2와 3 사이인 뺄셈식을 모두 찾아 기호를 쓰시오.

$$\bigcirc\ 3-\frac{3}{8} \qquad \bigcirc\ 5-1\frac{4}{5} \qquad \bigcirc\ 6-\frac{10}{3}$$

 문제 이해하기

$\bigcirc\ 3-\dfrac{3}{8} = \boxed{}\dfrac{\boxed{}}{8} - \dfrac{3}{8}$ 이므로 ➡ 차는 $\boxed{}$ 와 $\boxed{}$ 사이

$\bigcirc\ 5-1\dfrac{4}{5} = \boxed{}\dfrac{\boxed{}}{5} - 1\dfrac{4}{5}$ 이므로 ➡ 차는 $\boxed{}$ 과 $\boxed{}$ 사이

$\bigcirc\ 6-\dfrac{10}{3} = \boxed{}\dfrac{\boxed{}}{3} - \boxed{}\dfrac{\boxed{}}{3}$ 이므로 ➡ 차는 $\boxed{}$ 와 $\boxed{}$ 사이

답구하기 $\boxed{}$, $\boxed{}$

> 2와 3 사이인
> 대분수는 $2\dfrac{\blacktriangle}{\blacksquare}$ 야.

2 계산 결과가 1과 2 사이인 뺄셈식을 모두 찾아 기호를 쓰시오.

$$\bigcirc\ 5-2\frac{5}{6} \qquad \bigcirc\ 2-\frac{3}{10} \qquad \bigcirc\ 3-\frac{7}{5}$$

문제 이해하기

답구하기

수 카드 두 장을 골라 □ 안에 써넣어 계산 결과가 가장 크게 되는 식을 만들고 계산해 보시오.

$$9 \quad 2 \quad 6 \quad 5 \quad \rightarrow \quad 8 - \Box\dfrac{\Box}{9}$$

문제 이해하기

➤ 차가 가장 크게 되려면 $\Box\dfrac{\Box}{9}$ 를 가장 (크게 , 작게) 만들어야 합니다.

➤ 수의 크기를 비교해 보면 $2 < 5 < 6 < 9$ 이므로

$\Box\dfrac{\Box}{9}$ 의 자연수 부분에 가장 작은 수인 $\Box$ 를 넣고,

분자에 두 번째로 작은 수인 $\Box$ 를 넣습니다. ➤ $\Box\dfrac{\Box}{9}$

식 세우기

$$8 - \Box\dfrac{\Box}{9} = \Box\dfrac{\Box}{9} - \Box\dfrac{\Box}{9} = \Box$$

답 구하기

$$\Box$$

수 카드 두 장을 골라 □ 안에 써넣어 계산 결과가 가장 작게 되는 식을 만들고 계산해 보시오.

$$1 \quad 3 \quad 8 \quad 4 \quad \rightarrow \quad 9 - \Box\dfrac{\Box}{7}$$

문제 이해하기

식 세우기

답 구하기

54

상자 하나를 포장하는 데 리본 $1\frac{1}{6}$ m가 필요합니다. 리본 4 m로 상자를 몇 개까지 포장할 수 있고, 리본은 몇 m 남겠습니까?

문제 이해하기

➤ 상자 1개를 포장하고 남는 리본의 길이: ☐ — ☐ = ☐ (m)

➤ 상자 2개를 포장하고 남는 리본의 길이: ☐ — ☐ = ☐ (m)

➤ 상자 3개를 포장하고 남는 리본의 길이: ☐ — ☐ = ☐ (m)

➡ 상자 3개를 포장하고 남는 리본의 길이가

$1\frac{1}{6}$ m보다 (길기 때문에 , 짧기 때문에) 상자를 더 포장할 수 없습니다.

답 구하기 포장할 수 있는 상자 수: ☐ 개, 남는 리본의 길이: ☐ m

6

딸기잼 한 병을 만드는 데 딸기 $1\frac{1}{5}$ kg이 필요합니다. 딸기 3 kg으로 딸기잼을 몇 병까지 만들 수 있고, 딸기는 몇 kg 남겠습니까?

문제 이해하기

답 구하기

열려라, 보물 상자

미래네 마을 한복판에 보물 상자가 떨어졌어요. 세 친구가 수 카드로 분수를 만들어 뺄셈식을 풀고 있네요. 보물 상자를 열 수 있는 비밀번호는 무엇일까요?

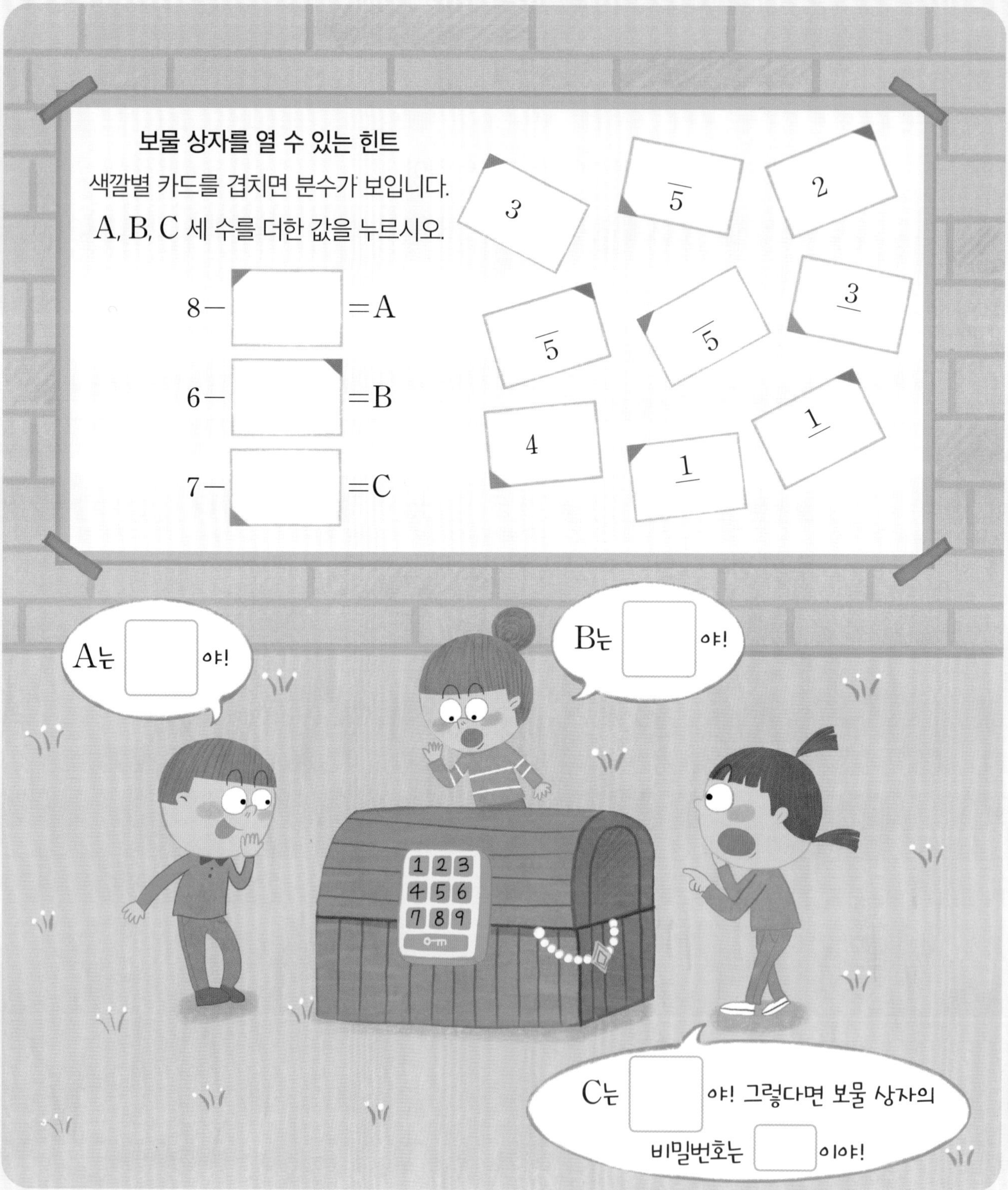

보물 상자를 열 수 있는 힌트

색깔별 카드를 겹치면 분수가 보입니다.
A, B, C 세 수를 더한 값을 누르시오.

$$8 - \boxed{} = A$$

$$6 - \boxed{} = B$$

$$7 - \boxed{} = C$$

3　　$\overline{5}$　　2

$\overline{5}$　　$\overline{5}$　　$\underline{3}$

4　　$\underline{1}$　　$\underline{1}$

A는 $\boxed{}$야!

B는 $\boxed{}$야!

C는 $\boxed{}$야! 그렇다면 보물 상자의
비밀번호는 $\boxed{}$이야!

분수의 덧셈과 뺄셈

진분수 부분끼리 뺄 수 없는
(대분수) − (대분수) ①

분모가 같은 대분수끼리의 뺄셈에서 진분수 부분끼리 뺄 수 없는 경우에는

- 자연수 부분에서 1만큼을 가분수로 바꾸어 뺍니다.

$$3\frac{2}{7}-1\frac{3}{7}=2\frac{9}{7}-1\frac{3}{7}=(2-1)+(\frac{9}{7}-\frac{3}{7})=1+\frac{6}{7}=1\frac{6}{7}$$

- 대분수를 가분수로 바꾸어 뺍니다.

$$3\frac{2}{7}-1\frac{3}{7}=\frac{23}{7}-\frac{10}{7}=\frac{23-10}{7}=\frac{13}{7}=1\frac{6}{7}$$

실력 확인하기

다음을 계산해 보시오.

1 $4\frac{1}{4}-1\frac{3}{4}=$

2 $4\frac{4}{9}-1\frac{6}{9}=$

3 $7\frac{2}{17}-4\frac{8}{17}=$

4 $6\frac{1}{3}-\frac{5}{3}=$

5 $5\frac{3}{8}-\frac{29}{8}=$

6 $4\frac{5}{21}-\frac{30}{21}=$

1

수찬이네 반 친구들이 방울토마토 $4\frac{3}{8}$ 상자 중 $1\frac{5}{8}$ 상자를 먹었습니다. 남은 방울토마토는 몇 상자입니까?

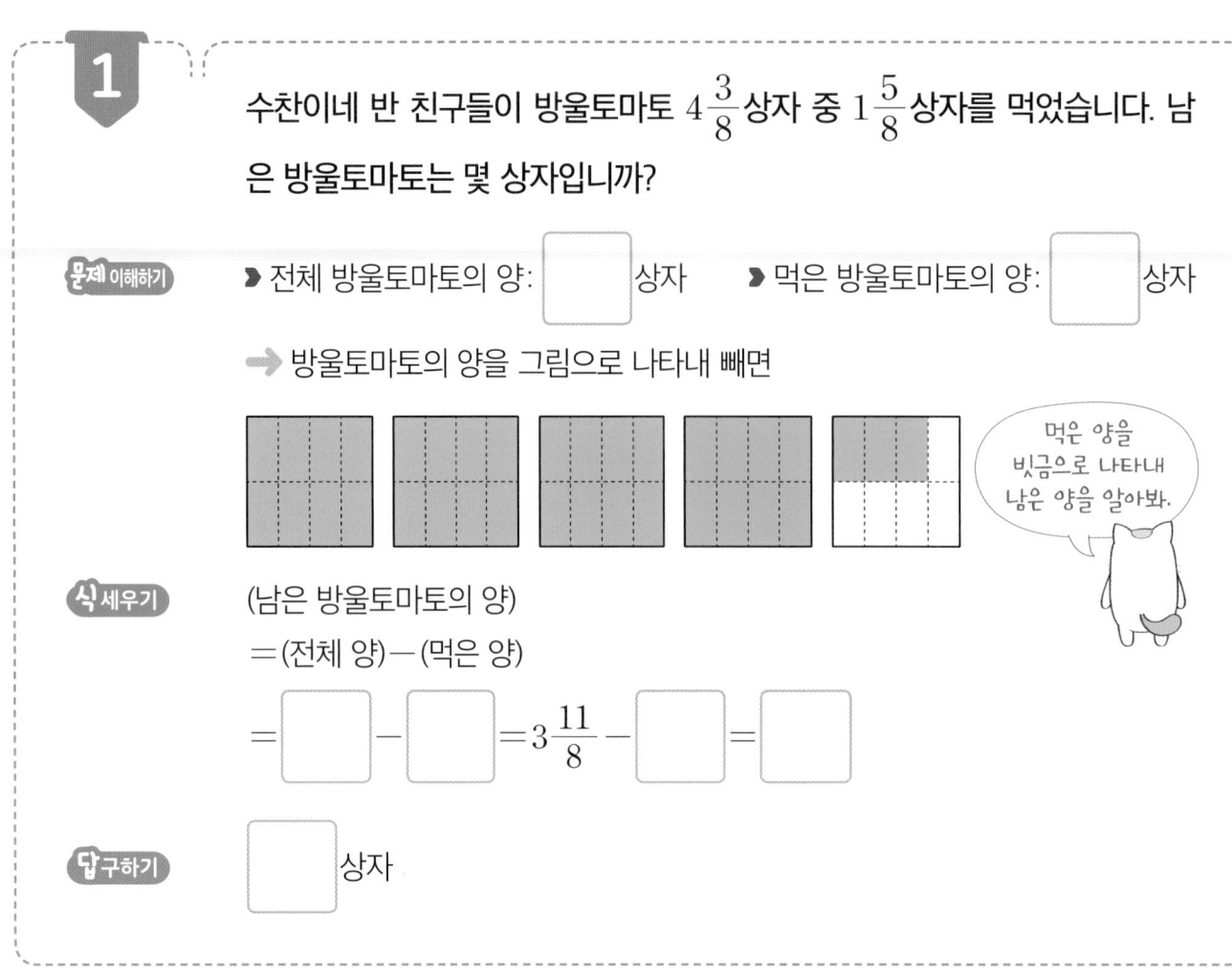

문제 이해하기 ▶ 전체 방울토마토의 양: ☐ 상자 ▶ 먹은 방울토마토의 양: ☐ 상자

➡ 방울토마토의 양을 그림으로 나타내 빼면

말풍선: 먹은 양을 빗금으로 나타내 남은 양을 알아봐.

식 세우기 (남은 방울토마토의 양)
＝(전체 양)－(먹은 양)

$$=\boxed{}-\boxed{}=3\frac{11}{8}-\boxed{}=\boxed{}$$

답 구하기 ☐ 상자

2 핫케이크가 $2\frac{1}{3}$ 개 있습니다. 채아가 이 중 $1\frac{2}{3}$ 개를 먹으면 남은 핫케이크는 몇 개입니까?

문제 이해하기 ▶ 전체 핫케이크의 양: ☐ 개

▶ 먹은 핫케이크의 양: ☐ 개

식 세우기 (남은 핫케이크의 양)
＝(전체 양)－(먹은 양)

$$=\boxed{}-\boxed{}=\boxed{}$$

답 구하기 ☐ 개

3 참기름은 $3\frac{1}{4}$ 병, 들기름은 $1\frac{3}{4}$ 병 있습니다. 참기름은 들기름보다 몇 병 더 많습니까?

문제 이해하기 ▶ 참기름의 양: ☐ 병

▶ 들기름의 양: ☐ 병

식 세우기 (참기름과 들기름 양의 차이)
＝(참기름 양)－(들기름 양)

$$=\boxed{}-\boxed{}=\boxed{}$$

답 구하기 ☐ 병

4

길이가 $6\frac{1}{3}$ cm인 양초에 불을 붙였더니 몇 분 후 $3\frac{2}{3}$ cm만큼 줄어들었습니다. 줄어든 후 남은 양초의 길이는 몇 cm가 됩니까?

문제 이해하기
- ▶ 처음 양초의 길이: ☐ cm
- ▶ 줄어든 길이: ☐ cm

➡ 양초의 길이를 수직선에 나타내 빼면

$$6\frac{1}{3} = \frac{19}{3}$$

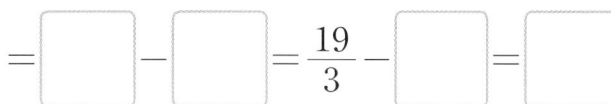

0　1　2　3　4　5　6　7

식 세우기

(남은 양초의 길이)＝(처음 길이)－(줄어든 길이)

$$= \boxed{} - \boxed{} = \frac{19}{3} - \boxed{} = \boxed{}$$

답 구하기 ☐ cm

대분수를 가분수로 나타내어 계산할 수도 있어.

---

5 은결이가 양동이에 물을 $2\frac{1}{5}$ L 받아서 꽃밭에 물을 $1\frac{4}{5}$ L 주었습니다. 남은 물은 몇 L입니까?

문제 이해하기
- ▶ 양동이에 받은 물의 양: ☐ L
- ▶ 꽃밭에 준 물의 양: ☐ L

식 세우기 (남은 물의 양)
＝(받은 양)－(꽃밭에 준 양)

$$= \boxed{} - \boxed{} = \boxed{}$$

답 구하기 ☐ L

---

6 선아네 쌀통에 쌀이 $9\frac{1}{6}$ kg 있었는데 밥을 짓는 데 $1\frac{5}{6}$ kg을 사용했습니다. 남은 쌀은 몇 kg입니까?

문제 이해하기
- ▶ 전체 쌀의 무게: ☐ kg
- ▶ 사용한 쌀의 무게: ☐ kg

식 세우기 (남은 쌀의 무게)
＝(전체 무게)－(사용한 무게)

$$= \boxed{} - \boxed{} = \boxed{}$$

답 구하기 ☐ kg

정답 확인　오늘 나의 실력은?　부모님 확인

재미있는 수학 놀이터

남은 얼음은 몇 판?

날씨가 더워지자 달콤 카페의 주인은 미리미리 얼음을 준비해 두었어요. 오늘은 얼음이 모두 $15\frac{3}{6}$판만큼 준비되어 있어요. 손님들에게 제품을 팔고 남은 얼음은 몇 판일까요?

메뉴별 얼음양

팥빙수 $2\frac{2}{6}$판

아이스커피 $1\frac{1}{6}$판

주스 $1\frac{3}{6}$판

주스 2잔 주세요.

팥빙수 1개 주세요.

아이스커피 2잔 주세요.

얼음통

남은 얼음은? ☐ 판

분수의 덧셈과 뺄셈

진분수 부분끼리 뺄 수 없는 (대분수) – (대분수) ❷

1

수직선에서 ㉠과 ㉡이 나타내는 수의 차를 구하시오.

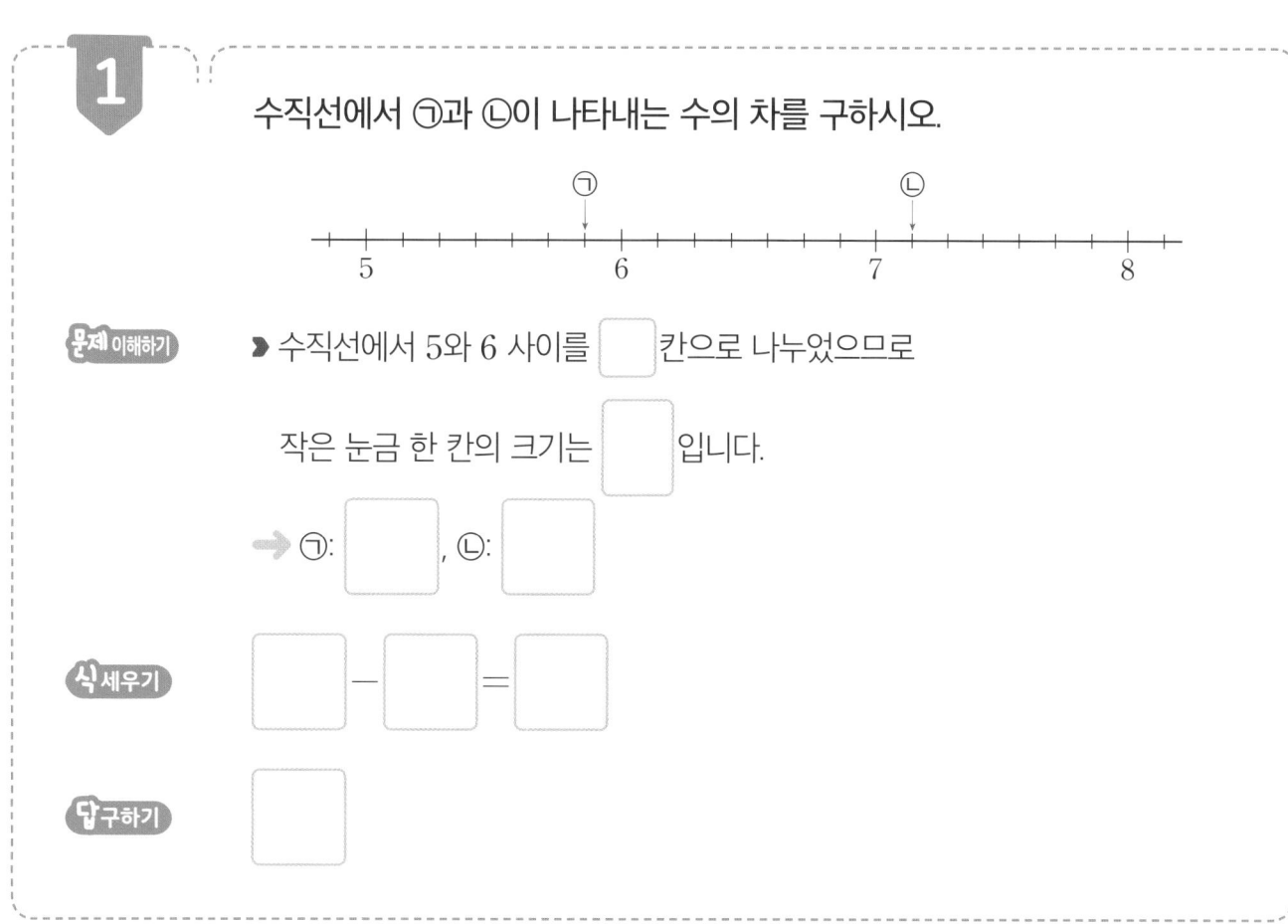

문제 이해하기

▶ 수직선에서 5와 6 사이를 ☐ 칸으로 나누었으므로

작은 눈금 한 칸의 크기는 ☐ 입니다.

➡ ㉠: ☐ , ㉡: ☐

식 세우기

☐ — ☐ = ☐

답 구하기

☐

2

수직선에서 ㉠과 ㉡이 나타내는 수의 차를 구하시오.

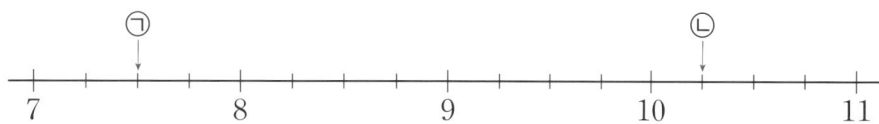

문제 이해하기

식 세우기

답 구하기

3 수 카드 두 장을 골라 □ 안에 써넣어 계산 결과가 가장 작게 되는 식을 만들고 계산해 보시오.

| 4 | 5 | 2 | 9 | → | $5\dfrac{\square}{7} - 3\dfrac{\square}{7}$ |

 **문제** 이해하기

▶ 차가 가장 작게 되려면

$5\dfrac{\square}{7}$는 가장 (작게 , 크게), $3\dfrac{\square}{7}$는 가장 (작게 , 크게) 만들어야 합니다.

▶ 수의 크기를 비교해 보면 9 > 5 > 4 > 2 이므로

$5\dfrac{\square}{7}$의 분자에 가장 (작은 , 큰) 수인 □를 넣고,

$3\dfrac{\square}{7}$의 분자에 7보다 작은 수 중 가장 (작은 , 큰) 수인 □를 넣습니다.

 **식** 세우기

$5\dfrac{\square}{7} - 3\dfrac{\square}{7} = $ □

 **답** 구하기

□

4 수 카드 두 장을 골라 □ 안에 써넣어 계산 결과가 가장 작게 되는 식을 만들고 계산해 보시오.

| 3 | 8 | 7 | 1 | → | $4\dfrac{\square}{8} - 1\dfrac{\square}{8}$ |

문제 이해하기

식 세우기

 **답** 구하기

어떤 수에서 $\frac{5}{6}$ 를 빼야 할 것을 잘못하여 더했더니 $3\frac{2}{6}$ 가 되었습니다. 바르게 계산한 값을 구하시오.

 **문제** 이해하기

❶ 어떤 수를 □라 하여 잘못 계산한 식 쓰기: □ $+\frac{5}{6}=$ ⬜

❷ □의 값 구하기: □ $+\frac{5}{6}=$ ⬜ ➡ □ $=$ ⬜ $-$ ⬜ $=$ ⬜

❸ 바르게 계산한 값 구하기: 어떤 수 ⬜ 에서 $\frac{5}{6}$ 를 뺍니다.

➡ ⬜ $-\frac{5}{6}=$ ⬜

답 구하기 ⬜

어떤 수에서 $1\frac{3}{4}$ 을 빼야 할 것을 잘못하여 더했더니 $5\frac{1}{4}$ 이 되었습니다. 바르게 계산한 값을 구하시오.

문제 이해하기

답 구하기

뒷정리는 누가 할까?

유나 엄마가 양송이 수프를 한가득 끓여 놓고 외출하셨어요. 유나네 집에 놀러 간 친구들은 수프를 사이좋게 나누어 먹고, 가장 많이 먹은 사람이 뒷정리를 하기로 했어요. 각자 먹은 양이 얼마큼인지 선으로 잇고, 뒷정리 담당에게 ○표 하세요.

$10\frac{2}{7}$ 인분

유나야!
10명이 먹어도 충분할 만큼의 수프를 끓여 놓았단다.
친구들과 사이좋게 나누어 먹으렴.

－엄마가－

예서: 전체 수프에서 내 것을 빼면 $6\frac{5}{7}$ 인분이 남아.

도윤: 내 것과 예서 것을 더하면 $6\frac{3}{7}$ 인분이야.

태이: 도윤이 것에서 내 것을 빼면 $1\frac{3}{7}$ 인분이 돼.

유나: 너희 셋이 먹고 남은 양은 모두 내 거야.

$2\frac{3}{7}$ 인분 $3\frac{4}{7}$ 인분 $1\frac{3}{7}$ 인분 $2\frac{6}{7}$ 인분

분수의 덧셈과 뺄셈

단원 마무리

01 다음 중 계산이 틀린 것을 모두 골라 기호를 쓰시오.

$$\bigcirc \ \frac{4}{6} + \frac{1}{6} = \frac{5}{12} \qquad \bigcirc \ \frac{3}{5} + \frac{3}{5} = \frac{3}{10} \qquad \bigcirc \ \frac{2}{15} + \frac{8}{15} = \frac{10}{15}$$

02 가장 큰 수와 가장 작은 수의 차를 구하시오.

$$5\frac{7}{10} \qquad 7\frac{4}{10} \qquad 3\frac{9}{10}$$

03 연주의 몸무게는 $32\frac{1}{5}$ kg이고, 강아지의 몸무게는 $5\frac{2}{5}$ kg입니다. 연주가 강아지를 안고 잰 무게는 몇 kg입니까?

04 세준이는 5 km 떨어진 할머니 댁까지 걸어가기로 했습니다. 지금까지 $1\frac{4}{5}$ km 를 걸었다면 앞으로 몇 km를 더 걸어야 합니까?

05 빈칸에 알맞은 수를 구하시오.

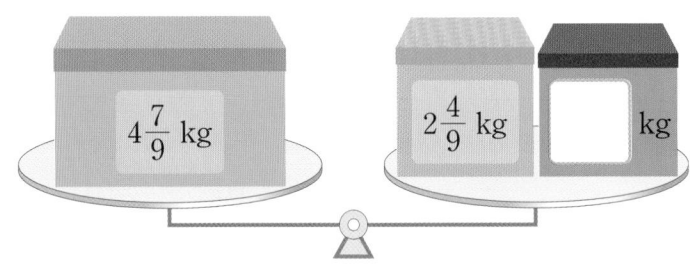

06 분모가 7인 진분수가 2개 있습니다. 합이 $1\frac{2}{7}$ 이고 차가 $\frac{3}{7}$ 인 두 진분수를 구하시오.

07 다음 뺄셈식에서 ●ㅡ▲의 값을 구하시오.

$$5\frac{●}{8} - 3\frac{▲}{8} = 2\frac{3}{8}$$

08 ㉠에 알맞은 수를 구하시오.

$$6 - 2\frac{2}{9} = ㉠ + 1\frac{7}{9}$$

09 기호 ⊙를 ㉮⊙㉯＝㉮＋㉮－㉯라고 약속할 때 다음을 계산해 보시오.

$$\frac{8}{11} \odot \frac{3}{11}$$

10 ㉠에서 ㉢까지의 길이는 몇 m입니까?

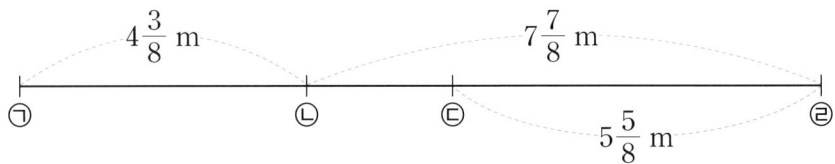

소수의 덧셈과 뺄셈

📖 이것을 배울 거예요!

- 소수 한 자리 수의 덧셈
- 소수 한 자리 수의 뺄셈
- 소수 두 자리 수의 덧셈
- 소수 두 자리 수의 뺄셈
- 자릿수가 다른 소수의 덧셈과 뺄셈

학습 계획 세우기

공부할 내용에 대한 계획을 세우고, 학습해 보아요!

		학습 계획일	
4주 1일	받아올림이 없는 소수 한 자리 수의 덧셈	월	일
4주 2일	받아올림이 있는 소수 한 자리 수의 덧셈 ❶	월	일
4주 3일	받아올림이 있는 소수 한 자리 수의 덧셈 ❷	월	일
4주 4일	받아내림이 없는 소수 한 자리 수의 뺄셈	월	일
4주 5일	받아내림이 있는 소수 한 자리 수의 뺄셈 ❶	월	일
5주 1일	받아내림이 있는 소수 한 자리 수의 뺄셈 ❷	월	일
5주 2일	소수 두 자리 수의 덧셈 ❶	월	일
5주 3일	소수 두 자리 수의 덧셈 ❷	월	일
5주 4일	자릿수가 다른 소수의 덧셈 ❶	월	일
5주 5일	자릿수가 다른 소수의 덧셈 ❷	월	일
6주 1일	소수 두 자리 수의 뺄셈 ❶	월	일
6주 2일	소수 두 자리 수의 뺄셈 ❷	월	일
6주 3일	자릿수가 다른 소수의 뺄셈 ❶	월	일
6주 4일	자릿수가 다른 소수의 뺄셈 ❷	월	일
6주 5일	단원 마무리	월	일

소수의 덧셈과 뺄셈

받아올림이 없는 소수 한 자리 수의 덧셈

소수 한 자리 수의 덧셈은 소수점의 자리를 맞추어 쓴 후
자연수의 덧셈과 같은 방법으로 계산하고
소수점을 그대로 내려 찍습니다.

$$\begin{array}{r} 0.2 \\ +\ 0.4 \\ \hline 0.6 \end{array}$$

실력 확인하기

다음을 계산해 보시오.

1
$$\begin{array}{r} 0.1 \\ +\ 0.3 \\ \hline \end{array}$$

2
$$\begin{array}{r} 0.2 \\ +\ 0.4 \\ \hline \end{array}$$

3
$$\begin{array}{r} 0.6 \\ +\ 0.3 \\ \hline \end{array}$$

4
$$\begin{array}{r} 0.5 \\ +\ 0.2 \\ \hline \end{array}$$

5
$$\begin{array}{r} 0.2 \\ +\ 1.3 \\ \hline \end{array}$$

6
$$\begin{array}{r} 2.7 \\ +\ 1.1 \\ \hline \end{array}$$

7
$$\begin{array}{r} 3.3 \\ +\ 2.5 \\ \hline \end{array}$$

8
$$\begin{array}{r} 1.4 \\ +\ 3.4 \\ \hline \end{array}$$

9
$$\begin{array}{r} 5.4 \\ +\ 3.5 \\ \hline \end{array}$$

1 물을 범진이는 0.3 L 마셨고, 연주는 0.4 L 마셨습니다. 범진이와 연주가 마신 물은 모두 몇 L입니까?

문제 이해하기

➤ 범진이가 마신 물의 양: ☐ L

➤ 연주가 마신 물의 양: ☐ L

➡ 마신 물의 양을 그림으로 나타내 더하면

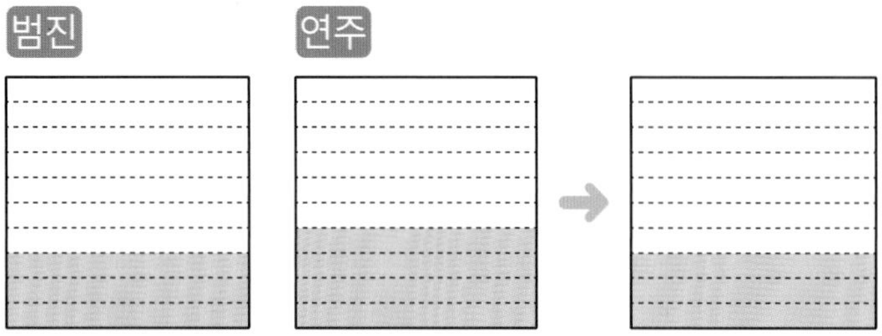

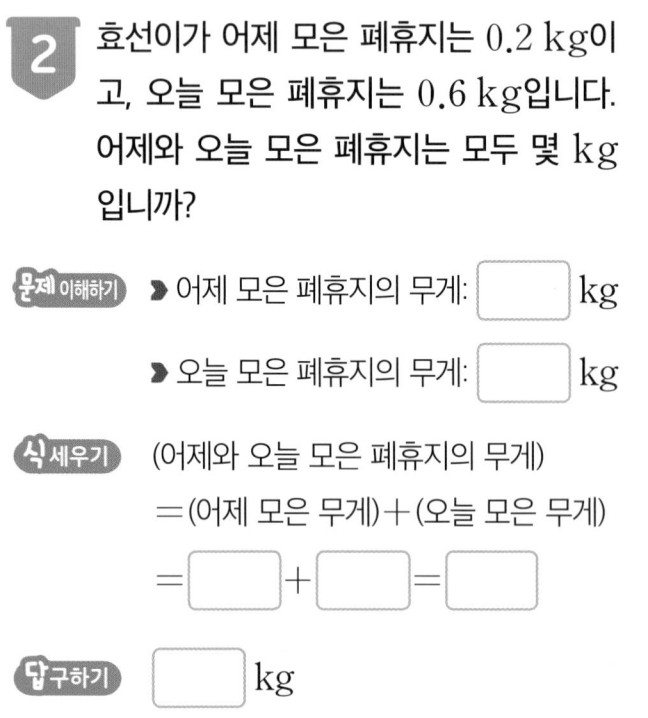

범진 연주

0.3 ➡ 0.1이 ☐ 개
0.4 ➡ 0.1이 ☐ 개
─────────────
0.1이 ☐ 개

식 세우기

(두 사람이 마신 물의 양)

＝(범진이가 마신 물의 양)＋(연주가 마신 물의 양)

＝ ☐ ＋ ☐ ＝ ☐

답 구하기

☐ L

---

2 효선이가 어제 모은 폐휴지는 0.2 kg이고, 오늘 모은 폐휴지는 0.6 kg입니다. 어제와 오늘 모은 폐휴지는 모두 몇 kg입니까?

문제 이해하기

➤ 어제 모은 폐휴지의 무게: ☐ kg

➤ 오늘 모은 폐휴지의 무게: ☐ kg

식 세우기

(어제와 오늘 모은 폐휴지의 무게)

＝(어제 모은 무게)＋(오늘 모은 무게)

＝ ☐ ＋ ☐ ＝ ☐

답 구하기

☐ kg

---

3 파란색 끈의 길이는 0.4 m이고, 노란색 끈의 길이는 0.5 m입니다. 파란색 끈과 노란색 끈의 길이는 모두 몇 m입니까?

문제 이해하기

➤ 파란색 끈의 길이: ☐ m

➤ 노란색 끈의 길이: ☐ m

식 세우기

(파란색 끈과 노란색 끈의 길이)

＝(파란색 끈의 길이)

＋(노란색 끈의 길이)

＝ ☐ ＋ ☐ ＝ ☐

답 구하기

☐ m

4

민서가 시장에서 감자와 고구마를 샀습니다. 감자를 1.2 kg 사고 고구마를 감자보다 0.5 kg 더 샀다면 민서가 산 고구마는 몇 kg입니까?

문제 이해하기

➤ 감자의 무게: ☐ kg

➤ 산 감자와 고구마 무게의 차이: ☐ kg

➡ 고구마의 무게를 수직선에 나타내 더하면

```
        1.2
  |——————————|
0           1           2
```

식 세우기

(고구마의 무게) = (감자의 무게) + (산 감자와 고구마 무게의 차이)

= ☐ + ☐ = ☐

답 구하기

☐ kg

5

오늘 규호는 우유를 0.4 L 마셨고, 현아는 규호보다 0.4 L 더 마셨습니다. 오늘 현아가 마신 우유는 몇 L입니까?

문제 이해하기

➤ 규호가 마신 우유의 양: ☐ L

➤ 규호와 현아가 마신 우유 양의 차이: ☐ L

식 세우기

(현아가 마신 우유의 양)
= (규호가 마신 우유의 양)
+ (규호와 현아가 마신 우유 양의 차이)

= ☐ + ☐ = ☐

답 구하기 ☐ L

6

빨간색 크레파스의 길이는 5.3 cm이고, 파란색 크레파스는 빨간색 크레파스보다 0.6 cm 더 깁니다. 파란색 크레파스의 길이는 몇 cm입니까?

문제 이해하기

➤ 빨간색 크레파스의 길이: ☐ cm

➤ 두 크레파스 길이의 차이: ☐ cm

식 세우기

(파란색 크레파스의 길이)
= (빨간색 크레파스의 길이)
+ (두 크레파스 길이의 차이)

= ☐ + ☐ = ☐

답 구하기 ☐ cm

정답 확인

오늘 나의 실력은?   부모님 확인

빵 조각 운반하기

개미들이 빵 조각을 개미굴로 옮기고 있어요. 개미굴에는 여러 개의 방이 있는데, 각 방에 놓는 빵 조각 무게의 합을 같게 만들려고 해요. 빵 조각을 짊어진 개미들은 각각 어느 방으로 가야 할까요? 개미의 이름표에 가야 할 방의 호수를 써 주세요.

모든 방에 똑같은 무게만큼 넣어 두자!

0.2 g

0.4 g

0.3 g

101호

0.2 g 0.1 g
0.1 g

201호

0.5 g
0.1 g

301호

0.1 g 0.2 g
0.2 g

소수의 덧셈과 뺄셈

받아올림이 있는 소수 한 자리 수의 덧셈 ❶

소수 한 자리 수의 덧셈에서

소수 첫째 자리 수끼리의 합이 10이거나 10보다 크면

일의 자리로 받아올림하여 계산합니다.

$$
\begin{array}{r}
1 \\
1.5 \\
+\ 1.7 \\
\hline
3.2
\end{array}
$$

실력 확인하기

다음을 계산해 보시오.

1 ☐
$$
\begin{array}{r}
1.9 \\
+\ 0.1 \\
\hline
\end{array}
$$

2 ☐
$$
\begin{array}{r}
0.6 \\
+\ 1.4 \\
\hline
\end{array}
$$

3 ☐
$$
\begin{array}{r}
1.8 \\
+\ 0.3 \\
\hline
\end{array}
$$

4 ☐
$$
\begin{array}{r}
2.5 \\
+\ 4.7 \\
\hline
\end{array}
$$

5 ☐
$$
\begin{array}{r}
3.7 \\
+\ 5.8 \\
\hline
\end{array}
$$

6 ☐
$$
\begin{array}{r}
1.9 \\
+\ 6.9 \\
\hline
\end{array}
$$

1 빨간색 털실 0.9 m와 초록색 털실 0.5 m를 겹치지 않게 이어 붙였습니다. 이어 붙인 털실의 전체 길이는 몇 m입니까?

문제 이해하기

➡ 빨간색 털실의 길이: ☐ m

➡ 초록색 털실의 길이: ☐ m

➡ 털실의 길이를 그림으로 나타내 더하면

0.9 ➡ 0.1이 ☐ 개

0.5 ➡ 0.1이 ☐ 개

0.1이 ☐ 개

식 세우기

(이어 붙인 털실의 전체 길이)

= (빨간색 털실의 길이) + (초록색 털실의 길이)

= ☐ + ☐ = ☐

답 구하기

☐ m

---

2 물 나르기 경기에서 기현이는 0.7 L, 슬아는 0.6 L의 물을 옮겼습니다. 두 사람이 옮긴 물은 모두 몇 L입니까?

문제 이해하기

➡ 기현이가 옮긴 물의 양: ☐ L

➡ 슬아가 옮긴 물의 양: ☐ L

식 세우기

(두 사람이 옮긴 물의 양)

= (기현이가 옮긴 양)
   + (슬아가 옮긴 양)

= ☐ + ☐ = ☐

답 구하기

☐ L

---

3 쌀 0.8 kg과 콩 0.4 kg을 섞어서 밥을 지었습니다. 밥을 짓는 데 사용한 쌀과 콩은 모두 몇 kg입니까?

문제 이해하기

➡ 쌀의 무게: ☐ kg

➡ 콩의 무게: ☐ kg

식 세우기

(쌀과 콩의 무게)

= (쌀의 무게) + (콩의 무게)

= ☐ + ☐ = ☐

답 구하기

☐ kg

4

정아네 집에서 학교까지의 거리는 1.3 km이고, 학교에서 도서관까지의 거리는 0.9 km입니다. 정아네 집에서 학교를 지나 도서관까지 가는 거리는 몇 km입니까?

문제 이해하기

▶ 집에서 학교까지의 거리: ☐ km

▶ 학교에서 도서관까지의 거리: ☐ km

➡ 거리를 수직선에 나타내 더하면

1.3

```
├──┼──┼──┼──┼──┼──┼──┼──┼──┼──┼──┼──┤
0                  1                  2
```

식 세우기

(집에서 학교를 지나 도서관까지 가는 거리)

＝(집에서 학교까지 거리)＋(학교에서 도서관까지 거리)

＝ ☐ ＋ ☐ ＝ ☐

답 구하기

☐ km

---

5 어항에 물이 5.5 L 담겨 있습니다. 어항에 물을 0.8 L 더 부으면 모두 몇 L가 됩니까?

문제 이해하기

▶ 담겨 있던 물의 양: ☐ L

▶ 더 부은 물의 양: ☐ L

식 세우기 (더 부은 후 물의 양)

＝(담겨 있던 양)＋(더 부은 양)

＝ ☐ ＋ ☐ ＝ ☐

답 구하기 ☐ L

---

6 준규네 집에 딸기가 2.3 kg 있고, 체리는 딸기보다 0.7 kg 더 많이 있습니다. 준규네 집에 있는 체리는 몇 kg입니까?

문제 이해하기

▶ 딸기의 무게: ☐ kg

▶ 딸기와 체리 무게의 차이:

☐ kg

식 세우기 (체리의 무게)

＝(딸기의 무게)

＋(딸기와 체리 무게의 차이)

＝ ☐ ＋ ☐ ＝ ☐

답 구하기 ☐ kg

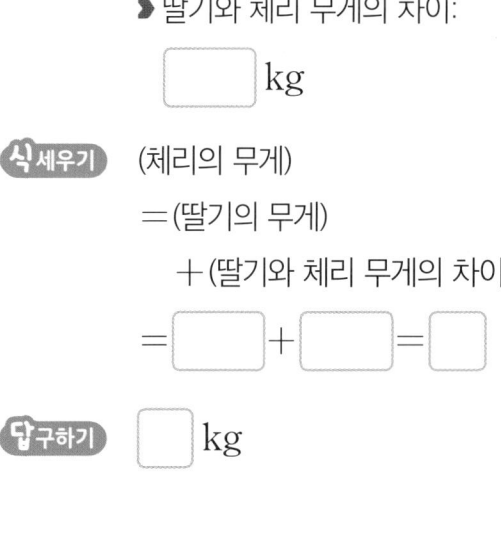

배낭의 주인을 찾아라

내일은 체험 학습을 가는 날입니다. 미래와 친구들은 메모를 하며 자신에게 필요한 물품을 배낭에 넣었어요. 메모를 보고, 각 배낭에 주인의 이름을 써 보세요.

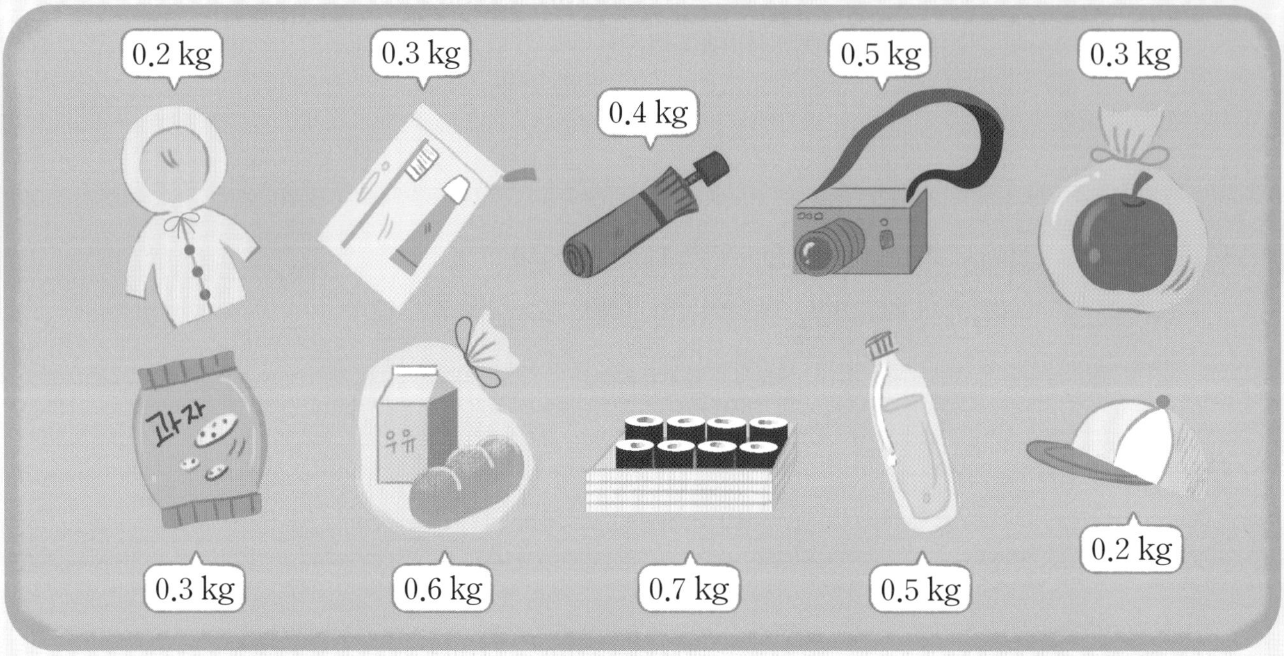

0.2 kg 0.3 kg 0.4 kg 0.5 kg 0.3 kg

0.3 kg 0.6 kg 0.7 kg 0.5 kg 0.2 kg

미래의 메모		대한이의 메모		선우의 메모	
빵과 우유	☑	김밥 도시락	☑	김밥 도시락	☑
물 1병	☑	물 2병	☑	물 1병	☑
우비	☑	모자	☑	사과 2개	☑
과자	☑	양치 도구	☑	사진기	☑
사진기	☑	우산	☑	우산	☑

2.6 kg   2.1 kg   2.7 kg

78

소수의 덧셈과 뺄셈

받아올림이 있는 소수 한 자리 수의 덧셈 ❷

1 ㉠과 ㉡의 합을 구하시오.

> ㉠ 0.1이 46개인 수
> ㉡ 일의 자리 숫자가 3이고, 소수 첫째 자리 숫자가 5인 소수 한 자리 수

문제 이해하기 ㉠과 ㉡을 소수로 나타내 보면

㉠ 0.1이 46개
  ┌ 0.1이 40개이면 [　]
  └ 0.1이　6개이면 [　]
➡ [　]

㉡ 일의 자리 숫자가 3이고, 소수 첫째 자리 숫자가 5인 소수 한 자리 수: [　]

식 세우기 [　] + [　] = [　]

답 구하기 [　]

2 ㉠과 ㉡의 합을 구하시오.

> ㉠ 0.1이 53개인 수
> ㉡ 일의 자리 숫자가 7이고, 소수 첫째 자리 숫자가 9인 소수 한 자리 수

문제 이해하기

식 세우기

답 구하기

3 계산 결과가 큰 것부터 차례로 기호를 쓰시오.

$$\text{㉠ } 1.7+5.4 \qquad \text{㉡ } 3.5+4.8$$
$$\text{㉢ } 2.6+5.2 \qquad \text{㉣ } 4.7+2.8$$

문제 이해하기 세로셈으로 나타내 더하면

㉠	㉡	㉢	㉣
$\begin{array}{r} 1.7 \\ +\ 5.4 \\ \hline \end{array}$	$\begin{array}{r} 3.5 \\ +\ 4.8 \\ \hline \end{array}$	$\begin{array}{r} 2.6 \\ +\ 5.2 \\ \hline \end{array}$	$\begin{array}{r} 4.7 \\ +\ 2.8 \\ \hline \end{array}$

➡ 계산 결과를 비교해 보면

☐ > ☐ > ☐ > ☐

답 구하기 ☐ , ☐ , ☐ , ☐

---

4 계산 결과가 작은 것부터 차례로 기호를 쓰시오.

$$\text{㉠ } 4.3+2.8 \qquad \text{㉡ } 1.6+5.3$$
$$\text{㉢ } 0.9+5.7 \qquad \text{㉣ } 3.5+3.8$$

문제 이해하기

답 구하기

5

규진이가 집에서 출발하여 우체국을 들러서 병원에 가려고 합니다. 규진이가 가야 하는 거리는 모두 몇 km입니까?

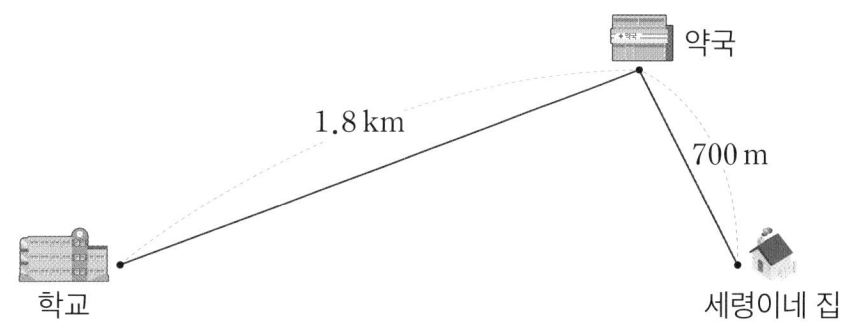

우체국

1.4 km   900 m

규진이네 집   병원

문제 이해하기

1000 m = [ ] km이므로

➡ 우체국에서 병원까지의 거리를 km로 나타내면 [ ] m = [ ] km

식 세우기

(규진이가 가야 하는 거리)
＝(집에서 우체국까지 거리)＋(우체국에서 병원까지 거리)
＝1.4＋[ ]＝[ ]

답 구하기

[ ] km

6

세령이가 학교에서 출발하여 약국을 들러서 집에 가려고 합니다. 세령이가 가야 하는 거리는 모두 몇 km입니까?

약국

1.8 km   700 m

학교   세령이네 집

심부름 간 곳은 어디일까요?

미래와 미리, 미루 남매는 엄마의 심부름을 갔어요. 누가 어느 가게로 심부름을 갔을까요? 남매의 이야기를 듣고, 미래가 심부름 간 가게에 ○표 하세요.

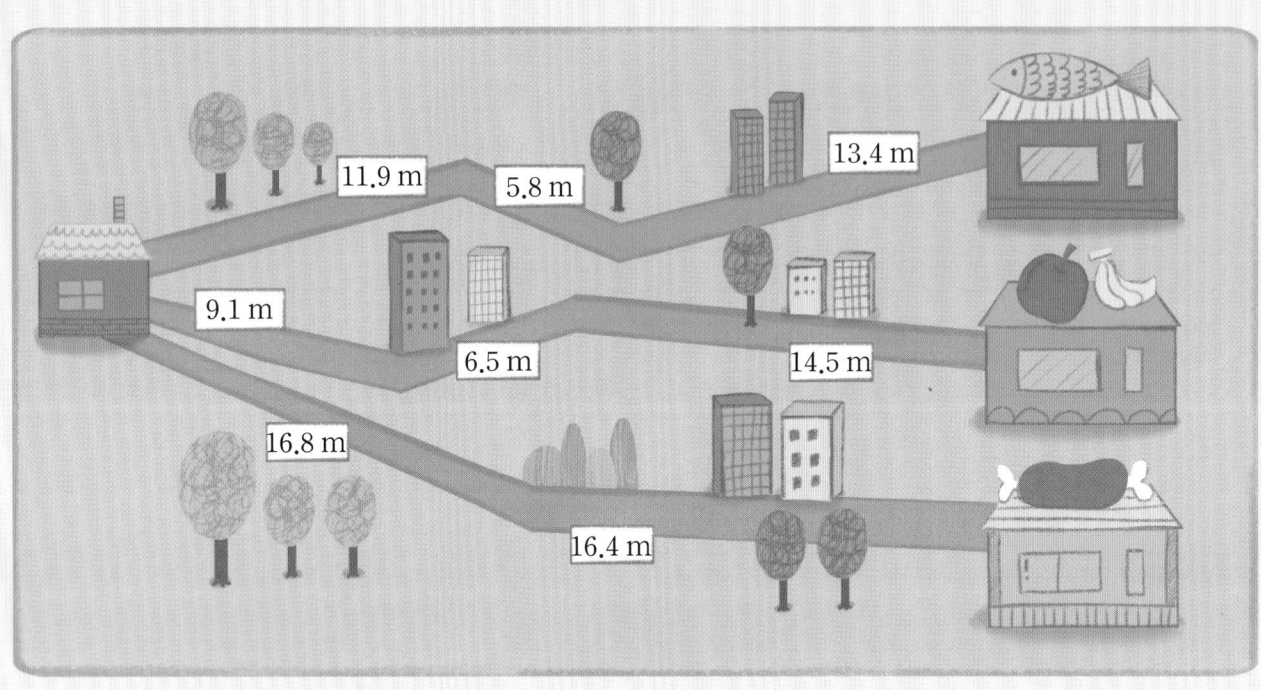

나는 31.1 m를 갔어.

나는 미리 누나보다 1 m 덜 갔어.

나는 미루보다 3.1 m를 더 갔어.

미리

미루

미래

소수의 덧셈과 뺄셈

받아내림이 없는 소수 한 자리 수의 뺄셈

소수 한 자리 수의 뺄셈은 소수점의 자리를 맞추어 쓴 후

자연수의 뺄셈과 같은 방법으로 계산하고

소수점을 그대로 내려 찍습니다.

$$
\begin{array}{r}
0.7 \\
-\ 0.2 \\
\hline
0.5
\end{array}
$$

실력 확인하기

다음을 계산해 보시오.

1
$$
\begin{array}{r}
0.8 \\
-\ 0.4 \\
\hline
\end{array}
$$

2
$$
\begin{array}{r}
0.9 \\
-\ 0.2 \\
\hline
\end{array}
$$

3
$$
\begin{array}{r}
0.5 \\
-\ 0.1 \\
\hline
\end{array}
$$

4
$$
\begin{array}{r}
4.7 \\
-\ 0.6 \\
\hline
\end{array}
$$

5
$$
\begin{array}{r}
7.6 \\
-\ 5.3 \\
\hline
\end{array}
$$

6
$$
\begin{array}{r}
8.4 \\
-\ 1.2 \\
\hline
\end{array}
$$

7
$$
\begin{array}{r}
3.8 \\
-\ 2.8 \\
\hline
\end{array}
$$

8
$$
\begin{array}{r}
5.9 \\
-\ 4.6 \\
\hline
\end{array}
$$

9
$$
\begin{array}{r}
7.3 \\
-\ 3.1 \\
\hline
\end{array}
$$

1 물병에 물이 0.8 L 들어 있습니다. 정우가 물을 0.3 L 마시면 물병에 물이 몇 L 남습니까?

문제 이해하기 ▶ 전체 물의 양: ☐ L

▶ 마신 물의 양: ☐ L

➡ 물의 양을 그림으로 나타내 빼면

0.8 ➡ 0.1이 ☐ 개

0.3 ➡ 0.1이 ☐ 개

0.1이 ☐ 개

> 마신 물의 양만큼 빗금으로 표시해서 남은 물의 양을 구해 봐.

식 세우기 (남은 물의 양)

＝(전체 물의 양)－(마신 물의 양)

＝ ☐ － ☐ ＝ ☐

답 구하기 ☐ L

---

2 윤지가 철사 0.9 m 중에서 꽃바구니를 만드는 데 0.5 m를 사용하였습니다. 남은 철사는 몇 m입니까?

문제 이해하기 ▶ 전체 철사의 길이: ☐ m

▶ 사용한 철사의 길이: ☐ m

식 세우기 (남은 철사의 길이)

＝(전체 길이)－(사용한 길이)

＝ ☐ － ☐ ＝ ☐

답 구하기 ☐ m

---

3 노트북의 무게는 2.8 kg이고, 휴대 전화는 노트북보다 0.6 kg 가볍습니다. 휴대 전화의 무게는 몇 kg입니까?

문제 이해하기 ▶ 노트북의 무게: ☐ kg

▶ 노트북과 휴대 전화 무게의 차이:

☐ kg

식 세우기 (휴대 전화의 무게)

＝(노트북의 무게)

－(노트북과 휴대 전화 무게의 차이)

＝ ☐ － ☐ ＝ ☐

답 구하기 ☐ kg

4 태규네 집에 소금이 1.6 kg 있고, 설탕이 0.5 kg 있습니다. 소금이 설탕보다 몇 kg 더 많습니까?

문제 이해하기

▸ 소금의 무게: ☐ kg

▸ 설탕의 무게: ☐ kg

➡ 소금과 설탕의 무게를 수직선에 나타내 빼면

1.6

```
|---|---|---|---|---|---|---|---|---|---|---|---|---|---|---|
0               1               2
```

식 세우기

(소금과 설탕의 무게 차이)

= (소금의 무게) − (설탕의 무게)

= ☐ − ☐ = ☐

답 구하기

☐ kg

---

5 선재는 빨간색 끈 1.7 m와 파란색 끈 1.4 m를 사용하여 상자를 포장하였습니다. 빨간색 끈을 파란색 끈보다 몇 m 더 많이 사용했습니까?

문제 이해하기

▸ 빨간색 끈의 길이: ☐ m

▸ 파란색 끈의 길이: ☐ m

식 세우기

(끈 길이의 차이)

= (빨간색 끈의 길이)

  − (파란색 끈의 길이)

= ☐ − ☐ = ☐

답 구하기

☐ m

---

6 은수네 집에서 학교까지 가는 거리는 1.3 km이고, 준희네 집에서 학교까지 가는 거리는 1.8 km입니다. 누구네 집에서 학교까지의 거리가 몇 km 더 가깝습니까?

문제 이해하기

▸ 거리가 (짧을수록 , 길수록) 더 가깝습니다.

▸ 1.3 ◯ 1.8이므로 (은수 , 준희)네 집에서 학교까지의 거리가 더 가깝습니다.

▸ 더 먼 거리에서 더 가까운 거리를 빼면 거리의 차이를 구할 수 있습니다.

식 세우기

(집에서 학교까지의 거리 차이)

= ☐ − ☐ = ☐

답 구하기

☐ 네 집, ☐ km

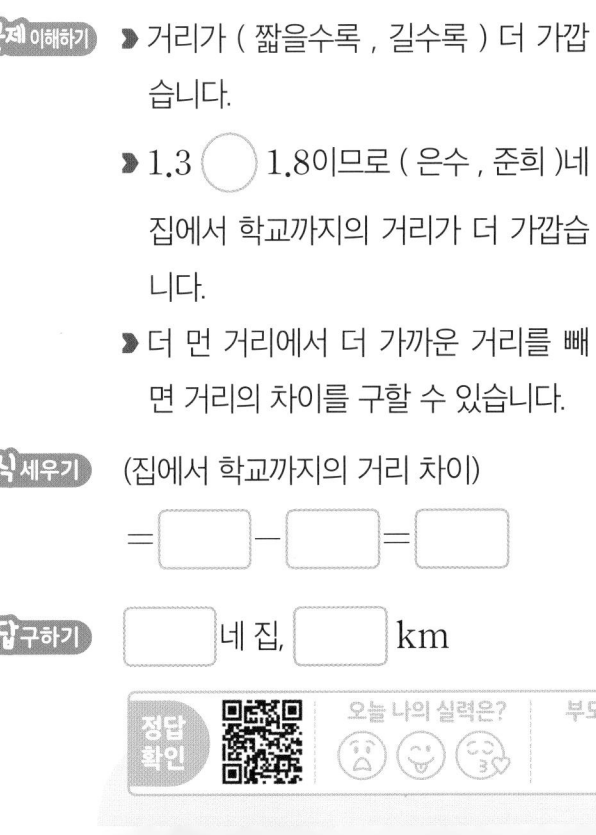

정답 확인 / 오늘 나의 실력은? / 부모님 확인

85

스파이를 찾아라

비밀 모임에 초대된 탐정들은 수 카드를 하나씩 받았어요. 탐정들은 둘씩 짝을 이루어 일을 하는데, 짝이 되는 탐정끼리는 카드에 적힌 수가 1.3만큼 차이 납니다. 서로의 짝을 선으로 연결하고, 짝이 없는 스파이를 찾아 ○표 하세요.

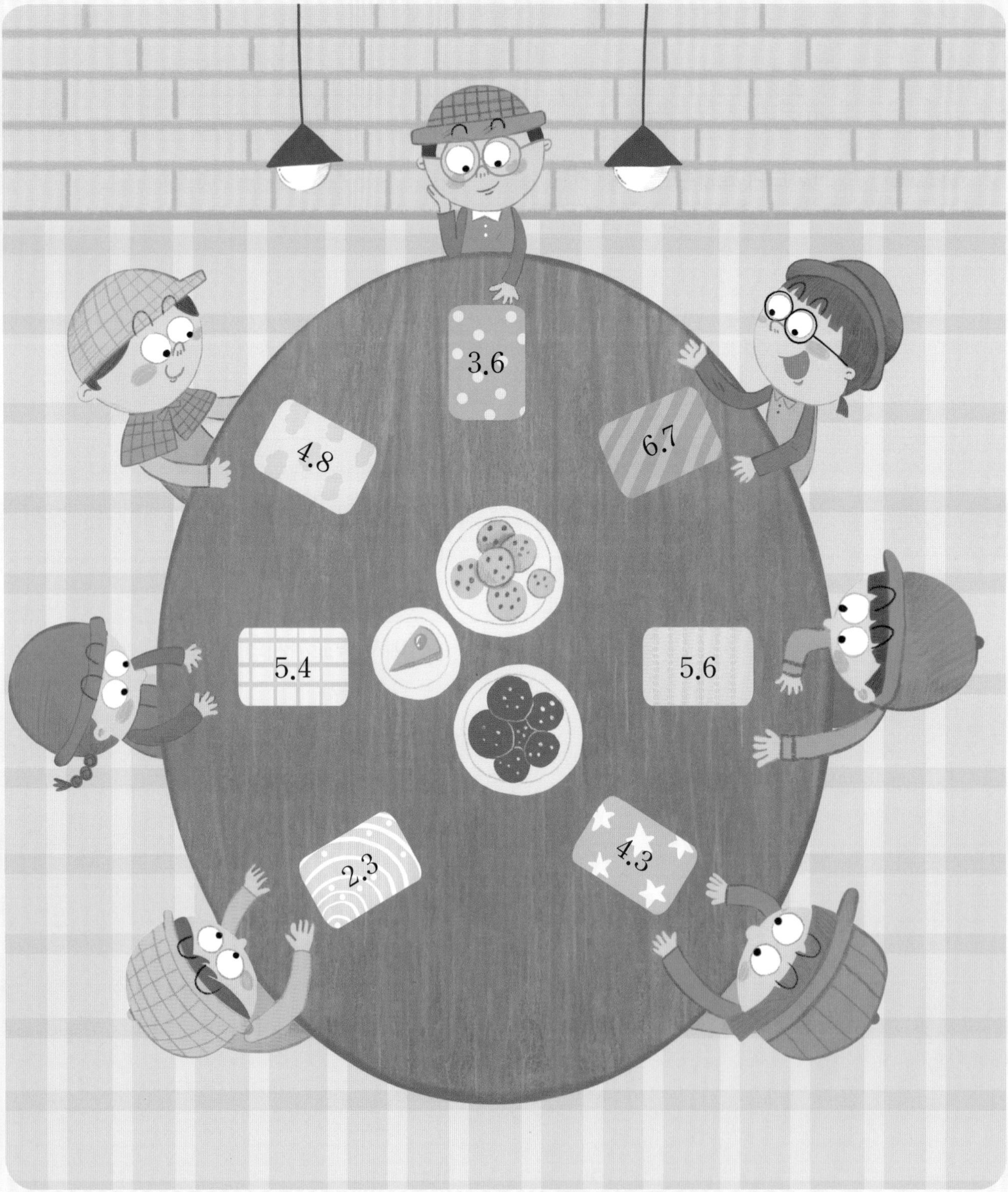

3.6

4.8

6.7

5.4

5.6

2.3

4.3

소수의 덧셈과 뺄셈

받아내림이 있는 소수 한 자리 수의 뺄셈 ❶

소수 한 자리 수의 뺄셈에서 소수 첫째 자리 수끼리 뺄 수 없으면
일의 자리에서 받아내림하여 계산합니다.

$$
\begin{array}{r}
\overset{4}{\cancel{5}}\overset{10}{.}2 \\
-\ 2\ .\ 3 \\
\hline
2\ .\ 9
\end{array}
$$

실력 확인하기

다음을 계산해 보시오.

1
```
    2 . 3
-   0 . 9
```

2
```
    3 . 2
-   0 . 4
```

3
```
    5 . 5
-   1 . 8
```

4
```
    6 . 4
-   2 . 7
```

5
```
    8 . 2
-   5 . 8
```

6
```
    9 . 3
-   1 . 4
```

1 아윤이네 가족은 주말농장에서 감자를 1.3 kg 캐서 0.7 kg을 먹었습니다. 먹고 남은 감자는 몇 kg입니까?

문제 이해하기
▶ 캔 감자의 무게: ☐ kg

▶ 먹은 감자의 무게: ☐ kg

➡ 감자의 무게를 그림으로 나타내 빼면

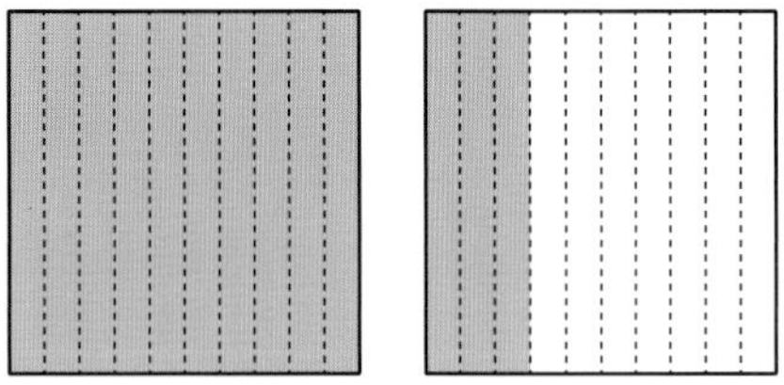

1.3 ➡ 0.1이 ☐ 개
0.7 ➡ 0.1이 ☐ 개
─────────────
0.1이 ☐ 개

식 세우기
(남은 감자의 무게)
=(캔 감자의 무게)−(먹은 감자의 무게)
= ☐ − ☐ = ☐

답 구하기
☐ kg

---

2 예슬이가 가지고 있는 털실의 길이는 1.4 m입니다. 털실을 0.6 m 사용하였다면 남은 털실은 몇 m입니까?

문제 이해하기 ▶ 전체 털실의 길이: ☐ m

▶ 사용한 털실의 길이: ☐ m

식 세우기 (남은 털실의 길이)
=(전체 길이)−(사용한 길이)
= ☐ − ☐ = ☐

답 구하기 ☐ m

3 다인이가 물이 1.5 L 들어 있는 양동이를 들고 가다가 물을 0.8 L만큼 쏟았습니다. 양동이에 남은 물은 몇 L입니까?

문제 이해하기 ▶ 전체 물의 양: ☐ L

▶ 쏟은 물의 양: ☐ L

식 세우기 (남은 물의 양)
=(전체 양)−(쏟은 양)
= ☐ − ☐ = ☐

답 구하기 ☐ L

4

파란색 페인트가 2.3 L 있고, 초록색 페인트가 1.6 L 있습니다. 파란색 페인트는 초록색 페인트보다 몇 L 더 많습니까?

문제 이해하기

▶ 파란색 페인트의 양: ☐ L

▶ 초록색 페인트의 양: ☐ L

➡ 페인트의 양을 수직선에 나타내 빼면

2.3

```
├──┼──┼──┼──┼──┼──┼──┼──┼──┼──┼──┼──┤
0            1            2
```

식 세우기

(페인트 양의 차이)

＝(파란색 페인트의 양)－(초록색 페인트의 양)

= ☐ － ☐ = ☐

답 구하기

☐ L

---

5 지후의 가방 무게는 1.7 kg이고, 예슬이의 가방 무게는 0.9 kg입니다. 지후의 가방은 예슬이의 가방보다 몇 kg 더 무겁습니까?

문제 이해하기 ▶ 지후의 가방 무게: ☐ kg

▶ 예슬이의 가방 무게: ☐ kg

식 세우기 (가방 무게의 차이)

＝(지후의 가방 무게)

－(예슬이의 가방 무게)

= ☐ － ☐ = ☐

답 구하기 ☐ kg

---

6 혁주와 재희는 종이비행기를 날리고 있습니다. 혁주의 종이비행기는 3.6 m를 날아갔고, 재희의 종이비행기는 5.4 m를 날아갔습니다. 누구의 종이비행기가 몇 m 더 멀리 날아갔습니까?

문제 이해하기 ▶ 거리가 (짧을수록 , 길수록) 더 멉니다.

▶ 3.6 ◯ 5.4이므로 (혁주 , 재희)의 종이비행기가 더 멀리 날아갔습니다.

▶ 더 먼 거리에서 더 가까운 거리를 빼면 거리의 차이를 구할 수 있습니다.

식 세우기 (종이비행기가 날아간 거리의 차이)

= ☐ － ☐ = ☐

답 구하기 ☐ , ☐ m

날씨를 안내합니다

기상청에서 발표한 일주일 동안의 날씨 정보입니다. 이를 바탕으로 각 신문에서 날씨를 안내하고 있습니다. 날씨 정보가 잘못 실린 신문에 △표 하세요.

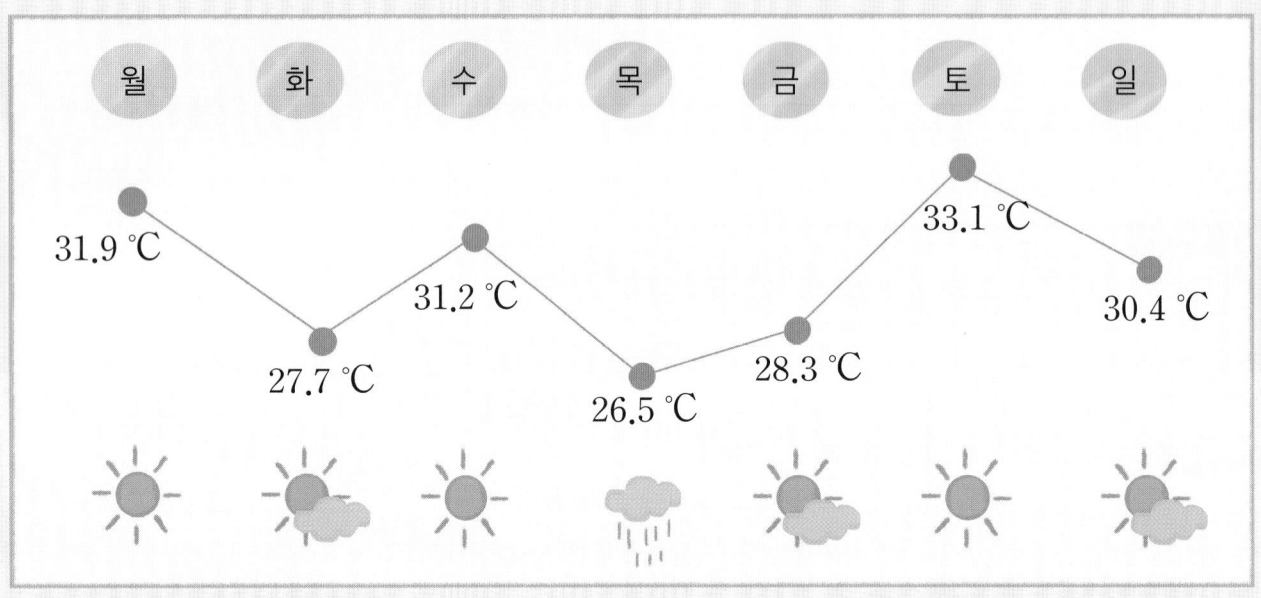

○○일보	☆☆일보	□□일보
목요일	토요일	일요일
[날씨 정보]	[날씨 정보]	[날씨 정보]
어제보다 4.7 ℃ 떨어져서 선선한 가운데 비가 내리겠습니다.	이번 주 가장 더웠던 월요일보다 1.2 ℃ 높아 매우 덥겠습니다.	어제보다 3.7 ℃ 떨어졌지만 여전히 더운 날씨가 이어지겠습니다.

소수의 덧셈과 뺄셈

받아내림이 있는 소수 한 자리 수의 뺄셈 ❷

공부한 날

월

일

1

㉠과 ㉡의 차를 구하시오.

> ㉠ 0.1이 55개인 수
> ㉡ 0.27을 10배 한 수

문제 이해하기

㉠과 ㉡을 소수로 나타내 보면

㉠ 0.1이 55개 ⎡ 0.1이 50개이면 ☐
            ⎣ 0.1이 5개이면 ☐ ➡ ☐

㉡ 10배 하면 소수점이 (오른쪽 , 왼쪽)으로 한 자리 옮겨지므로

0.27을 10배 한 수 ➡ ☐

식세우기 ☐ − ☐ = ☐

답구하기 ☐

2

㉠과 ㉡의 차를 구하시오.

> ㉠ 0.1이 29개인 수
> ㉡ 81의 $\frac{1}{10}$인 수

문제 이해하기

식세우기

답구하기

3

⊙, ⓛ에 알맞은 수를 각각 구하시오.

$$
\begin{array}{r}
\text{⊙} \,.\, 1 \\
-\quad 4 \,.\, \text{ⓛ} \\
\hline
2 \,.\, 3
\end{array}
$$

 이해하기

소수 첫째 자리부터 차례로 계산해 보면

$$
\begin{array}{r}
\text{⊙}-1 \quad 10 \\
\text{⊙} \,.\, 1 \\
-\quad 4 \,.\, \text{ⓛ} \\
\hline
2 \,.\, 3
\end{array}
$$

1에서 ⓛ을 뺀 값이 3이 될 수 없으므로

$$\boxed{}-\text{ⓛ}=3 \;\Rightarrow\; \text{ⓛ}=\boxed{}$$

$$
\begin{array}{r}
\text{⊙}-1 \quad 10 \\
\text{⊙} \,.\, 1 \\
-\quad 4 \,.\, \text{ⓛ} \\
\hline
2 \,.\, 3
\end{array}
$$

⊙−1에서 4를 뺀 값이 2가 되어야 하므로

$$\text{⊙}-\boxed{}-4=2 \;\Rightarrow\; \text{⊙}=\boxed{}$$

답구하기 ⊙=$\boxed{}$, ⓛ=$\boxed{}$

4

⊙, ⓛ에 알맞은 수를 각각 구하시오.

$$
\begin{array}{r}
7 \,.\, \text{⊙} \\
-\quad \text{ⓛ} \,.\, 5 \\
\hline
6 \,.\, 8
\end{array}
$$

문제 이해하기

답구하기

5

책이 들어 있는 가방의 무게는 6.5 kg입니다. 빈 가방의 무게가 700 g이라면 책의 무게는 몇 kg입니까?

문제 이해하기

▶ 1000 g= ☐ kg이므로

➡ 빈 가방의 무게를 kg으로 나타내면 ☐ g= ☐ kg

▶ 가방과 책의 무게를 수직선에 나타내 빼면

```
+++++++++++++++++++++++++++++++++++++++++++++++
2        3        4        5        6   ↑
                                       6.5
```

식 세우기

(책의 무게)=(책이 들어 있는 가방의 무게)−(빈 가방의 무게)

=6.5− ☐ = ☐

답 구하기

☐ kg

6

사과가 담겨 있는 바구니의 무게는 8.2 kg입니다. 빈 바구니의 무게가 800 g이라면 사과의 무게는 몇 kg입니까?

식 세우기

탈출구를 찾아라

준서와 친구들은 방 탈출 게임을 하고 있어요. 벽에 적혀 있는 탈출 미션을 해결하여 탈출구가 있는 칸을 찾아 ○표 하세요.

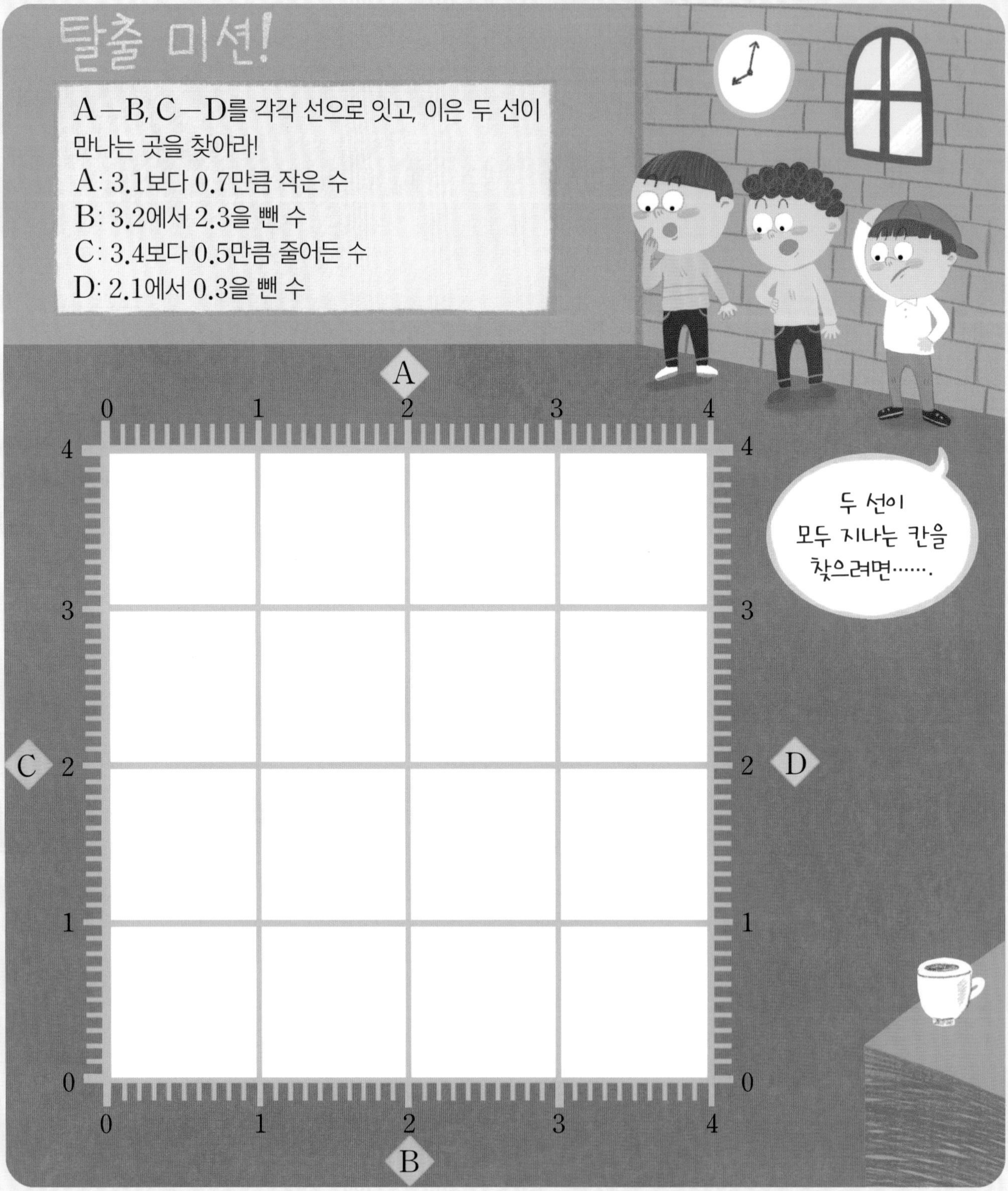

탈출 미션!

A−B, C−D를 각각 선으로 잇고, 이은 두 선이 만나는 곳을 찾아라!
A: 3.1보다 0.7만큼 작은 수
B: 3.2에서 2.3을 뺀 수
C: 3.4보다 0.5만큼 줄어든 수
D: 2.1에서 0.3을 뺀 수

두 선이 모두 지나는 칸을 찾으려면……

소수의 덧셈과 뺄셈

소수 두 자리 수의 덧셈 ❶

- 소수 두 자리 수의 덧셈은 소수점의 자리를 맞추어 쓴 후 자연수의 덧셈과 같은 방법으로 계산합니다.
- 같은 자리 수끼리의 합이 10이거나 10보다 크면 받아올림하여 계산합니다.

$$
\begin{array}{r}
{\scriptstyle 1\ \ 1} \\
5.5\,3 \\
+\ 2.4\,9 \\
\hline
8.0\,2
\end{array}
$$

실력 확인하기

다음을 계산해 보시오.

1

$$
\begin{array}{r}
0.2\,3 \\
+\ 0.1\,5 \\
\hline
\end{array}
$$

2

$$
\begin{array}{r}
0.5\,2 \\
+\ 1.4\,4 \\
\hline
\end{array}
$$

3

$$
\begin{array}{r}
2.5\,6 \\
+\ 3.1\,7 \\
\hline
\end{array}
$$

4

$$
\begin{array}{r}
0.3\,8 \\
+\ 0.2\,6 \\
\hline
\end{array}
$$

5

$$
\begin{array}{r}
4.6\,5 \\
+\ 1.7\,8 \\
\hline
\end{array}
$$

6

$$
\begin{array}{r}
3.4\,3 \\
+\ 5.9\,9 \\
\hline
\end{array}
$$

1 윤재와 시은이가 농장에서 토마토를 땄습니다. 윤재는 0.55 kg 땄고, 시은이는 0.35 kg 땄다면 두 사람이 딴 토마토는 모두 몇 kg입니까?

문제 이해하기

➤ 윤재가 딴 토마토의 무게: ☐ kg

➤ 시은이가 딴 토마토의 무게: ☐ kg

➡ 딴 토마토의 양을 그림으로 나타내 더하면

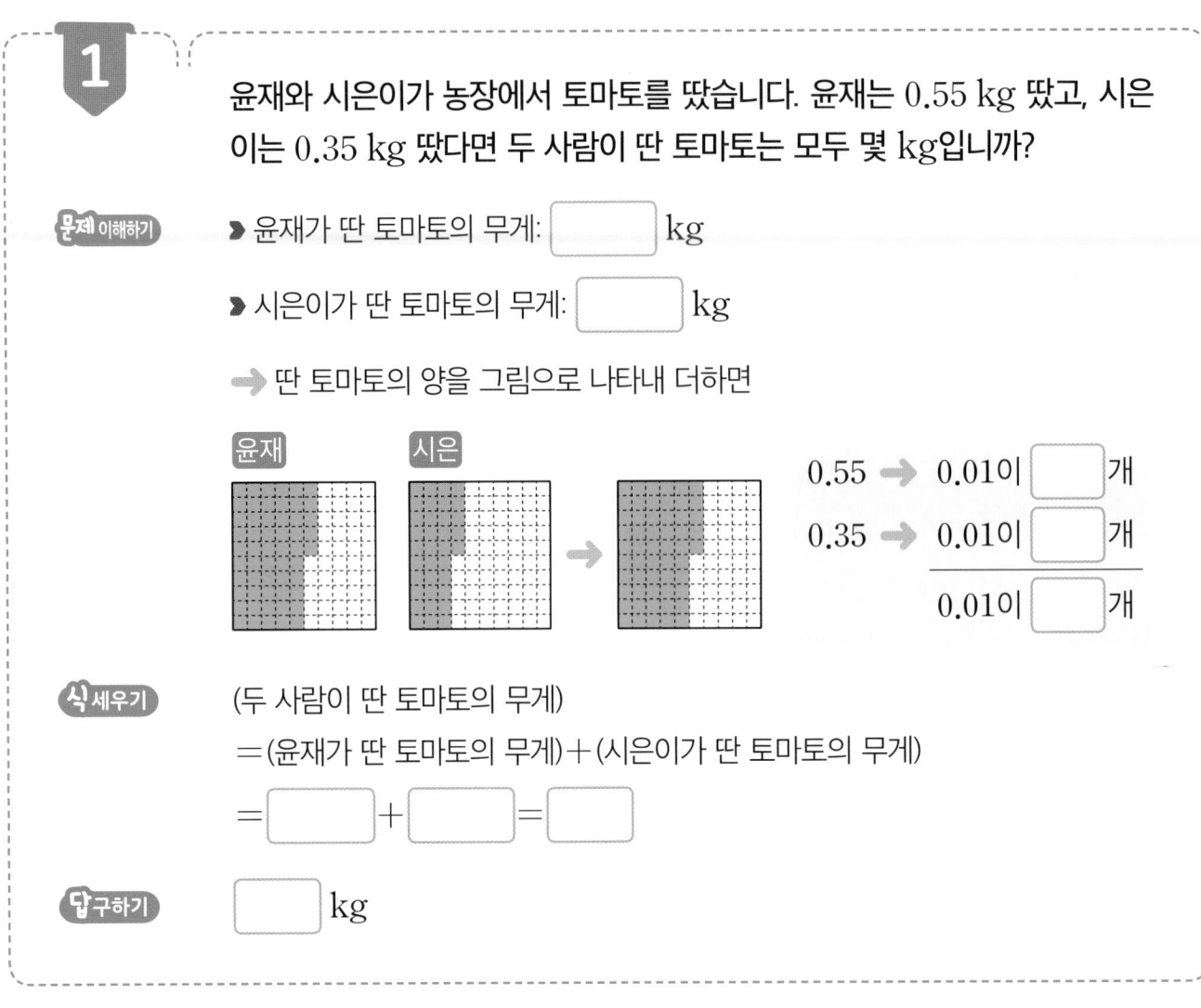

0.55 ➡ 0.01이 ☐ 개

0.35 ➡ 0.01이 ☐ 개

0.01이 ☐ 개

식 세우기

(두 사람이 딴 토마토의 무게)

＝(윤재가 딴 토마토의 무게)＋(시은이가 딴 토마토의 무게)

＝ ☐ ＋ ☐ ＝ ☐

답 구하기 ☐ kg

---

2 지훈이는 어제 우유를 0.33 L 마셨고, 오늘 0.27 L 마셨습니다. 지훈이가 어제와 오늘 마신 우유는 모두 몇 L입니까?

문제 이해하기 ➤ 어제 마신 우유의 양: ☐ L

➤ 오늘 마신 우유의 양: ☐ L

식 세우기 (어제와 오늘 마신 우유의 양)

＝(어제 마신 양)＋(오늘 마신 양)

＝ ☐ ＋ ☐ ＝ ☐

답 구하기 ☐ L

---

3 단추 하나의 무게는 0.61 g입니다. 같은 단추 2개의 무게는 몇 g입니까?

문제 이해하기 ➤ 단추 하나의 무게: ☐ g

식 세우기 (단추 2개의 무게)

＝(단추 하나의 무게)

＋(단추 하나의 무게)

＝ ☐ ＋ ☐ ＝ ☐

답 구하기 ☐ g

4

하린이와 정호가 제자리멀리뛰기 경기를 했습니다. 하린이는 1.54 m만큼 뛰었고, 정호는 하린이보다 0.18 m 더 멀리 뛰었습니다. 정호가 뛴 거리는 몇 m입니까?

문제 이해하기

▶ 하린이가 뛴 거리: ☐ m

▶ 더 뛴 거리: ☐ m

➡ 뛴 거리를 수직선에 나타내 더하면

```
                                        1.54
  ├┼┼┼┼┼┼┼┼┼┼┼┼┼┼┼┼┼┼┼┼┼┼┼┼┼┼┼┼┼┼┼┼┼┼┤
  1      1.1    1.2    1.3    1.4    1.5    1.6    1.7    1.8
```

식 세우기

(정호가 뛴 거리)

＝(하린이가 뛴 거리)＋(더 뛴 거리)

＝ ☐ ＋ ☐ ＝ ☐

답 구하기

☐ m

---

5 승원이가 작년 생일에 키를 재어 보았더니 1.15 m였습니다. 승원이가 올해 생일까지 1년 동안 0.05 m 더 자랐다면 올해 생일에 잰 키는 몇 m입니까?

문제 이해하기

▶ 작년에 잰 키: ☐ m

▶ 더 자란 키: ☐ m

식 세우기

(올해 잰 키)

＝(작년에 잰 키)＋(더 자란 키)

＝ ☐ ＋ ☐ ＝ ☐

답 구하기

☐ m

---

6 건우는 손을 씻을 때 물을 1.75 L 사용하였고, 동생은 건우보다 0.25 L 더 많이 사용하였습니다. 동생이 손을 씻는 데 사용한 물은 모두 몇 L입니까?

문제 이해하기

▶ 건우가 사용한 물의 양: ☐ L

▶ 더 사용한 물의 양: ☐ L

식 세우기

(동생이 사용한 물의 양)

＝(건우가 사용한 양)＋(더 사용한 양)

＝ ☐ ＋ ☐ ＝ ☐

답 구하기

☐ L

내 바구니의 공은 몇 kg?

공 나르기 경기가 열렸어요. 첫 번째 선수가 공 2개를 나르고, 그다음 선수부터는 공이 1개씩 추가돼요. 공 1개의 무게는 0.28 kg입니다. 미래와 규호가 옮기고 있는 공 개수가 되도록 바구니에 ○표 하고, 옮기고 있는 공 무게의 합을 써 보세요.

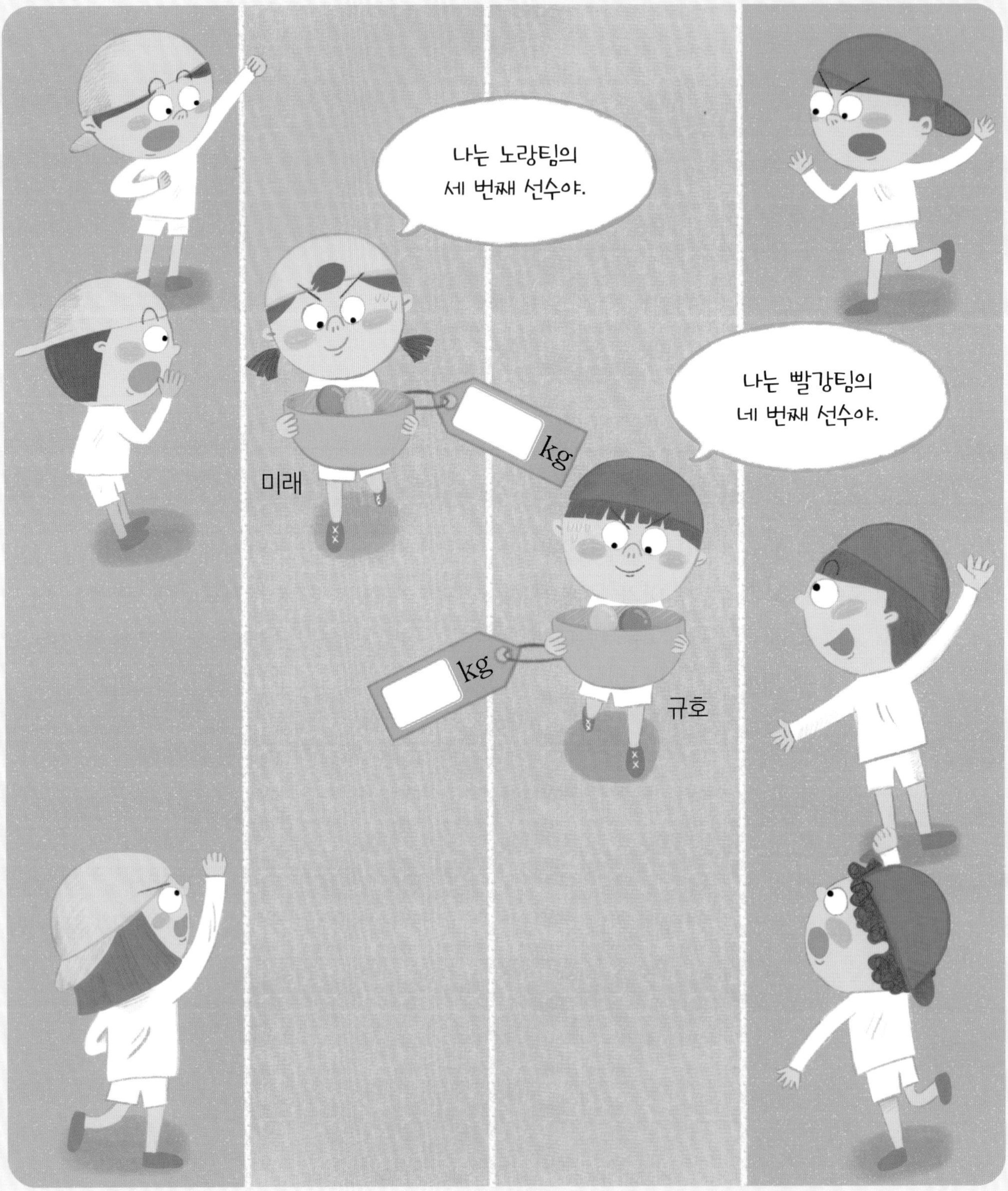

소수의 덧셈과 뺄셈

소수 두 자리 수의 덧셈 ❷

1

수직선에서 ㉠과 ㉡이 나타내는 수의 합을 구하시오.

```
        ㉠                          ㉡
   +-+-+-↓-+-+-+-+-+-+-+-+-+-+-+-+-↓-+-+-+-+-+
      4.4              4.5              4.6
```

문제 이해하기

▶ 4.4와 4.5 사이는 [   ]이고, 수직선에서 4.4와 4.5 사이를 10칸으로 나누었으므로 작은 눈금 한 칸의 크기는 [   ]입니다.

▶ ㉠과 ㉡이 나타내는 수를 알아보면

㉠: 4.4에서 작은 눈금 [   ]칸만큼 오른쪽에 있으므로 [   ]

㉡: 4.6에서 작은 눈금 [   ]칸만큼 왼쪽에 있으므로 [   ]

식 세우기

[   ] + [   ] = [   ]

답 구하기

[   ]

수직선에서 작은 눈금 한 칸의 크기부터 알아봐.

2

수직선에서 ㉠과 ㉡이 나타내는 수의 합을 구하시오.

```
        ㉠                          ㉡
   +-+-+-↓-+-+-+-+-+-+-+-+-+-+-+-+-↓-+-+-+-+-+
      6.9              7              7.1              7.2
```

3

㉠, ㉡, ㉢에 알맞은 수를 각각 구하시오.

$$
\begin{array}{r}
㉠.5\ 6 \\
+\ 1.㉡\ 7 \\
\hline
4.3\ ㉢
\end{array}
$$

 **문제** 이해하기

소수 둘째 자리부터 차례로 계산해 보면

$$
\begin{array}{r}
1 \\
㉠.5\ \boxed{6} \\
+\ 1.㉡\ \boxed{7} \\
\hline
4.3\ \boxed{㉢}
\end{array}
$$

6+7=13이므로

㉢=☐

$$
\begin{array}{r}
1\ \boxed{1} \\
㉠.\boxed{5}\ 6 \\
+\ 1.\boxed{㉡}\ 7 \\
\hline
4.\boxed{3}\ ㉢
\end{array}
$$

5+㉡+1=☐이

되어야 하므로

㉡=☐

$$
\begin{array}{r}
\boxed{1}\ 1 \\
\boxed{㉠}.5\ 6 \\
+\ \boxed{1}.㉡\ 7 \\
\hline
\boxed{4}.3\ ㉢
\end{array}
$$

㉠+1+1=4가

되어야 하므로

㉠=☐

 **답** 구하기 ㉠=☐ , ㉡=☐ , ㉢=☐

4

㉠, ㉡, ㉢에 알맞은 수를 각각 구하시오.

$$
\begin{array}{r}
㉠.4\ 7 \\
+\ 2.9\ ㉡ \\
\hline
9.㉢\ 2
\end{array}
$$

문제 이해하기

답 구하기

100

카드를 한 번씩 모두 사용하여 소수 두 자리 수를 만들려고 합니다. 만들 수 있는 가장 큰 수와 가장 작은 수의 합을 구하시오.

8	2	3	.

 이해하기

▶ 세 수의 크기를 비교해 보면 8 > 3 > 2

▶ 소수 두 자리 수는 ☐ . ☐ ☐

➡ 가장 큰 소수 두 자리 수: (큰 수 , 작은 수)부터 일의 자리, 소수 첫째 자리, 소수 둘째 자리에 차례로 놓으면 ☐

➡ 가장 작은 소수 두 자리 수: (큰 수 , 작은 수)부터 일의 자리, 소수 첫째 자리, 소수 둘째 자리에 차례로 놓으면 ☐

식 세우기 ☐ + ☐ = ☐

답 구하기 ☐

카드를 한 번씩 모두 사용하여 소수 두 자리 수를 만들려고 합니다. 만들 수 있는 가장 큰 수와 가장 작은 수의 합을 구하시오.

1	9	7	.

 이해하기

식 세우기

답 구하기

정답 확인   오늘 나의 실력은?   부모님 확인

재미있는
수학
놀이터

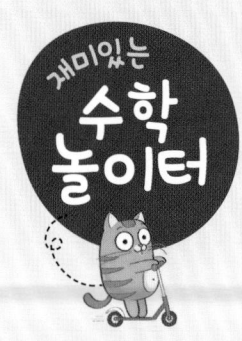

내가 만드는 케이크

미래가 케이크 만들기 체험을 하러 왔어요. 케이크 빵은 무료로 받았는데, 나머지 재료들은 포인트를 주고 사야 한대요. 미래는 모두 합하여 27.92포인트를 주고 케이크를 만들었어요. 미래가 만든 케이크를 찾아 ○표 하세요.

케이크 만들기

1. 빵에 크림을 발라요.

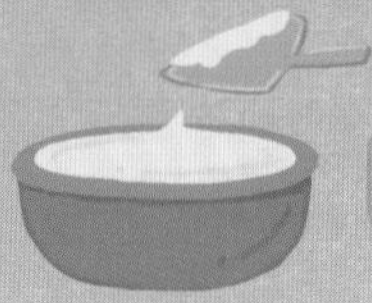

9.86 포인트

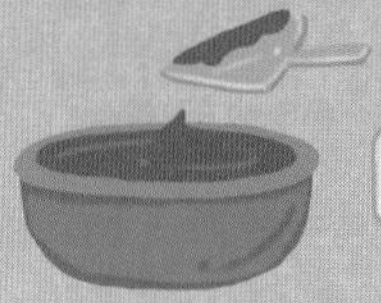

8.72 포인트

2. 과일로 장식을 해요.

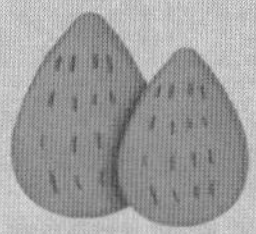

14.18 포인트

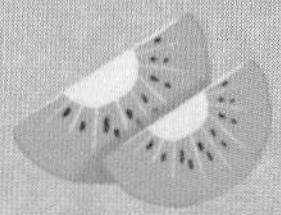

13.29 포인트

3. 초를 꽂아요.

6.38 포인트

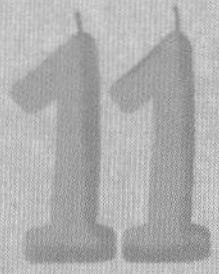

5.02 포인트

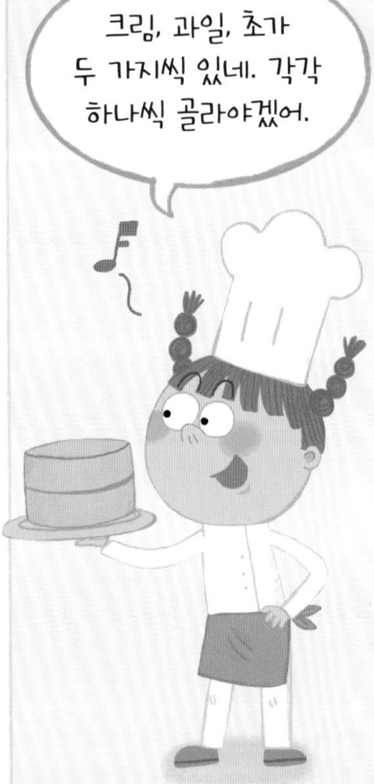

크림, 과일, 초가
두 가지씩 있네. 각각
하나씩 골라야겠어.

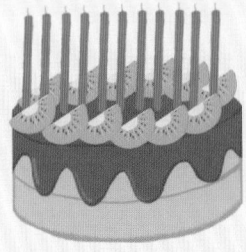

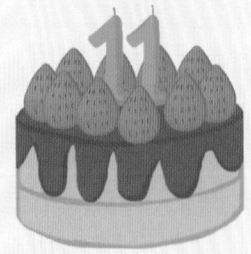

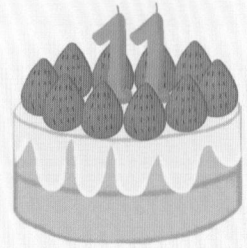

소수의 덧셈과 뺄셈

자릿수가 다른 소수의 덧셈 ❶

자릿수가 다른 소수의 덧셈을 할 때는
소수 끝자리 뒤에 0이 있는 것으로 생각하고
소수점의 자리를 맞추어 계산합니다.

```
    1
  1 . 5 2
+ 1 . 5 0
─────────
  3 . 0 2
```

실력 확인하기

다음을 계산해 보시오.

1
```
  0 . 3 2
+ 0 . 4
```

2
```
  2 . 4 5
+ 3 . 3
```

3
```
  4 . 1
+ 1 . 8 2
```

4 ☐
```
  3 . 7 9
+ 2 . 4
```

5 ☐
```
  5 . 6 3
+ 2 . 9
```

6 ☐
```
  2 . 7
+ 4 . 9 4
```

1

정우는 파란색 물감 $0.7\,\text{L}$와 노란색 물감 $0.83\,\text{L}$를 섞어 초록색 물감을 만들었습니다. 정우가 섞은 물감은 모두 몇 L입니까?

문제 이해하기

➤ 파란색 물감의 양: ☐ L

➤ 노란색 물감의 양: ☐ L

➡ 섞은 물감의 양을 그림으로 나타내 더하면

0.7 ➡ 0.01이 ☐ 개

0.83 ➡ 0.01이 ☐ 개

0.01이 ☐ 개

식 세우기

(섞은 물감의 양)

＝(파란색 물감의 양)＋(노란색 물감의 양)

＝ ☐ ＋ ☐ ＝ ☐

답 구하기

☐ L

---

2 예진이네 집에 밀가루 $0.4\,\text{kg}$과 빵가루 $0.95\,\text{kg}$이 있습니다. 밀가루와 빵가루는 모두 몇 kg입니까?

문제 이해하기 ➤ 밀가루의 무게: ☐ kg

➤ 빵가루의 무게: ☐ kg

식 세우기 (밀가루와 빵가루의 무게)

＝(밀가루의 무게)＋(빵가루의 무게)

＝ ☐ ＋ ☐ ＝ ☐

답 구하기 ☐ kg

---

3 짐을 싣지 않았을 때 무게가 $0.6\,\text{t}$인 트럭이 있습니다. 이 트럭에 짐을 $0.67\,\text{t}$ 실으면 짐을 실은 트럭의 무게는 몇 t이 됩니까?

문제 이해하기 ➤ 빈 트럭의 무게: ☐ t

➤ 짐의 무게: ☐ t

식 세우기 (짐을 실은 트럭의 무게)

＝(빈 트럭의 무게)＋(짐의 무게)

＝ ☐ ＋ ☐ ＝ ☐

답 구하기 ☐ t

4 한 달 전에 딸기 넝쿨의 길이를 재었더니 0.2 m였습니다. 오늘 다시 재어 보니 한 달 전보다 0.29 m 더 자랐습니다. 오늘 잰 딸기 넝쿨의 길이는 몇 m입니까?

문제 이해하기
▶ 한 달 전에 잰 길이: ⬚ m

▶ 더 자란 길이: ⬚ m

➡ 딸기 넝쿨의 길이를 수직선에 나타내 더하면

```
            0.2
  ┌─────────────┐
├┼┼┼┼┼┼┼┼┼┼┼┼┼┼┼┼┼┼┼┼┼┼┼┼┼┼┼┼┼┼┼┼┼┼┼┼┼┤
0         0.1        0.2        0.3        0.4        0.5
```

식 세우기
(오늘 잰 길이)
= (한 달 전에 잰 길이) + (더 자란 길이)
= ⬚ + ⬚ = ⬚

답 구하기 ⬚ m

---

5 해진이는 어제 물을 1.6 L 마셨고, 오늘은 어제보다 0.38 L 더 많이 마셨습니다. 해진이가 오늘 마신 물은 몇 L입니까?

문제 이해하기
▶ 어제 마신 물의 양: ⬚ L

▶ 더 마신 물의 양: ⬚ L

식 세우기
(오늘 마신 물의 양)
= (어제 마신 양) + (더 마신 양)
= ⬚ + ⬚ = ⬚

답 구하기 ⬚ L

---

6 멜론의 무게는 2.98 kg이고 수박은 멜론보다 0.2 kg 더 무겁습니다. 수박의 무게는 몇 kg입니까?

문제 이해하기
▶ 멜론의 무게: ⬚ kg

▶ 수박과 멜론 무게의 차이: ⬚ kg

식 세우기
(수박의 무게)
= (멜론의 무게)
  + (수박과 멜론 무게의 차이)
= ⬚ + ⬚ = ⬚

답 구하기 ⬚ kg

키가 커지는 신비한 물약

아주 작은 요정인 미미와 토토는 어느 날 신비한 물약을 발견했어요. 먹으면 약병에 적혀 있는 만큼 키가 크는 약이었어요. 미미와 토토가 한 방울도 남기지 않고 물약을 다 마셨다면 둘의 키는 몇 cm가 되었을까요? 알맞은 것에 ○표 하세요.

나는 이 파란색 물약을 마실 거야.

나는 이 빨간색 물약! 얼른 마셔야지.

57.4 cm

44.2 cm

미미의 키 4.05 cm

토토의 키 6.05 cm

76.7 cm

88.3 cm

61.45 cm

50.25 cm

68.4 cm

41.04 cm

소수의 덧셈과 뺄셈

자릿수가 다른 소수의 덧셈 ❷

1 ㉠과 ㉡의 합을 구하시오.

> ㉠ 0.01이 63개인 수
> ㉡ 0.1이 42개인 수

문제 이해하기 ㉠과 ㉡을 소수로 나타내 보면

㉠ 0.01이 63개
- 0.01이 60개이면 ☐
- 0.01이 3개이면 ☐
➡ ☐

㉡ 0.1이 42개
- 0.1이 40개이면 ☐
- 0.1이 2개이면 ☐
➡ ☐

식 세우기 ☐ + ☐ = ☐

답 구하기 ☐

2 ㉠과 ㉡의 합을 구하시오.

> ㉠ 0.01이 149개인 수
> ㉡ 0.1이 77개인 수

문제 이해하기

식 세우기

답 구하기

3

카드를 한 번씩 모두 사용하여 만들 수 있는 가장 작은 소수 한 자리 수와 가장 큰 소수 두 자리 수의 합을 구하시오.

| 6 | 3 | 7 | . |

 **문제** 이해하기

▶ 세 수의 크기를 비교해 보면 7 > 6 > 3

▶ 소수 한 자리 수는 ▢ ▢ . ▢

➡ 가장 작은 소수 한 자리 수: (큰 수 , 작은 수)부터 십의 자리, 일의 자리,

소수 첫째 자리에 차례로 놓으면 ▢

▶ 소수 두 자리 수는 ▢ . ▢ ▢

➡ 가장 큰 소수 두 자리 수: (큰 수 , 작은 수)부터 일의 자리, 소수 첫째 자리,

소수 둘째 자리에 차례로 놓으면 ▢

식 세우기   ▢ + ▢ = ▢

답 구하기   ▢

4

카드를 한 번씩 모두 사용하여 만들 수 있는 가장 큰 소수 한 자리 수와 가장 작은 소수 두 자리 수의 합을 구하시오.

| 9 | 1 | 4 | . |

문제 이해하기

식 세우기

답 구하기

5

무게가 1.2 kg인 아이스박스에 돼지고기 600 g과 소고기 580 g을 담았습니다. 돼지고기와 소고기를 담은 아이스박스의 무게는 몇 kg이 됩니까?

 **문제** 이해하기

➤ 1000 g＝□ kg이므로

➡ 돼지고기의 무게를 kg으로 나타내면 □ g＝□ kg

➡ 소고기의 무게를 kg으로 나타내면 □ g＝□ kg

식 세우기

(고기를 담은 아이스박스의 무게)
＝(빈 아이스박스의 무게)＋(돼지고기의 무게)＋(소고기의 무게)
＝1.2＋□＋□＝□ (kg)

> 모두 kg으로
> 나타내어 더해 볼까?

답 구하기

□ kg

6

무게가 5.5 kg인 수레에 자두 420 g과 복숭아 900 g을 담았습니다. 자두와 복숭아를 담은 수레의 무게는 몇 kg이 됩니까?

 **문제** 이해하기

식 세우기

답 구하기

어디에 찍을까요?

바름이가 선생님께서 불러 주시는 덧셈식을 칠판에 받아 적었어요. 그런데 소수점 찍는 것을 깜빡했네요. 계산식이 맞도록 하려면 어디에 소수점을 찍어야 할까요? 알맞은 곳에 소수점을 찍어 주세요.

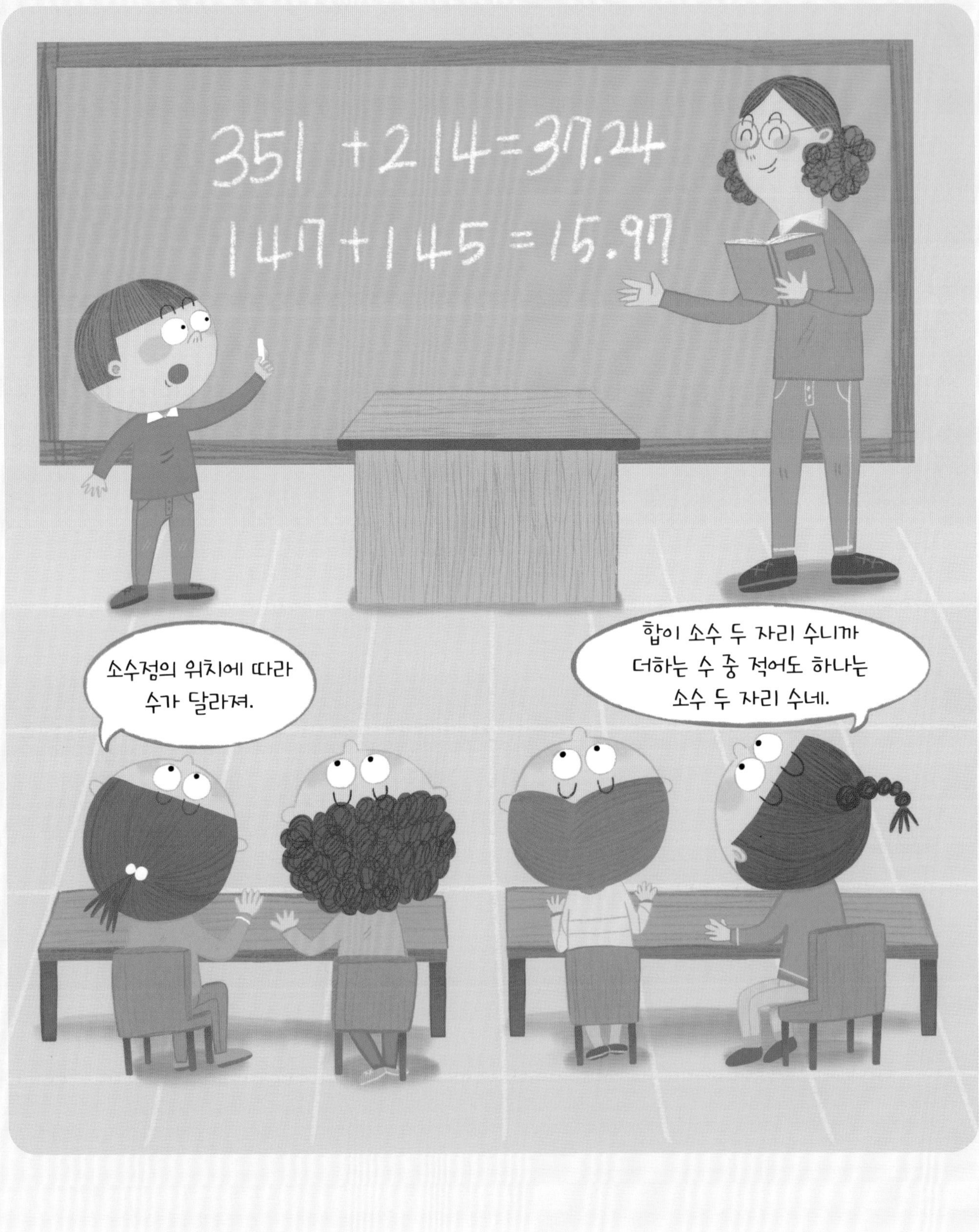

소수점의 위치에 따라 수가 달라져.

합이 소수 두 자리 수니까 더하는 수 중 적어도 하나는 소수 두 자리 수네.

소수의 덧셈과 뺄셈

소수 두 자리 수의 뺄셈 ❶

- 소수 두 자리 수의 뺄셈은 소수점의 자리를 맞추어 쓴 후 자연수의 뺄셈과 같은 방법으로 계산합니다.
- 같은 자리 수끼리 뺄 수 없으면 받아내림하여 계산합니다.

```
          5  10
    3 . 6̶  3
  - 1 . 2  8
    2 . 3  5
```

실력 확인하기

다음을 계산해 보시오.

1
```
    0 . 5  2
  - 0 . 2  1
```

2
```
    3 . 6  4
  - 1 . 2  3
```

3 ☐ ☐
```
    8 . 6  5
  - 2 . 1  9
```

4 ☐ ☐
```
    0 . 7  3
  - 0 . 2  5
```

5 ☐ ☐ ☐
```
    5 . 7  2
  - 1 . 8  3
```

6 ☐ ☐ ☐
```
    7 . 3  1
  - 2 . 4  8
```

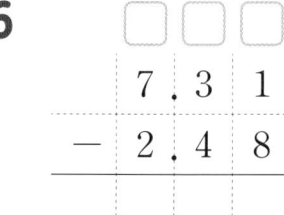

1 샴푸 통에 샴푸가 $0.45\,L$ 들어 있었습니다. 재석이가 한 달 동안 샴푸를 $0.19\,L$ 사용했다면 샴푸는 몇 L 남았습니까?

문제 이해하기

▶ 전체 샴푸의 양: [   ] L

▶ 사용한 샴푸의 양: [   ] L

➡ 샴푸의 양을 그림으로 나타내 빼면

0.45 ➡ 0.01이 [ ] 개	
0.19 ➡ 0.01이 [ ] 개	
0.01이 [ ] 개	

> 사용한 샴푸의 양만큼 빗금으로 표시하고 남은 샴푸의 양을 구해 봐.

식 세우기

(남은 샴푸의 양)

＝(전체 샴푸의 양)－(사용한 샴푸의 양)

＝[   ]－[   ]＝[   ]

답 구하기 [   ] L

---

2 수지가 리본을 $0.84\,m$ 가지고 있습니다. 선물을 포장하는 데 리본을 $0.28\,m$ 사용하였다면 남은 리본은 몇 m입니까?

문제 이해하기 ▶ 전체 리본의 길이: [   ] m

▶ 사용한 리본의 길이: [   ] m

식 세우기 (남은 리본의 길이)

＝(전체 길이)－(사용한 길이)

＝[   ]－[   ]＝[   ]

답 구하기 [   ] m

---

3 진우가 물뿌리개에 물을 $3.04\,L$ 받았습니다. 꽃밭에 물을 $0.11\,L$만큼 주었다면 남은 물은 몇 L입니까?

문제 이해하기 ▶ 받은 물의 양: [   ] L

▶ 꽃밭에 준 물의 양: [   ] L

식 세우기 (남은 물의 양)

＝(받은 양)－(꽃밭에 준 양)

＝[   ]－[   ]＝[   ]

답 구하기 [   ] L

4 직사각형 모양의 꽃밭이 있습니다. 꽃밭의 가로는 4.16 m이고, 세로는 가로보다 0.56 m 짧습니다. 꽃밭의 세로는 몇 m입니까?

문제 이해하기

▶ 꽃밭의 가로: ☐ m

▶ 가로와 세로의 차이: ☐ m

➡ 꽃밭의 가로와 세로를 수직선에 나타내 빼면

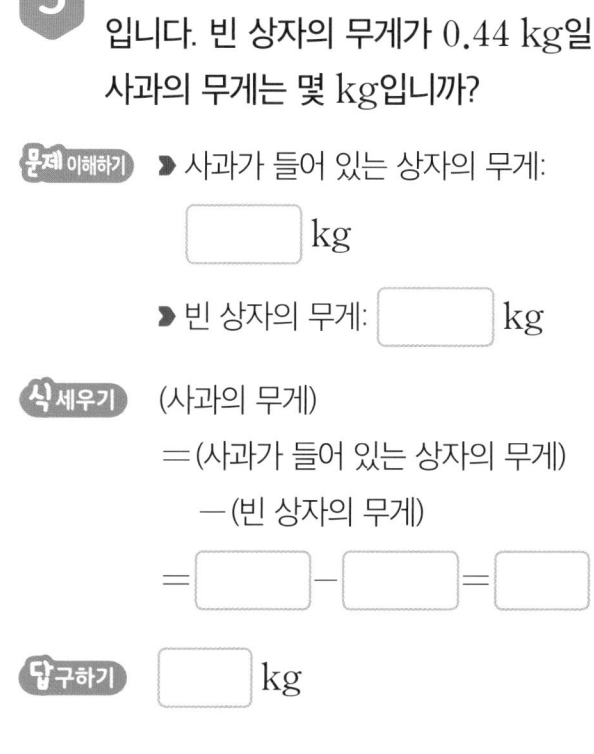

식 세우기 (꽃밭의 세로)＝(꽃밭의 가로)－(가로와 세로의 차이)

＝ ☐ － ☐ ＝ ☐

답 구하기 ☐ m

---

5 사과가 들어 있는 상자의 무게가 1.34 kg입니다. 빈 상자의 무게가 0.44 kg일 때 사과의 무게는 몇 kg입니까?

문제 이해하기 ▶ 사과가 들어 있는 상자의 무게:

☐ kg

▶ 빈 상자의 무게: ☐ kg

식 세우기 (사과의 무게)

＝(사과가 들어 있는 상자의 무게)

－(빈 상자의 무게)

＝ ☐ － ☐ ＝ ☐

답 구하기 ☐ kg

---

6 윤아와 세현이가 100 m 달리기를 했습니다. 윤아의 기록은 17.53초이고, 세현이의 기록은 19.27초입니다. 100 m를 누가 몇 초 더 빨리 달렸습니까?

문제 이해하기 ▶ 걸린 시간이 (짧을수록 , 길수록) 더 빨리 달린 것입니다.

▶ 17.53 ◯ 19.27이므로 ☐ 가 더 빨리 달렸습니다.

▶ 더 긴 시간에서 더 짧은 시간을 빼면 시간의 차이를 구할 수 있습니다.

식 세우기 (달린 시간의 차이)

＝ ☐ － ☐

＝ ☐

답 구하기 ☐ , ☐ 초

정답 확인  오늘 나의 실력은? 부모님 확인

빨래를 해요

영훈이 아빠가 빨래를 하고 있어요. 세탁기를 돌릴 때는 세탁 세제와 섬유유연제를 넣어야 하고, 옷은 한 번에 3 kg씩만 빨 수 있어요. 쌓인 빨래를 모두 하고 나면 세탁 세제와 섬유유연제 중 어느 것이 얼마큼 더 많이 남을까요?

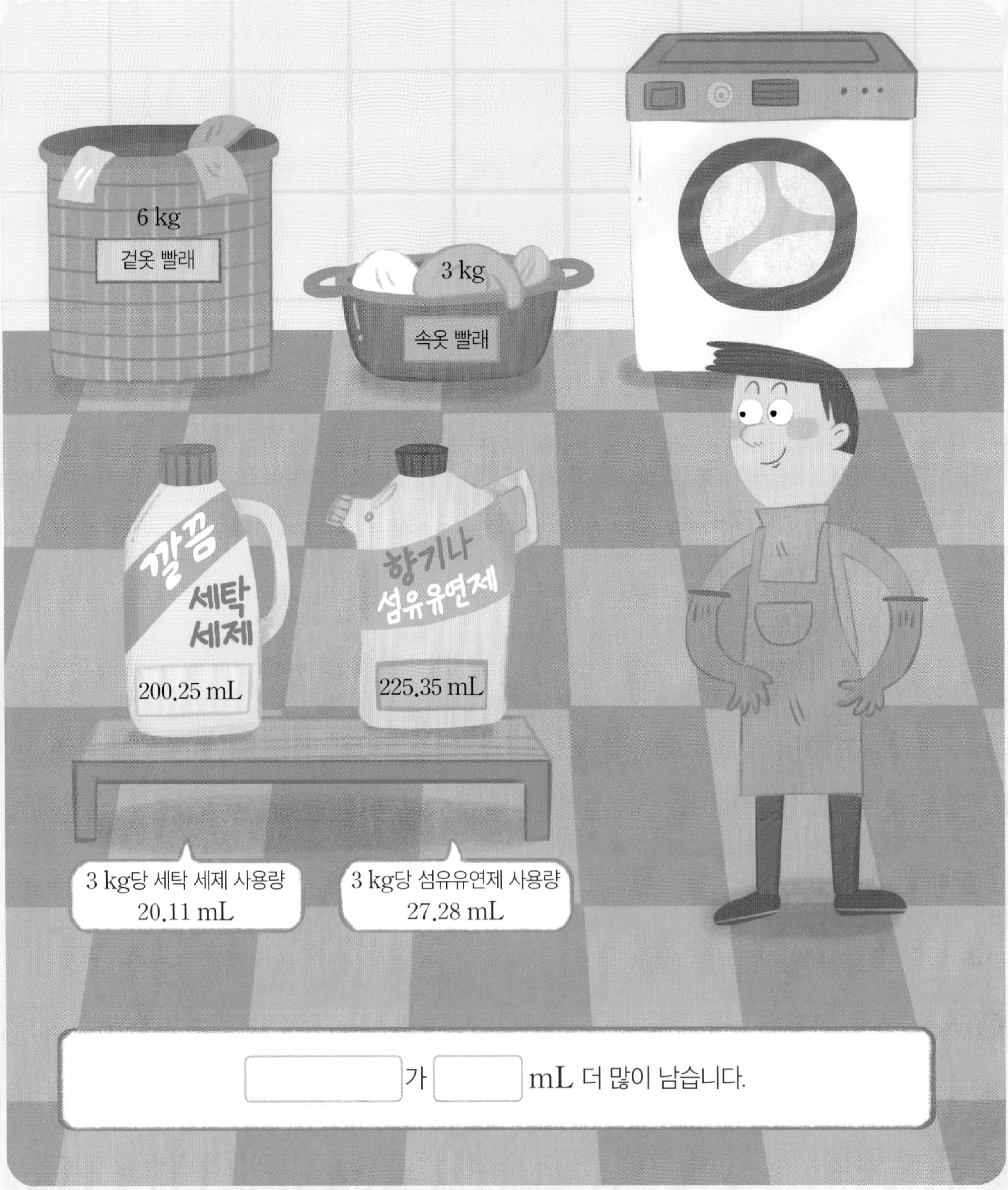

6 kg
겉옷 빨래

3 kg
속옷 빨래

깔끔 세탁 세제
200.25 mL

향기나 섬유유연제
225.35 mL

3 kg당 세탁 세제 사용량
20.11 mL

3 kg당 섬유유연제 사용량
27.28 mL

[   ]가 [   ] mL 더 많이 남습니다.

소수의 덧셈과 뺄셈

소수 두 자리 수의 뺄셈 ❷

공부한 날

월

일

1

수직선에서 ㉠과 ㉡이 나타내는 수의 차를 구하시오.

```
        ㉠                              ㉡
   +++++|+++++++++++++++++++++++++++|+++++
   7.8      7.9       8       8.1      8.2
```

문제 이해하기

▶ 7.8과 7.9 사이는 [   ]이고, 수직선에서 7.8과 7.9 사이를 10칸으로 나누

었으므로 작은 눈금 한 칸의 크기는 [   ]입니다.

▶ ㉠과 ㉡이 나타내는 수를 알아보면

㉠: 7.8에서 작은 눈금 [   ]칸만큼 오른쪽에 있으므로 [   ]

㉡: 8.2에서 작은 눈금 [   ]칸만큼 왼쪽에 있으므로 [   ]

식 세우기   [   ] − [   ] = [   ]

답 구하기   [   ]

2

수직선에서 ㉠과 ㉡이 나타내는 수의 차를 구하시오.

```
        ㉠                              ㉡
   +++++|+++++++++++++++++++++++++++|+++++
   2.5      2.6      2.7      2.8      2.9      3
```

문제 이해하기

식 세우기

답 구하기

3 ㉠, ㉡, ㉢에 알맞은 수를 각각 구하시오.

$$
\begin{array}{r}
㉠ . 5 \ 2 \\
- \ 1 . ㉡ \ 5 \\
\hline
3 . 8 \ ㉢
\end{array}
$$

 문제 이해하기

소수 둘째 자리부터 차례로 계산해 보면

$$
\begin{array}{r}
4 \ \ \ 10 \\
㉠ . \cancel{5} \ 2 \\
- \ 1 . ㉡ \ 5 \\
\hline
3 . 8 \ ㉢
\end{array}
\qquad
\begin{array}{r}
㉠-1 \ 14 \ 10 \\
\cancel{㉠} . \cancel{5} \ 2 \\
- \ 1 . ㉡ \ 5 \\
\hline
3 . 8 \ ㉢
\end{array}
\qquad
\begin{array}{r}
㉠-1 \ 14 \ 10 \\
\cancel{㉠} . \cancel{5} \ 2 \\
- \ 1 . ㉡ \ 5 \\
\hline
3 . 8 \ ㉢
\end{array}
$$

⬜ㅡ5=㉢이므로

➡ ㉢=⬜

⬜ㅡ㉡=8이
되어야 하므로

➡ ㉡=⬜

㉠ㅡ⬜ㅡ1=3이
되어야 하므로

➡ ㉠=⬜

답 구하기 ㉠=⬜ , ㉡=⬜ , ㉢=⬜

---

4 ㉠, ㉡, ㉢에 알맞은 수를 각각 구하시오.

$$
\begin{array}{r}
㉠ . 4 \ 3 \\
- \ 2 . 7 \ ㉡ \\
\hline
4 . ㉢ \ 5
\end{array}
$$

문제 이해하기

답 구하기

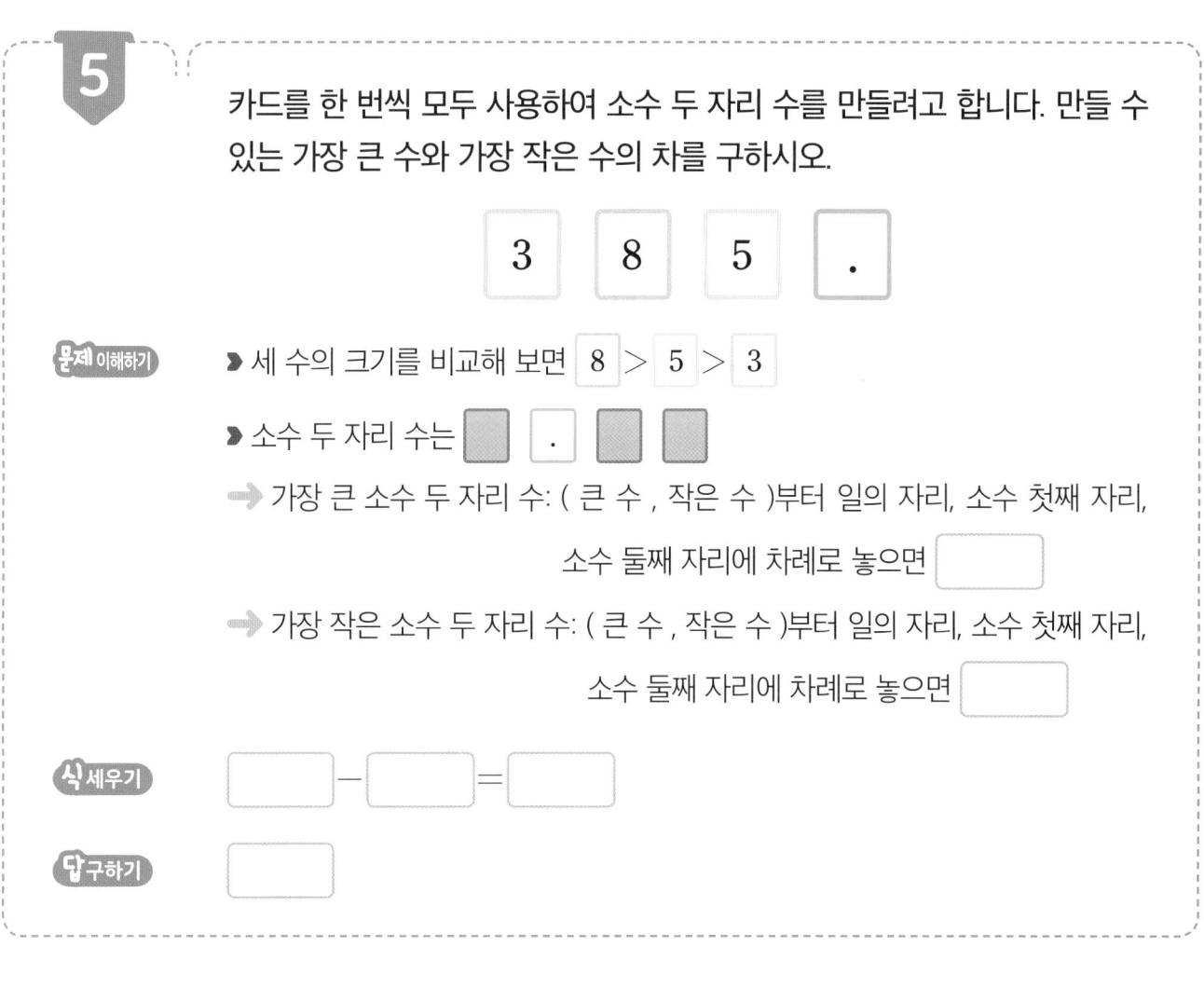

5 카드를 한 번씩 모두 사용하여 소수 두 자리 수를 만들려고 합니다. 만들 수 있는 가장 큰 수와 가장 작은 수의 차를 구하시오.

| 3 | 8 | 5 | . |

문제 이해하기

▶ 세 수의 크기를 비교해 보면 8 > 5 > 3

▶ 소수 두 자리 수는 ▢ . ▢ ▢

➡ 가장 큰 소수 두 자리 수: (큰 수 , 작은 수)부터 일의 자리, 소수 첫째 자리, 소수 둘째 자리에 차례로 놓으면 [   ]

➡ 가장 작은 소수 두 자리 수: (큰 수 , 작은 수)부터 일의 자리, 소수 첫째 자리, 소수 둘째 자리에 차례로 놓으면 [   ]

식 세우기 [   ] − [   ] = [   ]

답 구하기 [   ]

6 카드를 한 번씩 모두 사용하여 소수 두 자리 수를 만들려고 합니다. 만들 수 있는 가장 큰 수와 가장 작은 수의 차를 구하시오.

| 7 | 4 | 6 | . |

문제 이해하기

식 세우기

답 구하기

정답 확인

오늘 나의 실력은?   부모님 확인

인간이 되고 싶은 여우

인간이 되고 싶은 여우가 산신령을 찾아갔어요. 산신령은 여우가 착한 일을 하면 꼬리가 줄어들고, 나쁜 일을 하면 꼬리가 다시 길어지도록 했어요. 이때 여우의 꼬리 길이는 43.34 cm였어요. 일주일 후 여우의 꼬리는 몇 cm가 되었을까요?

산신령님, 저는 꼬리를 없애고 인간이 되고 싶어요.

기억하렴. 착한 일을 하면 꼬리가 3.07 cm씩 줄어들고, 나쁜 일을 하면 다시 2.39 cm씩 길어진단다.

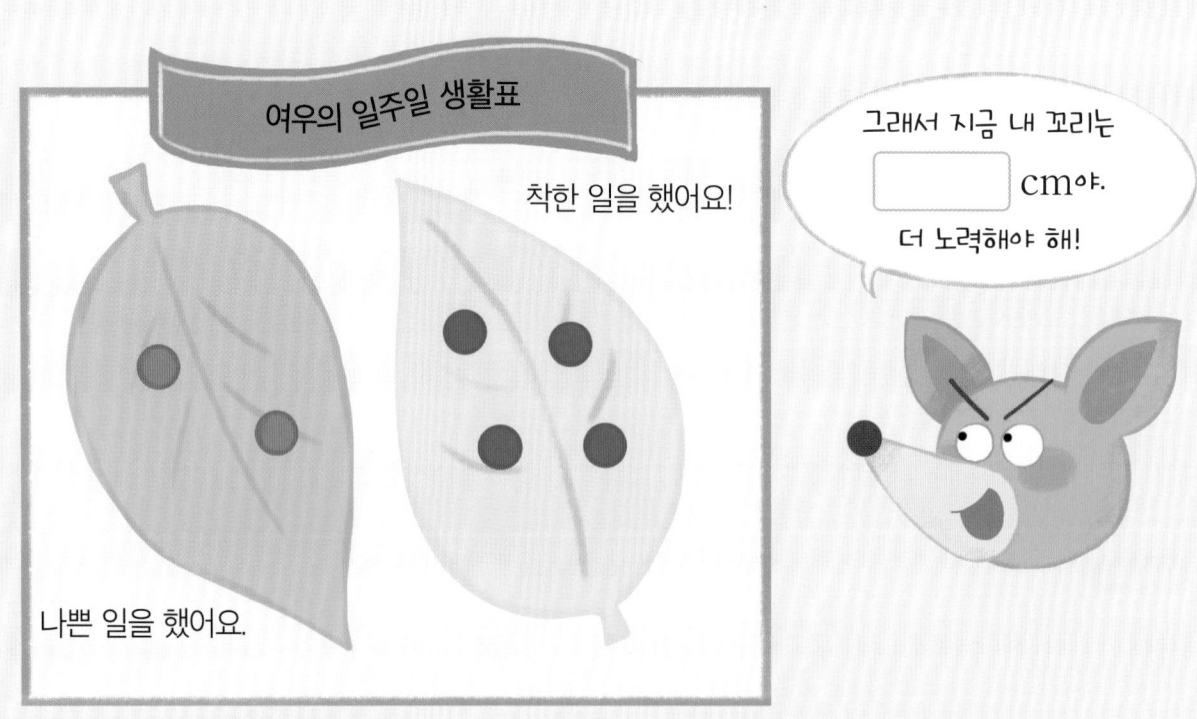

여우의 일주일 생활표

착한 일을 했어요!

나쁜 일을 했어요.

그래서 지금 내 꼬리는 ☐ cm야. 더 노력해야 해!

소수의 덧셈과 뺄셈

자릿수가 다른 소수의 뺄셈 ❶

공부한 날
월
일

자릿수가 다른 소수의 뺄셈을 할 때에는
소수 끝자리 뒤에 0이 있는 것으로 생각하고
소수점의 자리를 맞추어 계산합니다.

```
        4  10
    4 . 5  0
  - 1 . 2  8
    3 . 2  2
```

실력 확인하기

다음을 계산해 보시오.

1
```
    2 . 8  2
  - 0 . 5
```

2
```
    3 . 7  5
  - 3 . 2
```

3 □□
```
    4 . 6  1
  - 1 . 9
```

4 □□
```
    5 . 8
  - 2 . 6  4
```

5 □□□
```
    7 . 8
  - 3 . 8  3
```

6 □□□
```
    4 . 3
  - 1 . 8  5
```

1

지석이가 찰흙을 1.7 kg 가지고 있습니다. 찰흙을 0.35 kg 사용하였다면 남은 찰흙은 몇 kg입니까?

문제 이해하기

➤ 전체 찰흙의 무게: ☐ kg

➤ 사용한 찰흙의 무게: ☐ kg

➡ 찰흙의 양을 그림으로 나타내 빼면

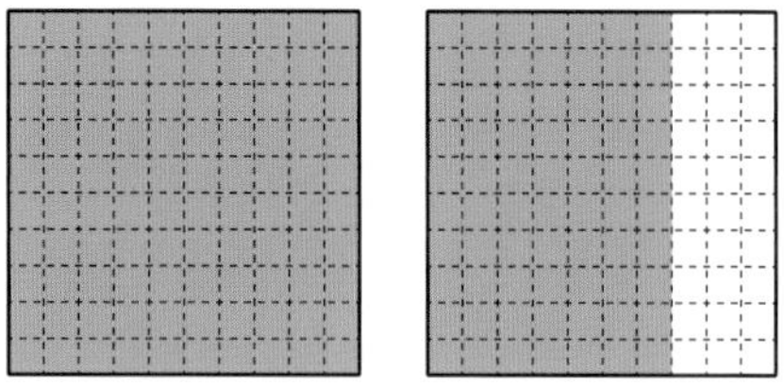

1.7 ➡ 0.01이 ☐ 개
0.35 ➡ 0.01이 ☐ 개
───────────────
0.01이 ☐ 개

식 세우기

(남은 찰흙의 무게)

＝(전체 찰흙의 무게)−(사용한 찰흙의 무게)

＝ ☐ − ☐ ＝ ☐

답 구하기

☐ kg

---

2 슬아가 우유 1.5 L 중에서 0.48 L를 마셨습니다. 남은 우유는 몇 L입니까?

문제 이해하기 ➤ 전체 우유의 양: ☐ L

➤ 마신 우유의 양: ☐ L

식 세우기 (남은 우유의 양)

＝(전체 양)−(마신 양)

＝ ☐ − ☐ ＝ ☐

답 구하기 ☐ L

---

3 선우의 키는 1.4 m이고, 민형이는 선우보다 0.16 m 작습니다. 민형이의 키는 몇 m입니까?

문제 이해하기 ➤ 선우의 키: ☐ m

➤ 선우와 민형이 키의 차이:

☐ m

식 세우기 (민형이의 키)

＝(선우의 키)

−(선우와 민형이 키의 차이)

＝ ☐ − ☐ ＝ ☐

답 구하기 ☐ m

4 효진이가 강아지와 고양이를 키우고 있습니다. 강아지의 몸무게는 4.2 kg 이고, 고양이의 몸무게는 강아지보다 0.65 kg 더 가볍습니다. 고양이의 몸 무게는 몇 kg입니까?

문제 이해하기

➡ 강아지의 몸무게: ☐ kg

➡ 강아지와 고양이 몸무게의 차이: ☐ kg

➡ 강아지와 고양이의 몸무게를 수직선에 나타내 빼면

```
+++++++++++++++++++++++++++++++++++++++++++++++++++++++++++
3.5      3.6      3.7      3.8      3.9      4      4.1      4.2
```

식 세우기

(고양이의 몸무게)

=(강아지의 몸무게)—(강아지와 고양이 몸무게의 차이)

= ☐ — ☐ = ☐

답 구하기 ☐ kg

---

5 현애는 0.9 km를 달리고, 승호는 현애 보다 0.03 km 덜 달렸습니다. 승호는 몇 km 달렸습니까?

문제 이해하기 ➡ 현애가 달린 거리: ☐ km

➡ 현애와 승호가 달린 거리의 차이:

☐ km

식 세우기 (승호가 달린 거리)

=(현애가 달린 거리)

—(현애와 승호가 달린 거리의 차이)

= ☐ — ☐ = ☐

답 구하기 ☐ km

---

6 려원이는 어제 물을 2 L 마셨고, 오늘은 어제보다 물을 0.28 L 덜 마셨습니다. 려원이가 오늘 마신 물은 몇 L입니까?

문제 이해하기 ➡ 어제 마신 물의 양: ☐ L

➡ 어제와 오늘 마신 물 양의 차이:

☐ L

식 세우기 (오늘 마신 물의 양)

=(어제 마신 물의 양)

—(어제와 오늘 마신 물 양의 차이)

= ☐ — ☐ = ☐

답 구하기 ☐ L

운동을 해요

음식을 섭취하면 열량을 얻어요. 미래와 대한이가 점심을 먹고 난 후 운동을 하고 있어요. 음식으로 얻은 열량 중 운동으로 소모하고 남은 열량은 각각 몇 kcal일까요?

음식별 섭취 열량

떡볶이 1그릇: 367.1 kcal
단팥빵 1개: 220.3 kcal
김치볶음밥 1그릇: 369.5 kcal

운동별 소모 열량

자전거 타기 15분: 147.45 kcal
줄넘기 15분: 184.15 kcal

먹은 음식

김치볶음밥 1그릇

단팥빵 1개

미래

운동한 시간 자전거 타기 15분

먹은 음식

떡볶이 1그릇

김치볶음밥 1그릇

운동한 시간 줄넘기 15분

대한

☐ kcal   ☐ kcal

소수의 덧셈과 뺄셈

자릿수가 다른 소수의 뺄셈 ❷

공부한 날
월
일

1

⊙, ⓒ, ⓒ에 알맞은 수를 각각 구하시오.

```
    ⊙ . 1
 -  0 . ⓒ 6
 ─────────
    4 . 1 ⓒ
```

 **문제 이해하기**

소수 둘째 자리부터 차례로 계산해 보면

```
      0   10
    ⊙ . 1̸
 -  0 . ⓒ 6
 ─────────
    4 . 1 ⓒ
```

☐ − 6 = ⓒ이므로

ⓒ = ☐

```
   ⊙−1 10  10
    ⊙ . 1̸
 -  0 . ⓒ 6
 ─────────
    4 . 1 ⓒ
```

☐ − ⓒ = 1이 되어야

하므로 ⓒ = ☐

```
   ⊙−1 10  10
    ⊙ . 1̸
 -  0 . ⓒ 6
 ─────────
    4 . 1 ⓒ
```

⊙ − ☐ = 4가 되어야

하므로 ⊙ = ☐

답 구하기 ⊙ = ☐, ⓒ = ☐, ⓒ = ☐

2

⊙, ⓒ, ⓒ에 알맞은 수를 각각 구하시오.

```
    7 . ⊙
 -  ⓒ . 2 5
 ─────────
    3 . 3 ⓒ
```

문제 이해하기

답 구하기

3

세탁 세제가 0.2 L 있습니다. 세탁기에 빨래를 한 번 돌릴 때마다 세제를 60 mL씩 사용한다면 빨래를 몇 번까지 돌릴 수 있고, 세제는 몇 L 남겠습니까?

 문제 이해하기

▶ 1000 mL = [ ] L이므로

빨래를 한 번 돌릴 때 필요한 세제의 양을 L로 나타내면

➡ [ ] mL = [ ] L

▶ (빨래를 1번 돌리고 남는 세제의 양) = 0.2 − [ ] = [ ] (L)

▶ (빨래를 2번 돌리고 남는 세제의 양) = [ ] − [ ] = [ ] (L)

▶ (빨래를 3번 돌리고 남는 세제의 양) = [ ] − [ ] = [ ] (L)

➡ 빨래를 3번 돌리고 남는 세제의 양이 [ ] L보다

(많기 때문에 , 적기 때문에) 빨래를 더 돌릴 수 없습니다.

답 구하기 빨래를 돌릴 수 있는 횟수: [ ] 번, 남는 세제의 양: [ ] L

4

물병에 물이 1.5 L 담겨 있습니다. 물병에 든 물을 한 컵에 520 mL씩 채운다면 컵을 몇 개까지 채울 수 있고, 물병에는 물이 몇 L 남겠습니까?

문제 이해하기

답 구하기

5 세 사람이 1 km 달리기를 하고 있습니다. 가장 앞서고 있는 사람부터 차례로 이름을 쓰시오.

> • 로운이는 출발 지점에서부터 0.6 km를 달렸습니다.
> • 채아는 도착 지점을 0.38 km 앞에 두고 있습니다.
> • 하준이는 로운이보다 0.05 km 뒤에 있습니다.

문제 이해하기 세 사람이 달린 거리를 각각 구해서 비교해 보면

➤ 로운이가 달린 거리: 0.6 km

➤ 채아가 달린 거리: $1 - \boxed{} = \boxed{}$ (km)

➤ 하준이가 달린 거리: $0.6 - \boxed{} = \boxed{}$ (km)

→ $\boxed{} > 0.6 > \boxed{}$

답 구하기 $\boxed{}$, $\boxed{}$, $\boxed{}$

---

6 세 사람이 1 km 달리기를 하고 있습니다. 가장 앞서고 있는 사람부터 차례로 이름을 쓰시오.

> • 세호는 출발 지점에서부터 0.73 km를 달렸습니다.
> • 희진이는 세호보다 0.2 km 뒤에 있습니다.
> • 진설이는 도착 지점을 0.29 km 앞에 두고 있습니다.

문제 이해하기

답 구하기

사막의 오아시스

세 친구가 사막에 놀러 가서 찍은 사진이에요. 친구들은 사진을 찍은 후에 최종 승자 한 명이 나올 때까지 가위바위보 게임을 했어요. 두 사람이 최종 승자에게 각각 물을 0.25 L씩 주기로 하고 이 게임을 모두 두 판 했다면, 게임 후에 선우의 물은 몇 L 남았을까요?

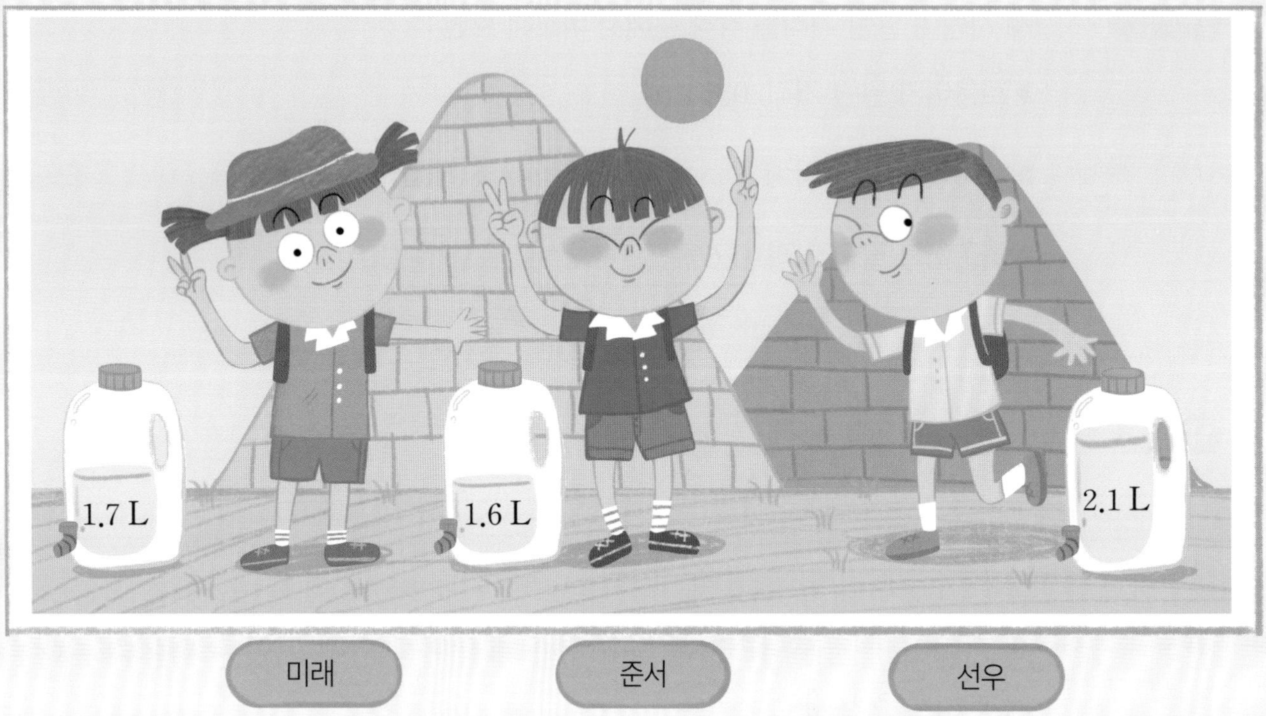

1.7 L

1.6 L

2.1 L

미래

준서

선우

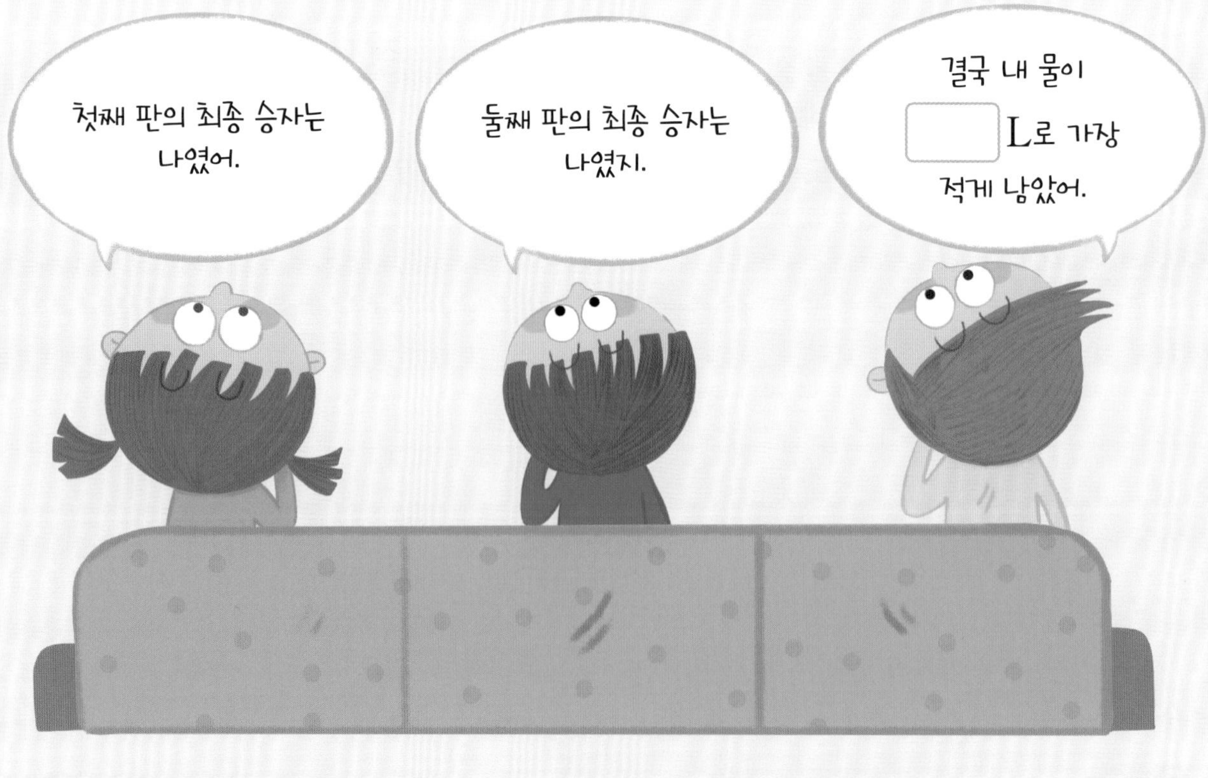

첫째 판의 최종 승자는
나였어.

둘째 판의 최종 승자는
나였지.

결국 내 물이
☐ L로 가장
적게 남았어.

소수의 덧셈과 뺄셈

단원 마무리

01 선호가 리본을 3.4 m 가지고 있습니다. 선물을 포장하고 남은 리본이 0.6 m 라면 선물을 포장하는 데 사용한 리본의 길이는 몇 m입니까?

02 혜림이의 몸무게는 33.9 kg이고, 수호의 몸무게는 혜림이의 몸무게보다 0.25 kg 더 무겁습니다. 수호의 몸무게는 몇 kg입니까?

03 가장 큰 수와 가장 작은 수의 합과 차를 각각 구하시오.

| 3.76 | 4.35 | 2.9 | 4.09 |

04 ㉠과 ㉡의 합을 구하시오.

> ㉠ 0.01이 375개인 수
> ㉡ 53의 $\frac{1}{100}$인 수

05 □ 안에 알맞은 수를 구하시오.

> $\square + 1.75 = 4.62$

06 ㉠, ㉡, ㉢에 알맞은 수를 각각 구하시오.

$$\begin{array}{r} ㉠.4\ 1 \\ -\ \ 1.㉡\ 7 \\ \hline 7.6\ ㉢ \end{array}$$

07 수직선에서 ㉠과 ㉡이 나타내는 수의 합을 구하시오.

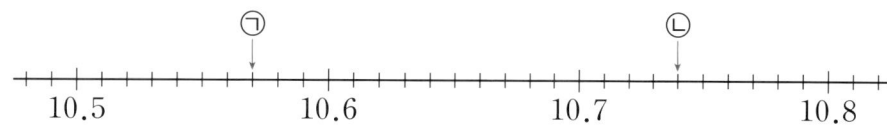

08 카드를 한 번씩 모두 사용하여 만들 수 있는 가장 큰 소수 두 자리 수와 가장 작은 소수 두 자리 수의 차를 구하시오.

$$\boxed{2} \quad \boxed{3} \quad \boxed{7} \quad \boxed{5} \quad \boxed{.}$$

09 0부터 9까지의 수 중에서 □ 안에 들어갈 수 있는 가장 작은 수를 구하시오.

$$5.2 - 1.63 < 3.\square 9$$

10 가에서 라까지의 거리는 몇 km입니까?

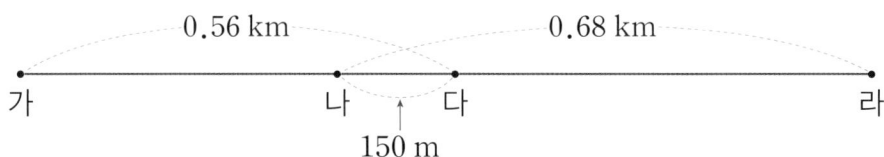

삼각형과 사각형

 이것을 배울 거예요!

- 이등변삼각형과 정삼각형의 성질 알아보기
- 사다리꼴 알아보기
- 평행사변형 알아보기
- 마름모 알아보기

학습 계획 세우기

공부할 내용에 대한 계획을 세우고,
학습해 보아요!

삼각형과 사각형

이등변삼각형의 성질 ❶

- 두 변의 길이가 같은 삼각형을 이등변삼각형이라고 합니다.
- 이등변삼각형에서 길이가 같은 두 변에 있는 두 각의 크기가 같습니다.

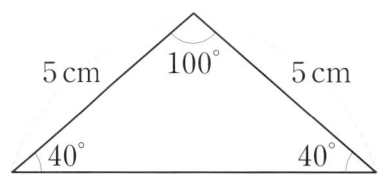

실력 확인하기

이등변삼각형입니다. 빈칸에 알맞은 수를 써넣으시오.

1   7 cm   ☐ cm
10 cm

2   ☐ cm   10 cm
5 cm

3   13 cm   8 cm   ☐ cm

4   40°   70°   ☐°

5   ☐°   45°

6   110°   35°   ☐°

1 세 변의 길이의 합이 30 cm인 이등변삼각형입니다. □ 안에 알맞은 수를 구하시오.

12 cm

□ cm

문제 이해하기 이등변삼각형은 두 변의 길이가 같으므로

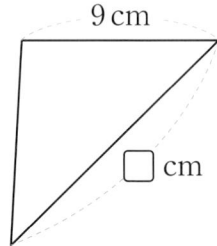

12 cm

□ cm

□ cm

➡ 12+□+□=□

□=□ cm

답 구하기 □

---

2 세 변의 길이의 합이 31 cm인 이등변삼각형입니다. □ 안에 알맞은 수를 구하시오.

9 cm

□ cm

문제 이해하기 이등변삼각형은 두 변의 길이가 같으므로

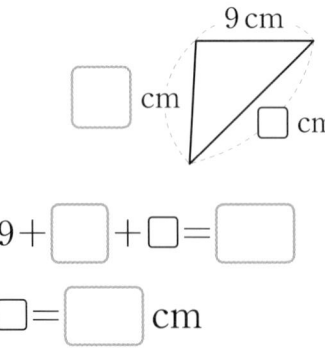

9 cm

□ cm

□ cm

9+□+□=□

□=□ cm

답 구하기 □

---

3 세 변의 길이의 합이 58 cm인 이등변삼각형입니다. □ 안에 알맞은 수를 구하시오.

24 cm

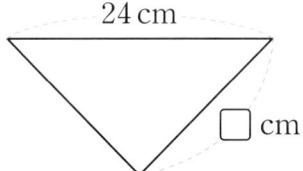

□ cm

문제 이해하기 이등변삼각형은 두 변의 길이가 같으므로 나머지 한 변의 길이도 □cm와 같습니다.

24+□+□=□

□+□=□

□=□ cm

답 구하기 □

134

이등변삼각형입니다. ㉠의 각도를 구하시오.

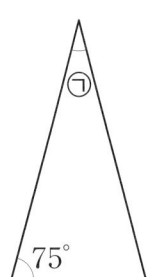

문제 이해하기 이등변삼각형에서 길이가 같은 두 변에 있는 두 각의 크기가 같고,

삼각형의 세 각의 크기의 합은 ☐° 이므로

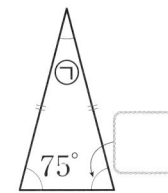 ➡  ㉠＋75°＋☐° ＝☐°

㉠＝☐°

답 구하기 ☐°

이등변삼각형입니다. ㉠의 각도를 구하시오.

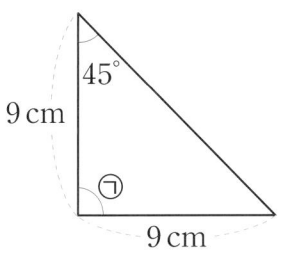

문제 이해하기 이등변삼각형에서 길이가 같은 두 변에 있는 두 각의 크기가 같고, 삼각형의 세 각의 크기의 합은 ☐° 이므로

45°＋☐° ＋㉠＝☐°

㉠＝☐°

답 구하기 ☐°

이등변삼각형입니다. ㉠의 각도를 구하시오.

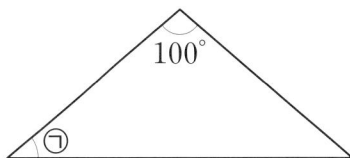

문제 이해하기 이등변삼각형에서 길이가 같은 두 변에 있는 두 각의 크기가 같으므로 나머지 한 각의 크기도 ㉠과 같습니다.

100°＋㉠＋㉠＝☐°

㉠＋㉠＝☐°

㉠＝☐°

답 구하기 ☐°

세모세모 동물원

미래가 세모세모 동물원에 놀러 갔어요. 세모세모 동물원의 우리는 모두 이등변삼각형 모양이에요. 미래는 우리의 둘레 길이의 합이 큰 순서대로 동물을 구경하려고 합니다. 미래가 두 번째로 봐야 하는 동물을 찾아 ○표 하세요.

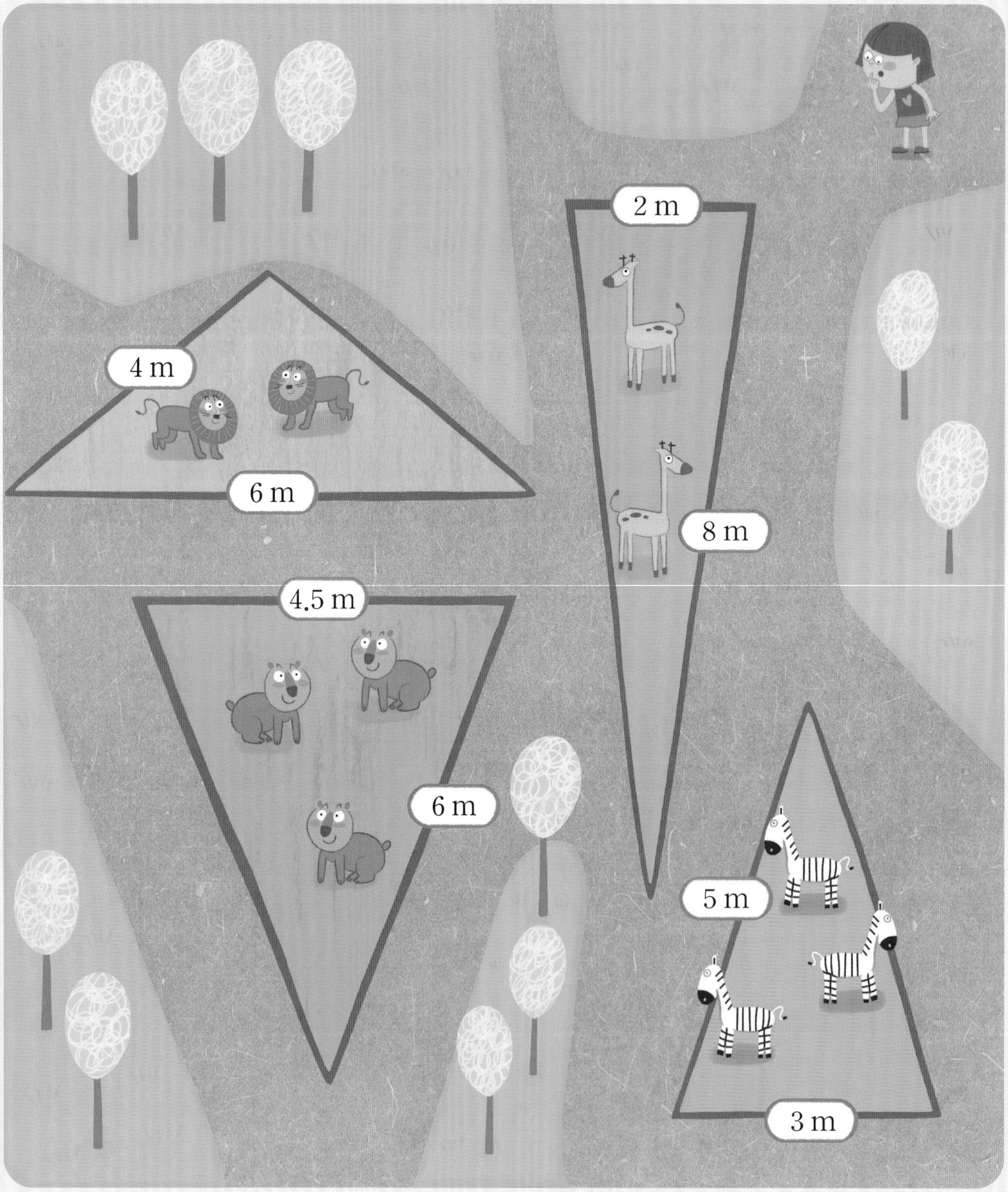

2 m

4 m

6 m

8 m

4.5 m

6 m

5 m

3 m

삼각형과 사각형

이등변삼각형의 성질 2

1

원에 같은 간격으로 반지름을 그렸습니다. 삼각형 ㄱㄴㄷ에서 ㉠의 각도를 구하시오.

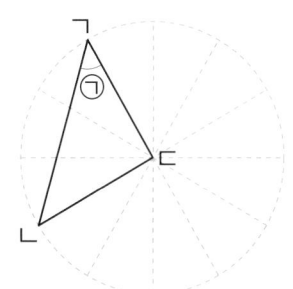

문제 이해하기

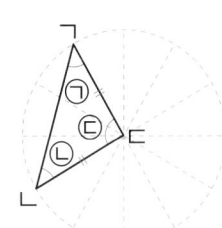

▶ 삼각형 ㄱㄴㄷ은 (변 ㄱㄷ)=(변 ☐)=(반지름)인

☐ 이므로 ㉠=㉡입니다.

▶ 반지름이 $360° ÷ ☐ = ☐ °$ 간격으로 그려져 있으

므로 ➡ ㉢=$☐° × ☐ = ☐°$

▶ 삼각형의 세 각의 크기의 합은 180°이고, 삼각형 ㄱㄴㄷ에서 ㉠=㉡이므로

➡ $㉠+㉡+☐° = ☐°$, $㉠+㉡=☐°$, $㉠=㉡=☐°$

답 구하기

☐ °

삼각형의 두 변이
각각 원의 반지름
길이와 같아.

2

원에 같은 간격으로 반지름을 그렸습니다. 삼각형 ㄱㄴㄷ에서 ㉠의 각도를 구하시오.

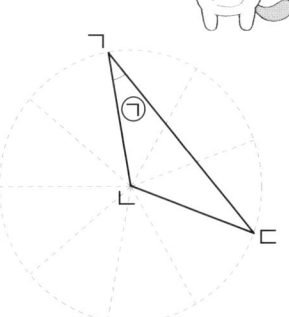

문제 이해하기

답 구하기

3 삼각형 ㄱㄴㄷ은 이등변삼각형입니다. ⊙의 각도를
구하시오.

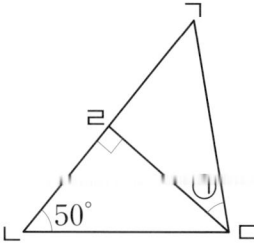

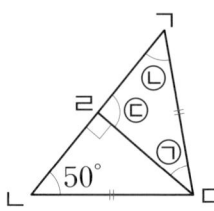

▶ 삼각형 ㄱㄴㄷ은 (변 ㄱㄷ)＝(변 ☐)인

이등변삼각형이므로 ➡ ⓒ＝(각 ㄱㄴㄷ)＝☐°

▶ 직선이 이루는 각은 180°이므로 ➡ ⓒ＝☐° − 90° ＝ ☐°

▶ 삼각형의 세 각의 크기의 합은 ☐°이므로 삼각형 ㄱㄹㄷ에서

➡ ⊙＋☐° ＋ ☐° ＝ ☐° , ⊙＝ ☐°

☐°

---

4 삼각형 ㄱㄷㄹ에서 선분 ㄴㄷ, 선분 ㄴㄹ, 선분
ㄱㄹ의 길이가 같을 때 ⊙의 각도를 구하시오.

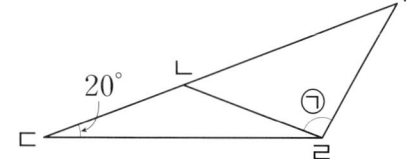

5 삼각형 ㄱㄴㄷ은 이등변삼각형입니다. ㉠의 각도를 구하시오.

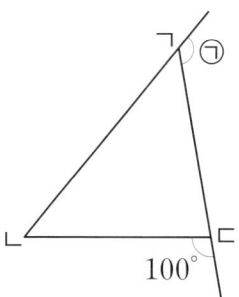

문제 이해하기

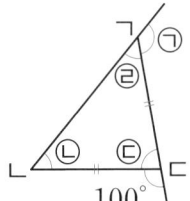

▶ 직선이 이루는 각은 180°이므로

➡ ㉢ = 180° − [ ] ° = [ ] °

▶ 삼각형 ㄱㄴㄷ은 (변 ㄱㄷ) = (변 [ ])인

이등변삼각형이므로 ➡ ㉡ = ㉣

▶ 삼각형의 세 각의 크기의 합은 [ ] °이므로

➡ [ ] ° + ㉡ + ㉣ = [ ] °, ㉡ + ㉣ = [ ] °, ㉡ = ㉣ = [ ] °

▶ 직선이 이루는 각은 180°이므로 ➡ ㉠ = 180° − [ ] ° = [ ] °

답 구하기

[ ] °

---

6 삼각형 ㄱㄴㄷ은 이등변삼각형입니다. ㉠의 각도를 구하시오.

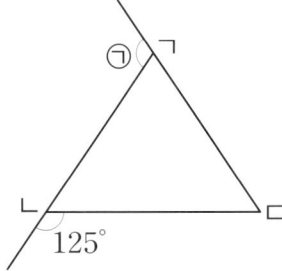

문제 이해하기

답 구하기

옷을 걸어요

옷걸이에 옷을 걸려고 해요. 빈칸에 들어갈 수가 쓰여 있는 티셔츠를 그 옷걸이에
걸면 됩니다. 이때 옷걸이에 걸 수 없는 티셔츠를 찾아 ○표 하세요.

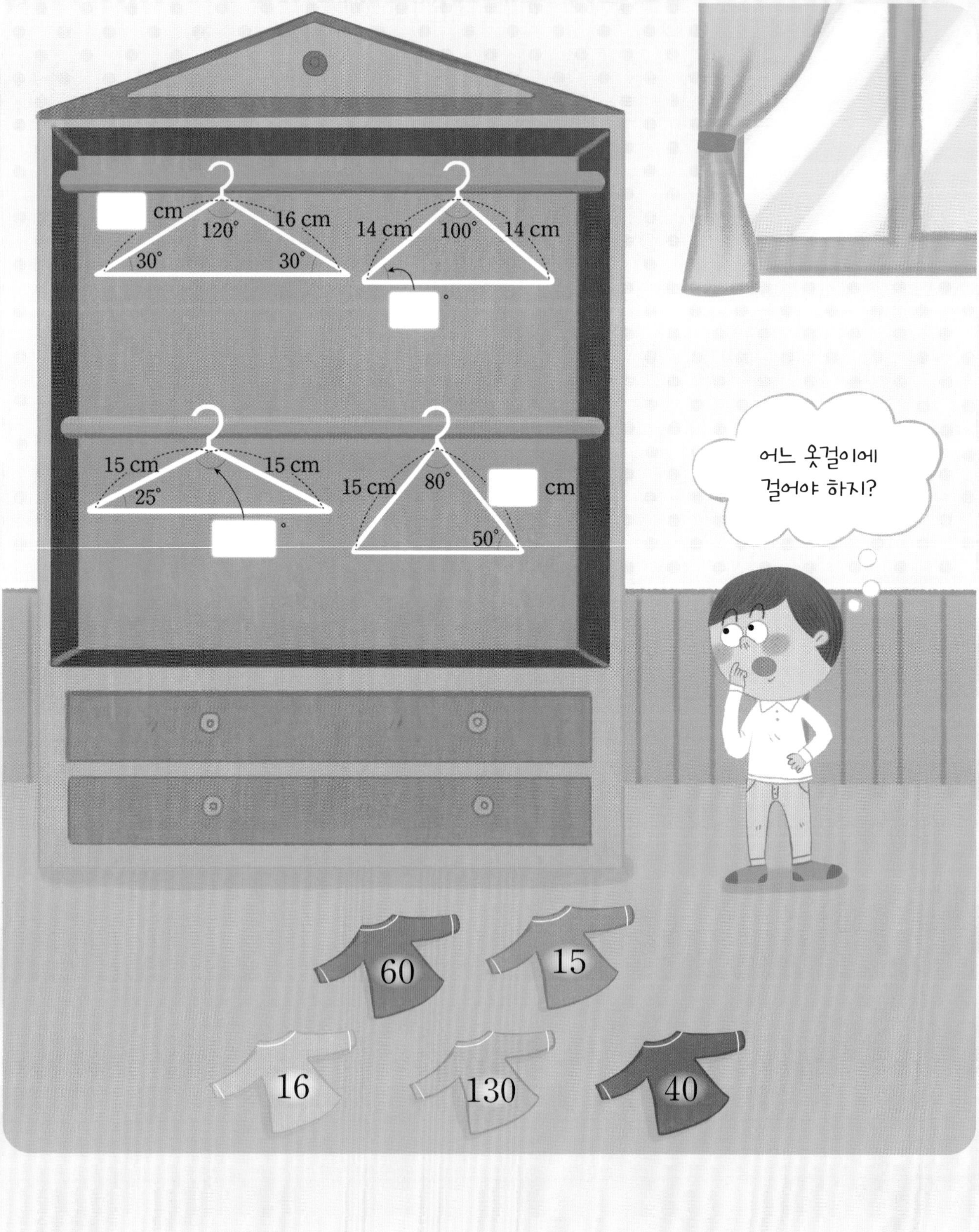

☐ cm   120°   16 cm
30°   30°

14 cm   100°   14 cm
☐°

15 cm   15 cm
25°
☐°

15 cm   80°   ☐ cm
50°

어느 옷걸이에
걸어야 하지?

60

15

16

130

40

삼각형과 사각형

정삼각형의 성질 ❶

- 세 변의 길이가 같은 삼각형을 정삼각형이라고 합니다.
- 정삼각형은 세 각의 크기가 모두 60°입니다.

실력
확인하기

정삼각형입니다. 빈칸에 알맞은 수를 써넣으시오.

1

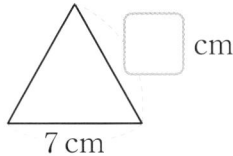

☐ cm

7 cm

2

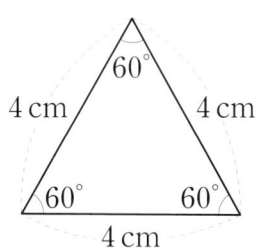

13 cm

☐ cm

3

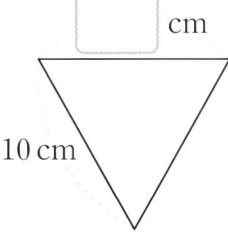

☐ cm

10 cm

4

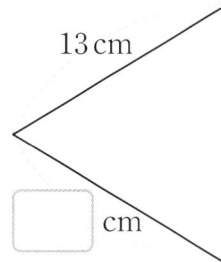

☐°

5

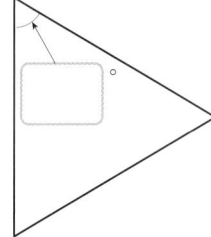

☐°

6

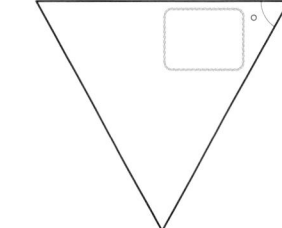

☐°

1 세 변의 길이의 합이 48 cm인 정삼각형입니다. 한 변의 길이는 몇 cm입니까?

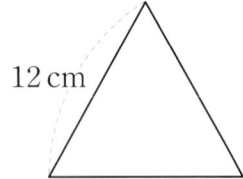

문제 이해하기 정삼각형은 세 변의 길이가 모두 같으므로

(정삼각형의 한 변의 길이)

= (세 변의 길이의 합) ÷ 3

= ☐ ÷ ☐ = ☐ (cm)

답 구하기 ☐ cm

---

2 정삼각형입니다. 세 변의 길이의 합은 몇 cm입니까?

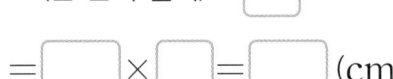
12 cm

문제 이해하기 정삼각형은 세 변의 길이가 모두 같으므로

(정삼각형의 세 변의 길이의 합)

= (한 변의 길이) × ☐

= ☐ × ☐ = ☐ (cm)

답 구하기 ☐ cm

---

3 세 변의 길이의 합이 54 cm인 정삼각형입니다. 한 변의 길이는 몇 cm입니까?

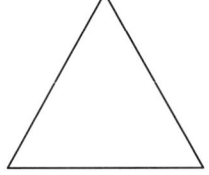

문제 이해하기 정삼각형은 세 변의 길이가 모두 같으므로

(정삼각형의 한 변의 길이)

= (세 변의 길이의 합) ÷ ☐

= ☐ ÷ ☐ = ☐ (cm)

답 구하기 ☐ cm

4

⑤의 각도를 구하시오.

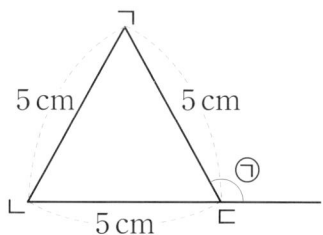

삼각형의 세 각의
크기의 합은 180°야.

문제 이해하기

▶ 삼각형 ㄱㄴㄷ은 세 변의 길이가 5 cm로 모두 같으므로 [   ]입니다.

▶ 정삼각형은 세 각의 크기가 모두 같으므로

➡ (정삼각형의 한 각의 크기)= [   ]° ÷ [   ] = [   ]°

▶ (각 ㄱㄷㄴ)= [   ]°이고, 직선이 이루는 각은 [   ]°이므로

➡ ⑤= [   ]° − [   ]° = [   ]°

답 구하기 [   ]°

5

정삼각형입니다. ⑤의 각도를 구하시오.

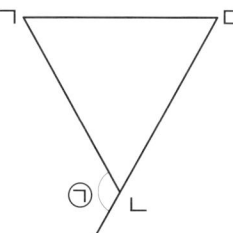

문제 이해하기

▶ 정삼각형은 세 각의 크기가 모두 같으므로

(각 ㄱㄴㄷ)= [   ]° ÷ [   ]

= [   ]°

▶ 직선이 이루는 각은 [   ]°이므로

⑤= [   ]° − [   ]°

= [   ]°

답 구하기 [   ]°

6

변 ㄱㄴ의 길이는 몇 cm입니까?

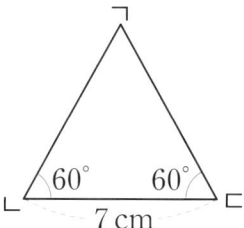

문제 이해하기

▶ (각 ㄴㄱㄷ)

= [   ]° − 60° − 60°

= [   ]°

▶ 삼각형 ㄱㄴㄷ은 세 각의 크기가 모두 같으므로 정삼각형이고, 정삼각형은 세 변의 길이가 모두 같으므로

(변 ㄱㄴ)= [   ] cm

답 구하기 [   ] cm

오늘 나의 실력은?   부모님 확인

내 땅은 어디?

다섯 명의 친구들이 운동장에 한 변의 길이가 3 m인 정삼각형을 그려 자기 땅을 표시했는데, 작은 정삼각형 모양으로 겹치는 부분이 생겼어요. 겹치는 땅을 모두 미래에게 준다면 가진 땅을 둘러싼 변의 길이의 합이 가장 긴 사람은 누구일까요?

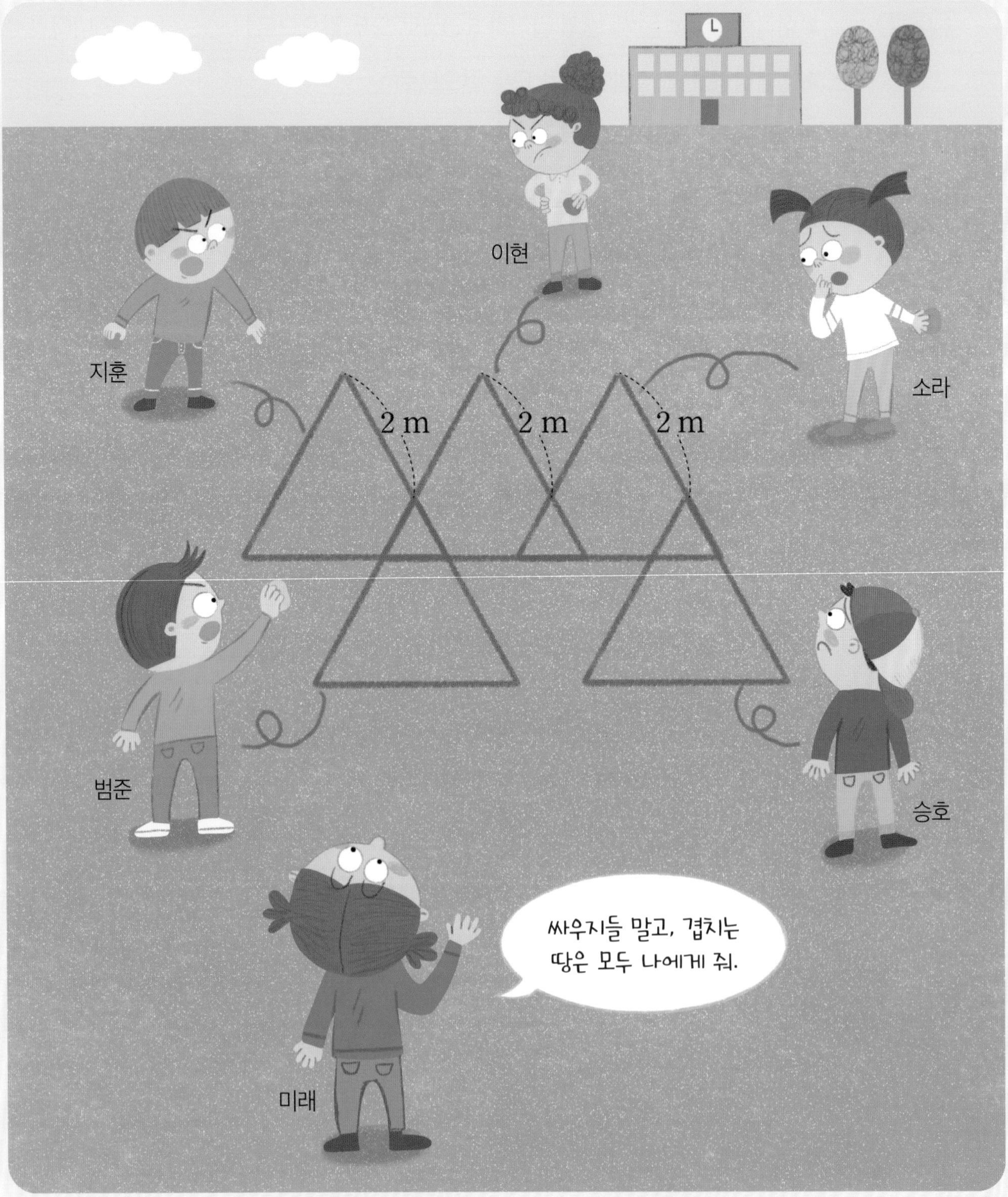

이현

지훈

소라

2 m   2 m   2 m

범준

승호

미래

싸우지들 말고, 겹치는 땅은 모두 나에게 줘.

정삼각형의 성질 ❷

1

다음과 같이 정사각형 모양 색종이를 이용하여 삼각형을 그렸습니다. 그린 삼각형을 변의 길이에 따라 분류했을 때 이름을 모두 쓰시오.

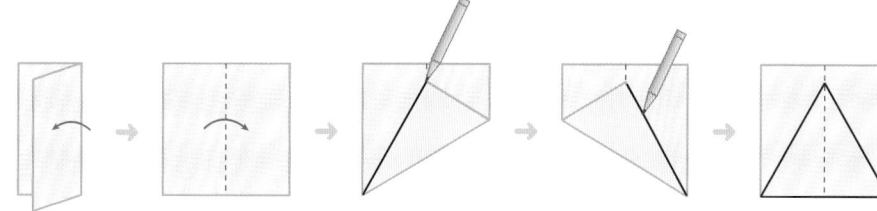

문제 이해하기

그린 선분의 길이는 각각 색종이 한 변의 길이와 같습니다.

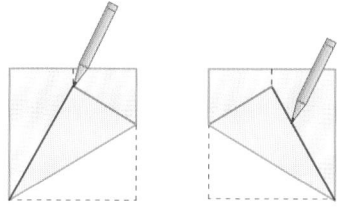

➡ 그린 삼각형은 세 변의 길이가 모두 같으므로 [   ]입니다.

➡ 세 변의 길이가 같으면 두 변의 길이가 같으므로

　정삼각형은 [   ]이라고 할 수 있습니다.

답 구하기　[   ] , [   ]

2

오른쪽은 선분 ㄴㄷ을 반지름으로 하는 두 원을 겹쳐서 그린 것입니다. 그린 삼각형 ㄱㄴㄷ을 변의 길이에 따라 분류했을 때 이름을 모두 쓰시오.

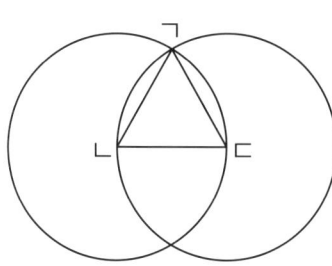

문제 이해하기

답 구하기

3 세 변의 길이의 합이 27 cm인 정삼각형 6개를 겹치지 않게 이어 붙여 육각형을 만들었습니다. 만든 육각형의 여섯 변의 길이의 합은 몇 cm입니까?

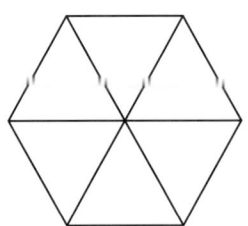

문제 이해하기

▶ 정삼각형은 세 변의 길이가 같으므로

➡ (정삼각형의 한 변의 길이)＝(세 변의 길이의 합)÷ ☐

$$= \boxed{} ÷ \boxed{} = \boxed{} \text{ (cm)}$$

▶ 만든 육각형의 한 변의 길이는 ☐ cm이므로

➡ (육각형의 여섯 변의 길이의 합)＝(한 변의 길이)× ☐

$$= \boxed{} × \boxed{} = \boxed{} \text{ (cm)}$$

답 구하기
☐ cm

---

4 똑같은 정삼각형 7개를 겹치지 않게 이어 붙여 사각형을 만들었습니다. 만든 사각형의 네 변의 길이의 합은 몇 cm입니까?

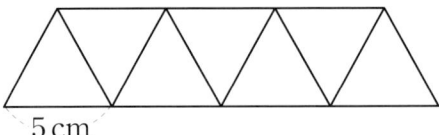

5 cm

문제 이해하기

답 구하기

5

삼각형 ㄱㄴㄷ은 이등변삼각형이고, 삼각형 ㄱㄷㄹ은 정삼각형입니다. ㉠의 각도를 구하시오.

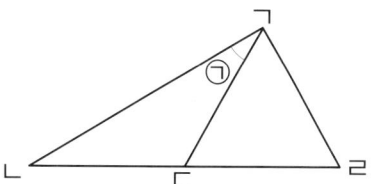

정삼각형은 세 각의 크기가 모두 $60°$야.

문제 이해하기

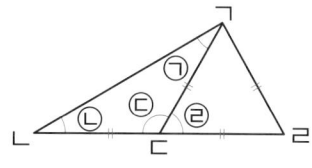

▸ 삼각형 ㄱㄷㄹ은 정삼각형이므로 ㉣ = ☐ °

▸ 직선이 이루는 각은 ☐ °이므로

→ ㉢ = ☐ ° − ☐ ° = ☐ °

▸ 이등변삼각형 ㄱㄴㄷ에서 (변 ☐) = (변 ☐)이므로 → ㉠ = ㉡

▸ 삼각형의 세 각의 크기의 합은 ☐ °이고, 삼각형 ㄱㄴㄷ에서 ㉠ = ㉡이므로

→ ㉠ + ㉡ + ☐ ° = ☐ °, ㉠ + ㉡ = ☐ °, ㉠ = ㉡ = ☐ °

답 구하기

☐ °

6

삼각형 ㄱㄴㄷ은 정삼각형이고, 삼각형 ㄹㄴㄷ은 이등변삼각형입니다. ㉠의 각도를 구하시오.

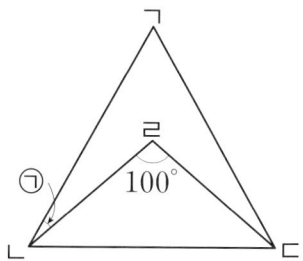

문제 이해하기

답 구하기

색종이 놀이를 해요

규리는 빨간 색종이로 크기가 같은 정삼각형을 만들고, 선호는 초록 색종이로 크기가 같은 이등변삼각형을 만들었어요. 정삼각형 하나와 이등변삼각형 하나의 세 변의 길이의 합은 같아요. 두 삼각형의 각 변의 길이를 구하여 두 사람이 만든 작품을 둘러싼 변의 길이의 합을 구해 보세요.

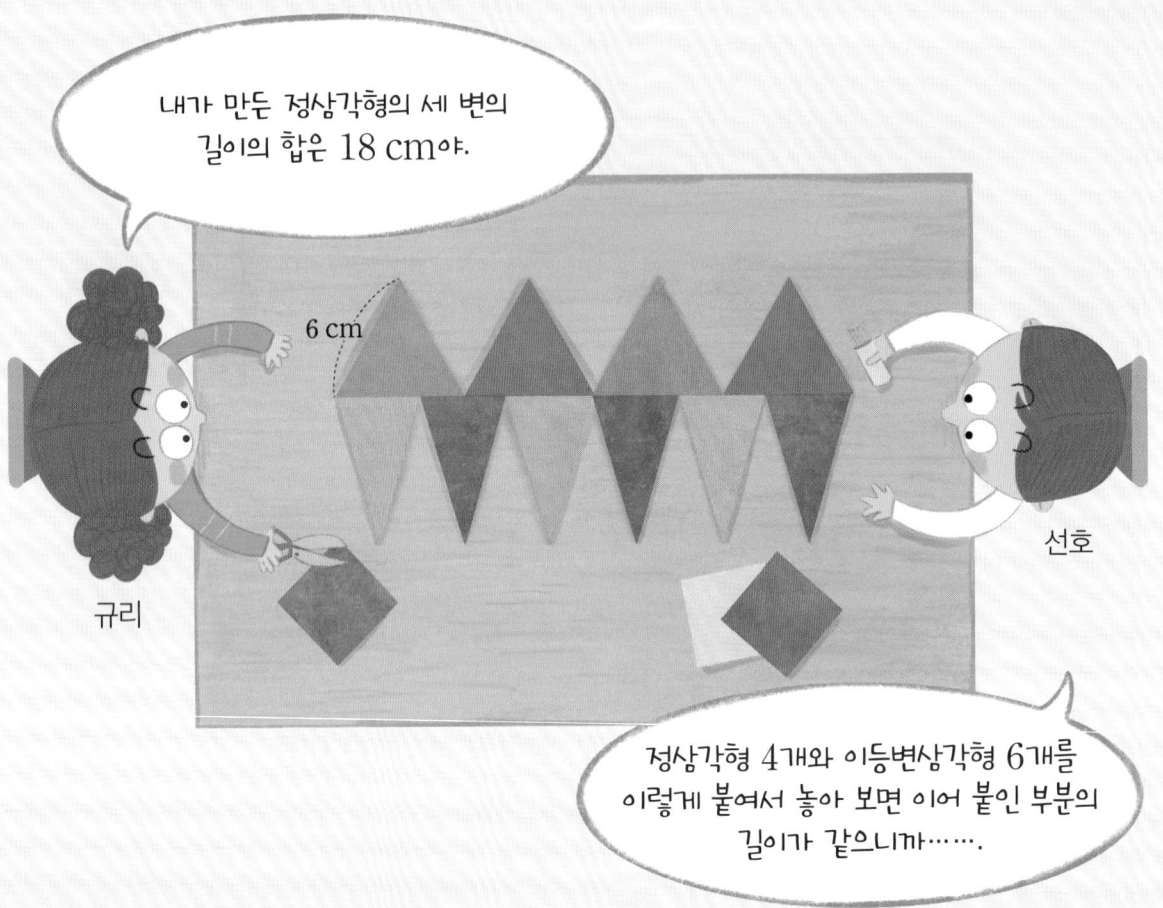

내가 만든 정삼각형의 세 변의 길이의 합은 18 cm야.

6 cm

규리

선호

정삼각형 4개와 이등변삼각형 6개를 이렇게 붙여서 놓아 보면 이어 붙인 부분의 길이가 같으니까…….

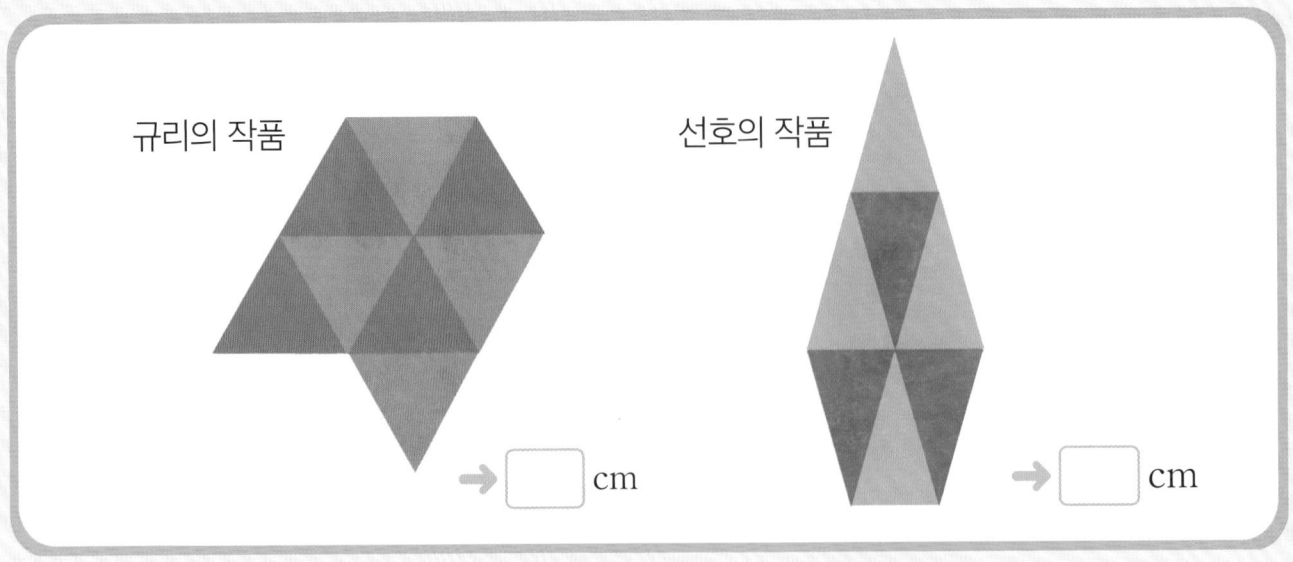

규리의 작품

→ ◻ cm

선호의 작품

→ ◻ cm

삼각형과 사각형

사다리꼴 알아보기

평행한 변이 한 쌍이라도 있는 사각형을
사다리꼴이라고 합니다.

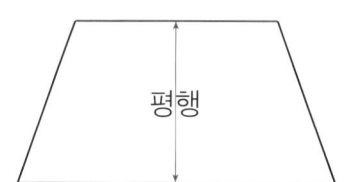

**실력
확인하기**

다음 도형이 사다리꼴이면 ○표, 사다리꼴이 아니면 ×표 하시오.

1
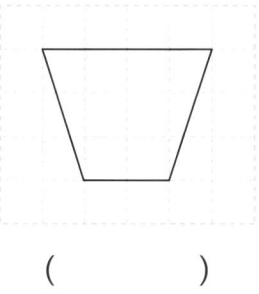
(   )

2
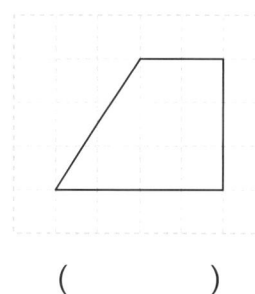
(   )

3
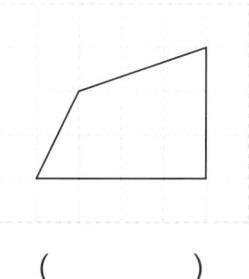
(   )

4
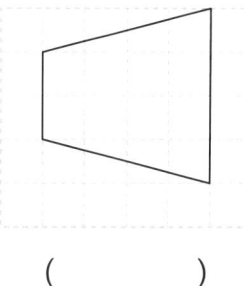
(   )

5
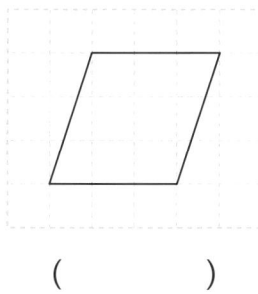
(   )

6
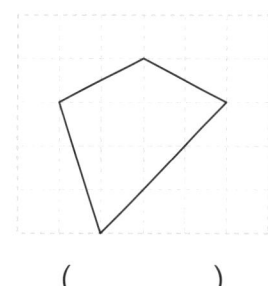
(   )

1 사다리꼴입니다. ㉠의 각도를 구하시오.

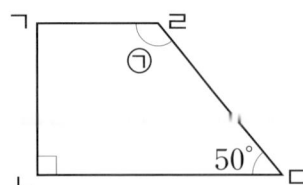

사다리꼴은 적어도 한 쌍의 변이 평행해.

문제 이해하기

▶ 사다리꼴 ㄱㄴㄷㄹ에서 변 ㄱㄹ과 변 [ ]이 서로 평행합니다.

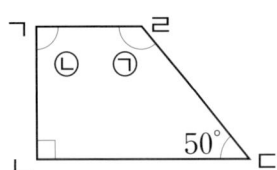

▶ 평행한 두 직선 중 한 직선과 수직인 직선은 다른 직선과도 수직이므로 ➡ ㉡=[ ]°

▶ 사각형의 네 각의 크기의 합은 [ ]°이므로

➡ $90° +$ [ ]$° + 50° + ㉠ =$ [ ]$°, ㉠ =$ [ ]$°$

답 구하기 [ ]°

---

2 사다리꼴입니다. ㉠의 각도를 구하시오.

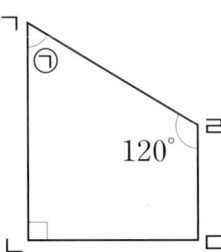

문제 이해하기

▶ 변 ㄱㄴ과 변 [ ]이 서로 평행하므로 (각 ㄴㄷㄹ)=[ ]°

▶ 사각형의 네 각의 크기의 합은 360°이므로

$㉠ + 90° +$ [ ]$° + 120° = 360°$

$㉠ =$ [ ]$°$

답 구하기 [ ]°

---

3 사다리꼴입니다. ㉠의 각도를 구하시오.

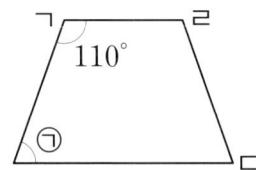

문제 이해하기

▶ 변 ㄱㄹ과 변 [ ]이 서로 평행하므로 점 ㄹ에서 변 ㄴㄷ에 수선을 그으면

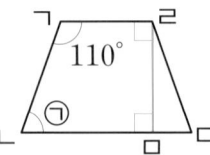

$110° + ㉠ + 90° +$ [ ]$° = 360°$

$㉠ =$ [ ]$°$

답 구하기 [ ]°

4 이등변삼각형 ㄱㄴㄷ에 변 ㄴㄷ과 평행한 선분 ㄹㅁ을 그었습니다. 두 각도 ㉠과 ㉡의 합을 구하시오.

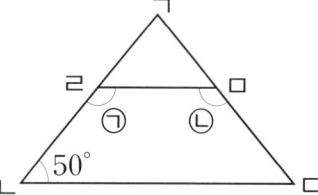

문제 이해하기

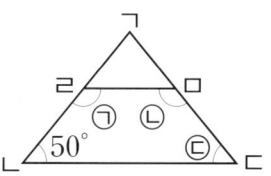

▶ 이등변삼각형 ㄱㄴㄷ에서 변 ㄱㄴ과 변 [   ]의 길이

가 같으므로 ➡ ㉢=(각 ㄱㄴㄷ)=[   ]°

▶ 사각형의 네 각의 크기의 합은 [   ]°이므로 사각형 ㄹㄴㄷㅁ에서

➡ ㉠+50°+[   ]°+㉡=[   ]°, ㉠+㉡=[   ]°

답 구하기 [   ]°

---

5 이등변삼각형 ㄱㄴㄷ에 변 ㄱㄴ과 평행한 선분 ㄹㅁ을 그었습니다. 두 각도 ㉠과 ㉡의 합을 구하시오.

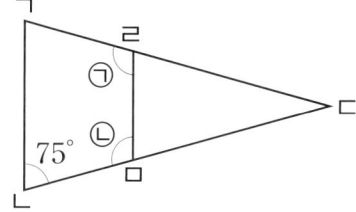

문제 이해하기 ▶ 이등변삼각형 ㄱㄴㄷ에서

(각 ㄷㄱㄴ)=(각 ㄷㄴㄱ)=[   ]°

▶ 사각형의 네 각의 크기의 합은 360°

이므로 사각형 ㄱㄴㅁㄹ에서

[   ]°+75°+㉠+㉡=360°

㉠+㉡=[   ]°

답 구하기 [   ]°

---

6 이등변삼각형 ㄱㄴㄷ에 변 ㄴㄷ과 평행한 선분 ㄹㅁ을 그었습니다. ㉠의 각도를 구하시오.

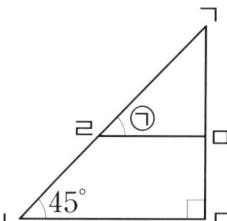

문제 이해하기 ▶ 이등변삼각형 ㄱㄴㄷ에서

(각 ㄴㄱㄷ)=(각 ㄱㄴㄷ)=[   ]°

▶ 변 ㄴㄷ과 선분 ㄹㅁ이 서로 평행하므

로 (각 ㄱㅁㄹ)=[   ]°

▶ 삼각형의 세 각의 크기의 합은 180°

이므로 삼각형 ㄱㄹㅁ에서

[   ]°+㉠+[   ]°=[   ]°

㉠=[   ]°

답 구하기 [   ]°

꼭짓점 하나만 옮겨라

미래와 친구들이 도형판에서 꼭짓점을 하나만 옮겨 사다리꼴을 만들려고 해요. 파란색으로 표시한 꼭짓점을 노란색으로 표시한 점으로 옮긴다면 사다리꼴은 만들지 못하는 친구는 누구인지 찾아 ○표 하세요.

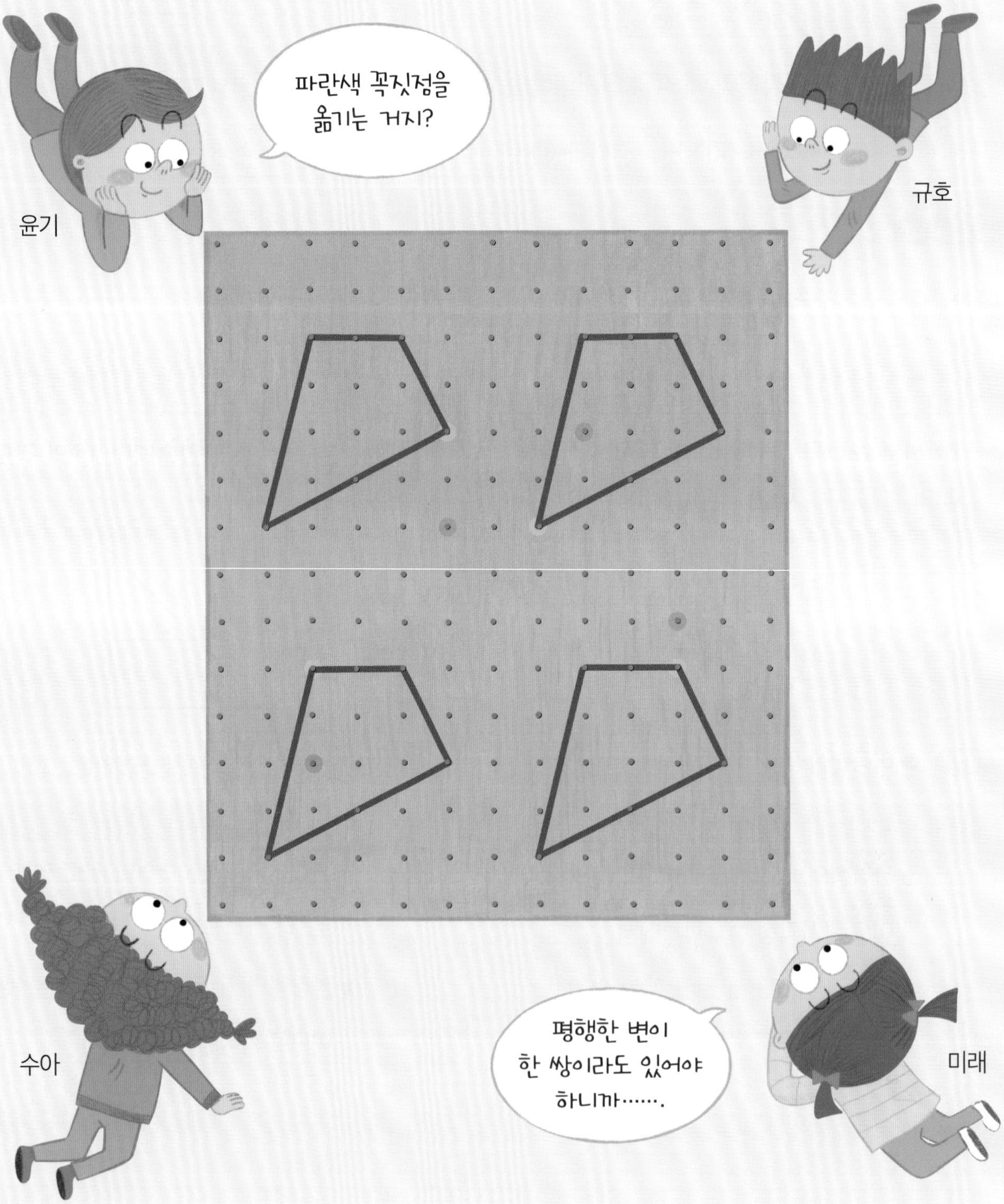

윤기

파란색 꼭짓점을
옮기는 거지?

규호

수아

평행한 변이
한 쌍이라도 있어야
하니까……

미래

평행사변형 알아보기 ❶

- 마주 보는 두 쌍의 변이 서로 평행한 사각형을 평행사변형이라고 합니다.
- 평행사변형은 마주 보는 두 변의 길이가 같습니다.
- 평행사변형은 마주 보는 두 각의 크기가 같고, 이웃한 두 각의 크기의 합은 180°입니다.

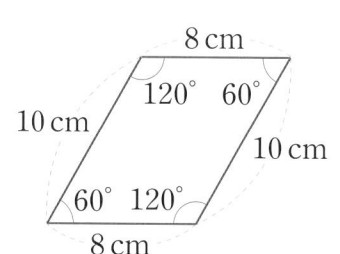

실력 확인하기

평행사변형입니다. 빈칸에 알맞은 수를 써넣으시오.

1
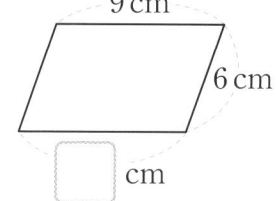
9 cm
6 cm
☐ cm

2
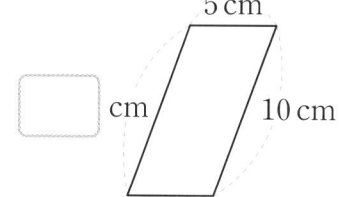
5 cm
☐ cm
10 cm

3
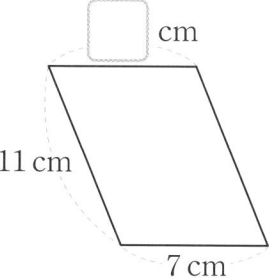
☐ cm
11 cm
7 cm

4
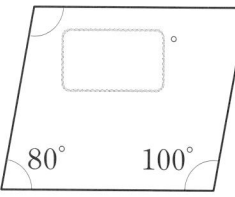
☐ °
80° 100°

5
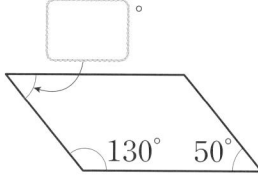
☐ °
130° 50°

6
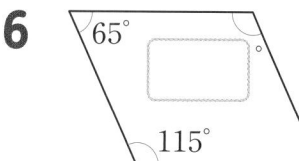
65°
☐ °
115°

1 평행사변형입니다. 네 변의 길이의 합은 몇 cm입니까?

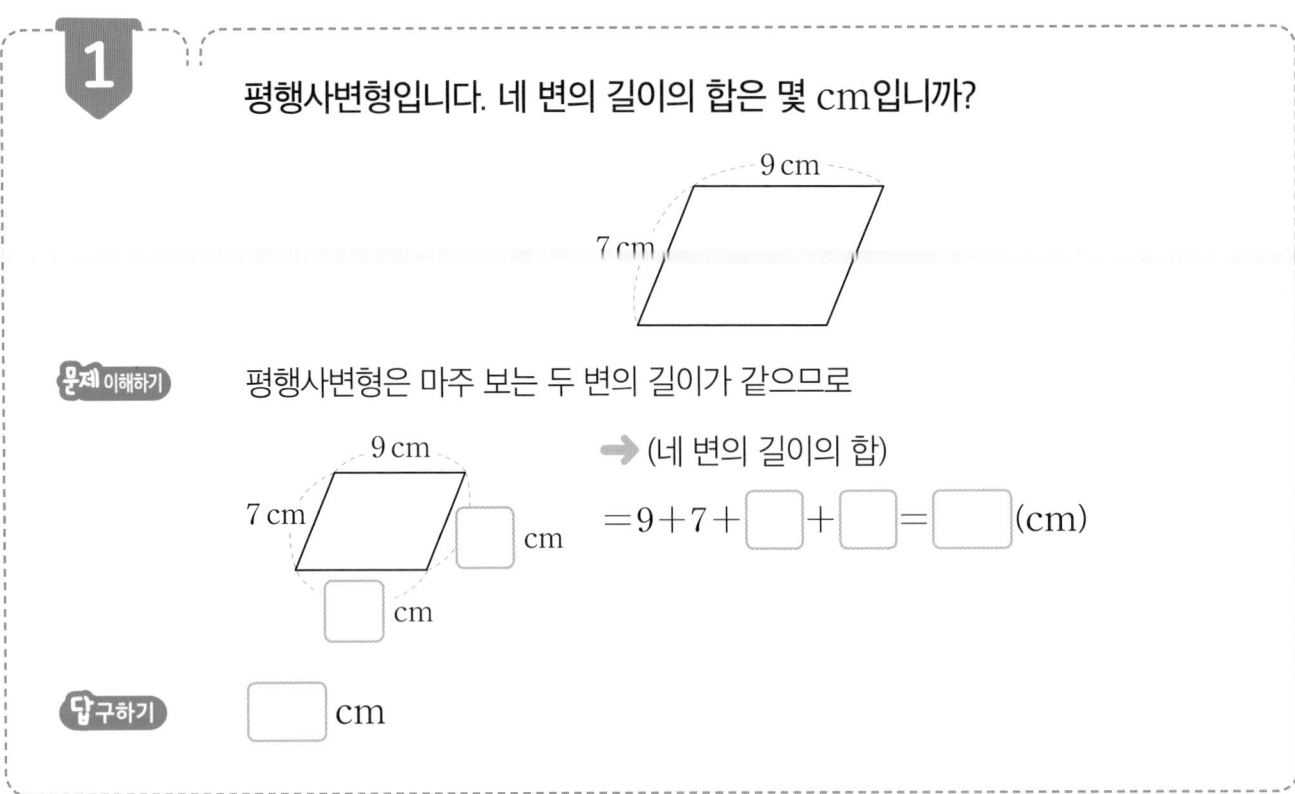

문제 이해하기 평행사변형은 마주 보는 두 변의 길이가 같으므로

➡ (네 변의 길이의 합)

$$=9+7+\boxed{}+\boxed{}=\boxed{}\text{(cm)}$$

답구하기 $\boxed{}$ cm

---

2 평행사변형입니다. 네 변의 길이의 합은 몇 cm입니까?

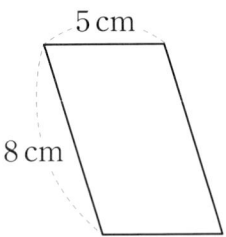

문제 이해하기 평행사변형은 마주 보는 두 변의 길이가 같으므로

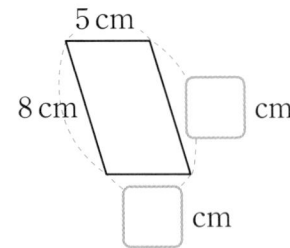

(네 변의 길이의 합)

$$=5+8+\boxed{}+\boxed{}=\boxed{}\text{(cm)}$$

답구하기 $\boxed{}$ cm

---

3 네 변의 길이의 합이 34 cm인 평행사변형입니다. 변 ㄴㄷ은 몇 cm입니까?

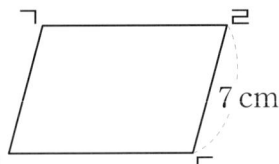

문제 이해하기 평행사변형은 마주 보는 두 변의 길이가 같으므로

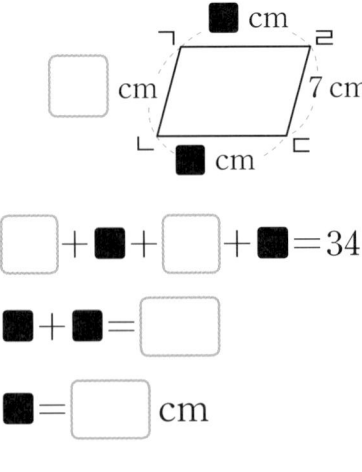

$$\boxed{}+\blacksquare+\boxed{}+\blacksquare=34$$

$$\blacksquare+\blacksquare=\boxed{}$$

$$\blacksquare=\boxed{}\text{ cm}$$

답구하기 $\boxed{}$ cm

4

평행사변형입니다. ㉠의 각도를 구하시오.

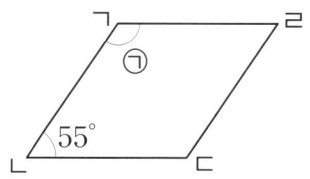

문제 이해하기 평행사변형은 마주 보는 두 각의 크기가 같고, 사각형의 네 각의 크기의 합은 $360°$ 이므로

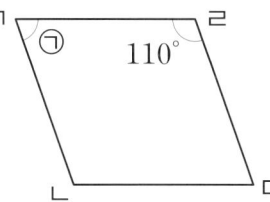

$㉠+\boxed{}°+㉠+\boxed{}°=\boxed{}°$,

$㉠+㉠=\boxed{}°$, $㉠=\boxed{}°$

답 구하기 $\boxed{}°$

---

5 평행사변형입니다. ㉠의 각도를 구하시오.

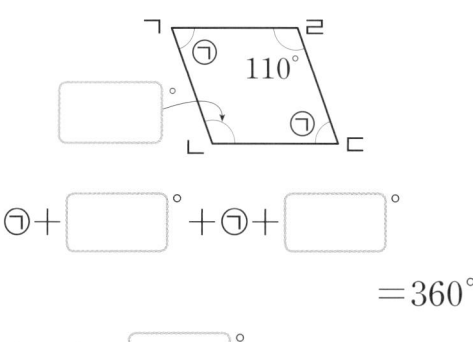

문제 이해하기 평행사변형은 마주 보는 두 각의 크기가 같고, 사각형의 네 각의 크기의 합은 $360°$이므로

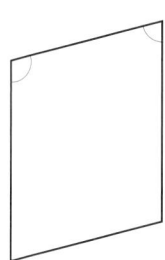

$㉠+\boxed{}°+㉠+\boxed{}°$

$=360°$

$㉠+㉠=\boxed{}°$

$㉠=\boxed{}°$

답 구하기 $\boxed{}°$

---

6 평행사변형입니다. 표시한 두 각도의 합을 구하시오.

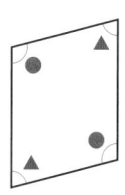

문제 이해하기 평행사변형은 마주 보는 두 각의 크기가 같고, 사각형의 네 각의 크기의 합은 $360°$이므로

$● + ▲ + ● + ▲ = \boxed{}°$

$● + ▲ = \boxed{}°$

답 구하기 $\boxed{}°$

보물 상자를 열어라

무인도에 도착한 탐험대는 모래사장에서 보물 상자 하나를 발견했어요. 보물 상자 옆에는 숫자에 대한 힌트를 알려 주는 쪽지가 있었어요. 잘 보고 보물 상자를 열 수 있는 숫자를 써 보세요.

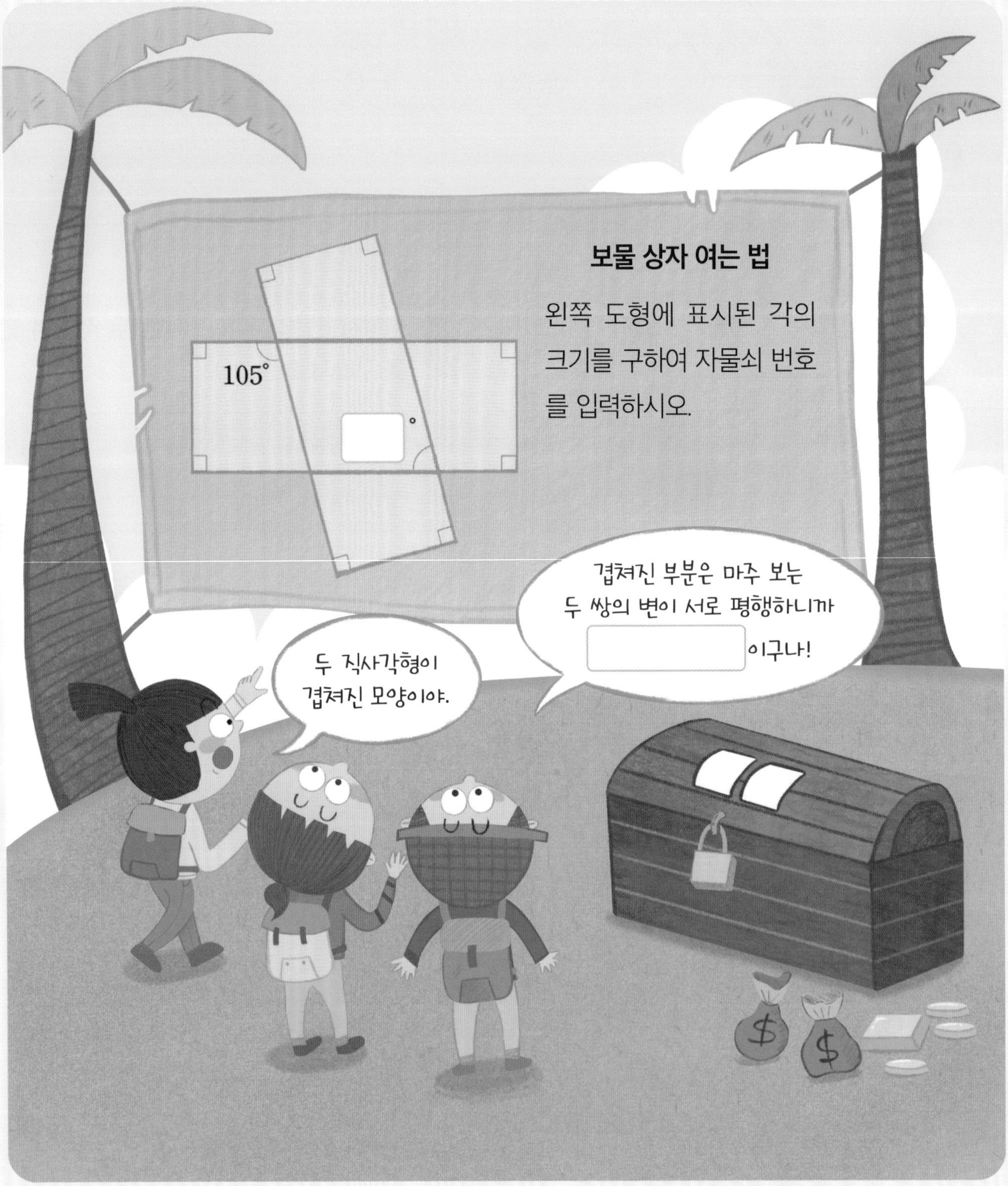

105°

보물 상자 여는 법

왼쪽 도형에 표시된 각의 크기를 구하여 자물쇠 번호를 입력하시오.

겹쳐진 부분은 마주 보는 두 쌍의 변이 서로 평행하니까 [ ] 이구나!

두 직사각형이 겹쳐진 모양이야.

삼각형과 사각형

평행사변형 알아보기 ❷

1

사각형 ㄱㄴㄷㄹ은 평행사변형입니다. ㉠의 각도를 구하시오.

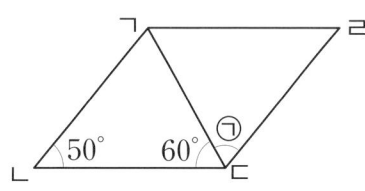

문제 이해하기

평행사변형은 이웃한 두 각의 크기의 합이 ☐° 이므로

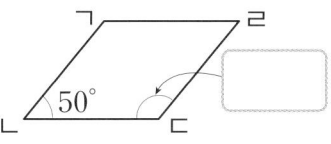

(각 ㄴㄷㄹ) = ☐° − (각 ㄱㄴㄷ)

= ☐° − ☐° = ☐°

➡ ㉠ = (각 ㄴㄷㄹ) − (각 ㄴㄷㄱ) = ☐° − ☐° = ☐°

답 구하기   ☐°

2

사각형 ㄱㄴㄷㄹ은 평행사변형입니다. ㉠의 각도를 구하시오.

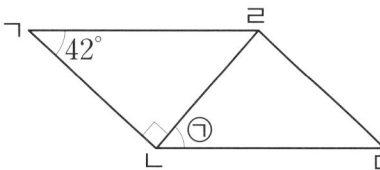

문제 이해하기

답 구하기

3 사다리꼴 ㄱㄴㄷㄹ에 선분 ㄹㄷ과 평행한 선분 ㄱㅁ을 그었습니다. 선분 ㄴㅁ은 몇 cm입니까?

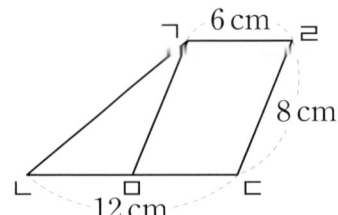

문제 이해하기 ▶ 사각형 ㄱㅁㄷㄹ은 변 ㄱㄹ과 변 [ ], 변 ㄱㅁ과 변 [ ]이 서로 평행하

므로 [ ]입니다.

▶ 평행사변형은 마주 보는 두 변의 길이가 같으므로

(변 ㅁㄷ)＝(변 [ ])＝[ ]cm입니다.

➡ (선분 ㄴㅁ)＝(선분 ㄴㄷ)－(선분 [ ])＝[ ]－[ ]＝[ ](cm)

답 구하기 [ ]cm

---

4 사다리꼴 ㄱㄴㄷㄹ에 선분 ㄹㄷ과 평행한 선분 ㄱㅁ을 그었습니다. 선분 ㄴㅁ은 몇 cm입니까?

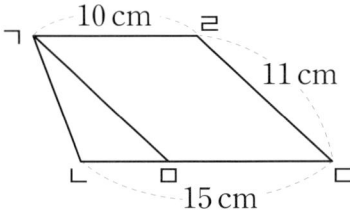

문제 이해하기

답 구하기

5

정삼각형과 평행사변형을 겹치지 않게
이어 붙여 사다리꼴을 만들었습니다.
각 ㄴㄱㅁ은 몇 도입니까?

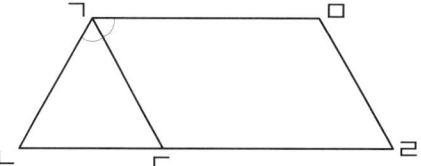

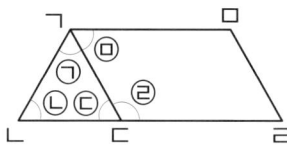

▶ 삼각형 ㄱㄴㄷ은 정삼각형이므로

➡ ㉠=㉡=㉢= ☐°

▶ 직선이 이루는 각은 180°이므로

➡ ㉣=180°− ☐° = ☐°

▶ 평행사변형은 이웃하는 두 각의 크기의 합이 ☐°이므로 평행사변형

　ㄱㄷㄹㅁ에서

➡ ㉤+㉣=180°, ㉤+ ☐° =180°, ㉤= ☐°

➡ (각 ㄴㄱㅁ)=㉠+㉤= ☐° + ☐° = ☐°

 ☐°

6

평행사변형과 이등변삼각형을 겹치지 않게 이어 붙여
사다리꼴을 만들었습니다. 각 ㄱㅁㄹ은 몇 도입니까?

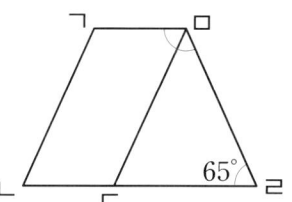

문제 이해하기

답 구하기

오늘 나의 실력은?　　부모님 확인

평행사변형을 찾아라

친구들이 여러 가지 색종이 모양을 붙여 집을 만들고 있어요. 친구들의 말을 듣고, 지붕으로 사용된 사각형의 변의 길이를 구해 보세요.

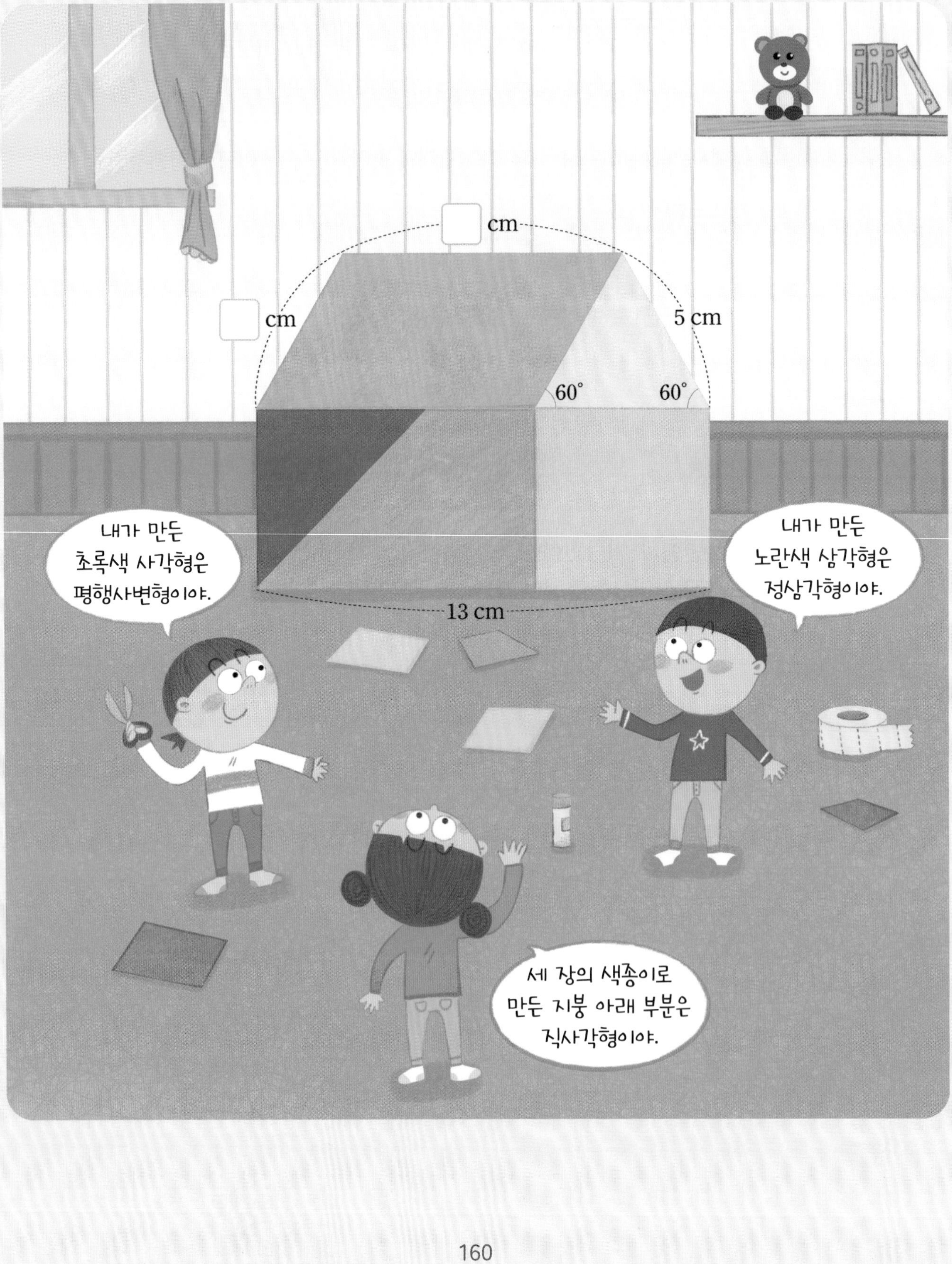

☐ cm

☐ cm

5 cm

60° 60°

13 cm

내가 만든 초록색 사각형은 평행사변형이야.

내가 만든 노란색 삼각형은 정삼각형이야.

세 장의 색종이로 만든 지붕 아래 부분은 직사각형이야.

160

삼각형과 사각형

마름모 알아보기 ❶

- 네 변의 길이가 모두 같은 사각형을 마름모라고 합니다.
- 마름모는 마주 보는 두 각의 크기가 같습니다.

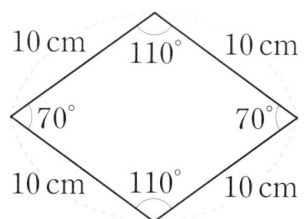

마름모입니다. 빈칸에 알맞은 수를 써넣으시오.

1

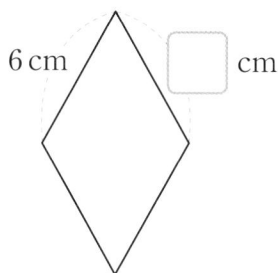

6 cm   ☐ cm

2

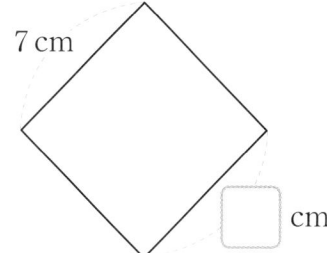

7 cm   ☐ cm

3

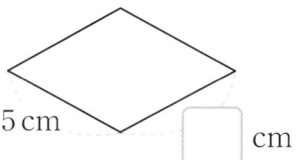

5 cm   ☐ cm

4

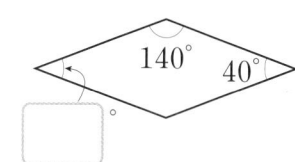

140° 40° ☐°

5

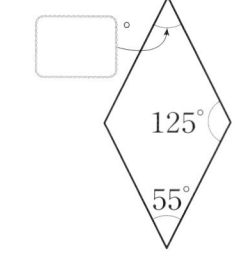

☐° 125° 55°

6

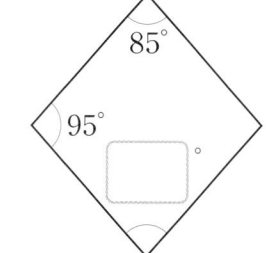

85° 95° ☐°

1 마름모입니다. 네 변의 길이의 합은 몇 cm입니까?

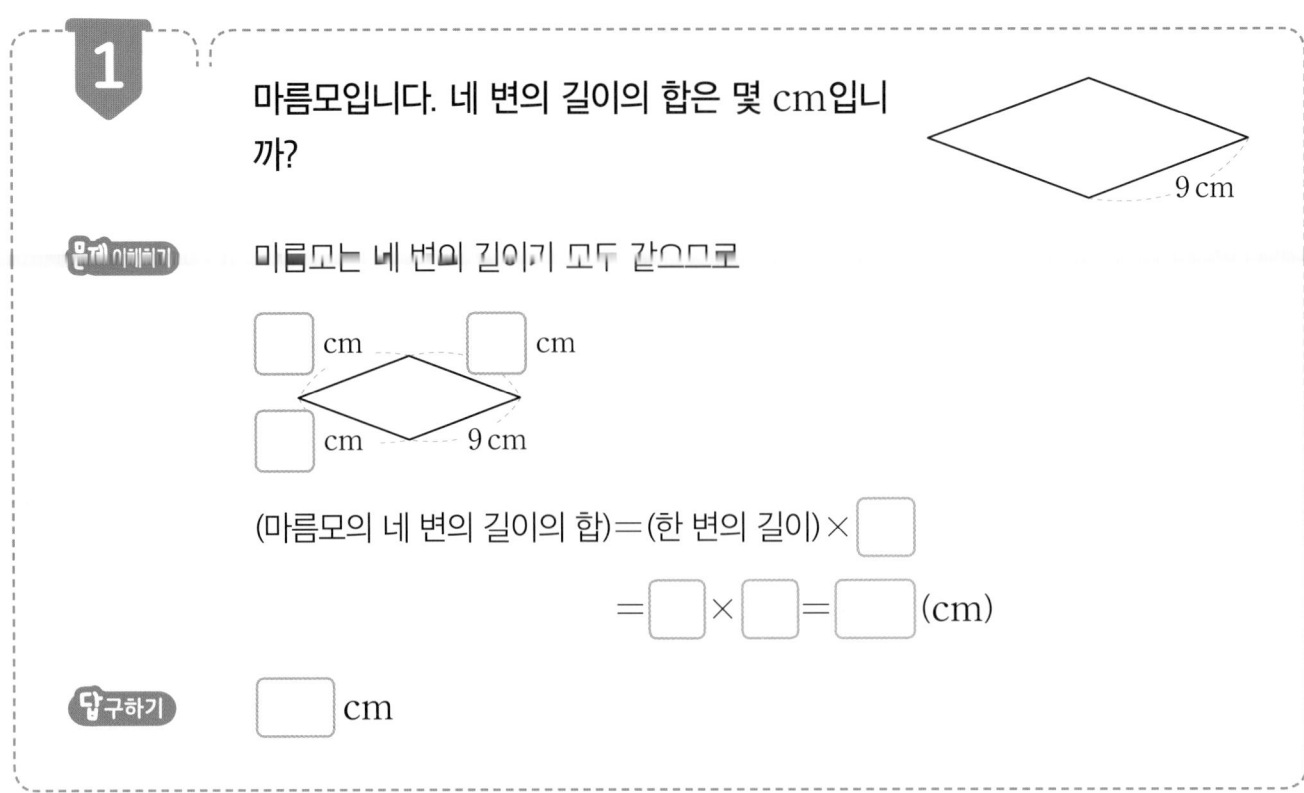
9 cm

문제 이해하기 마름모는 네 변의 길이가 모두 같으므로

☐ cm   ☐ cm

☐ cm   9 cm

(마름모의 네 변의 길이의 합)＝(한 변의 길이)×☐

＝☐×☐＝☐(cm)

답 구하기   ☐ cm

---

2 마름모입니다. 네 변의 길이의 합은 몇 cm입니까?

11 cm

문제 이해하기 마름모는 네 변의 길이가 모두 같으므로

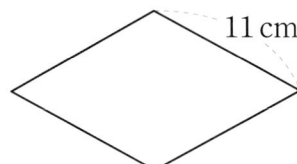
☐ cm   11 cm

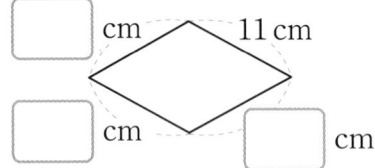
☐ cm   ☐ cm

(마름모의 네 변의 길이의 합)

＝(한 변의 길이)×☐

＝☐×☐＝☐(cm)

답 구하기   ☐ cm

---

3 네 변의 길이의 합이 60 cm인 마름모입니다. 한 변의 길이는 몇 cm입니까?

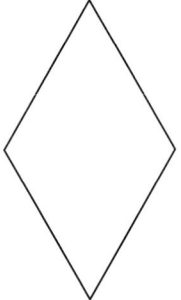

문제 이해하기 마름모는 네 변의 길이가 모두 같으므로

(마름모의 한 변의 길이)

＝(네 변의 길이의 합)÷☐

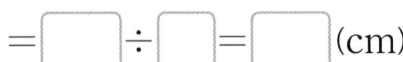
＝☐÷☐＝☐(cm)

답 구하기   ☐ cm

162

4 마름모입니다. ㉠과 ㉡의 각도를 각각 구하시오.

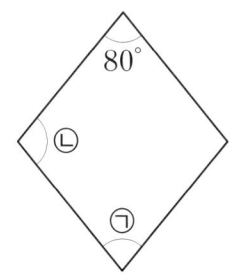

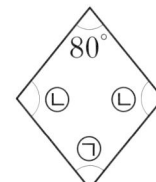 ▸ 마름모는 마주 보는 두 각의 크기가 같으므로 ㉠=□°이고, ㉡과 마주 보는

나머지 한 각의 크기도 ㉡입니다.

▸ 사각형의 네 각의 크기의 합은 360°이므로

➡ $80° + ㉡ + □° + ㉡ = □°$

$㉡ + ㉡ = □°$, $㉡ = □°$

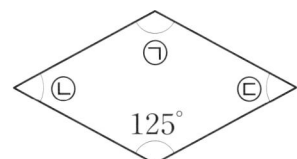 ㉠=□°, ㉡=□°

---

5 마름모입니다. ㉠, ㉡, ㉢의 각도를 각각 구하시오.

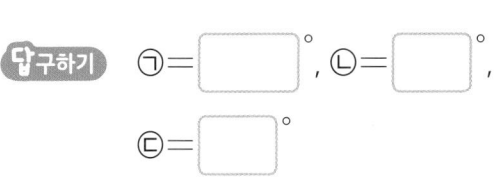

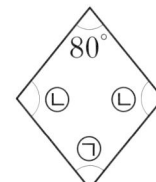 ▸ 마름모는 마주 보는 두 각의 크기가 같으므로 ㉠=□°, ㉡=㉢

▸ 사각형의 네 각의 크기의 합은 360°이므로

$□° + ㉡ + 125° + ㉢ = 360°$

$㉡ + ㉢ = □°$

$㉡ = ㉢ = □°$

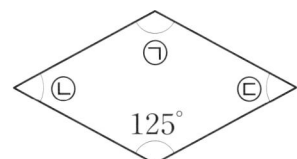 ㉠=□°, ㉡=□°,

㉢=□°

---

6 사각형 ㄱㄴㄷㄹ은 마름모입니다. ㉠의 각도를 구하시오.

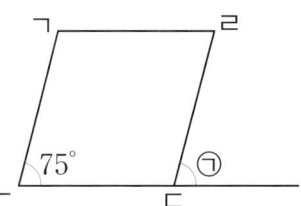

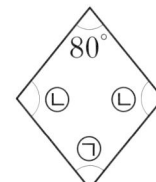 ▸ 마름모에서 이웃한 두 각의 크기의 합은

180°이므로

$75° + (각 ㄴㄷㄹ) = □°$

$(각 ㄴㄷㄹ) = □°$

▸ 직선이 이루는 각은 180°이므로

$㉠ = 180° - □° = □°$

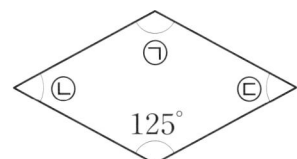 □°

어느 반에 가야 할까?

도도와 레레가 사각형 학교에 입학했습니다. 도도와 레레는 네 변의 길이가 5 cm 로 모두 같은 사각형이에요. 사각형 학교에서는 반의 이름에 해당하는 사각형만 그 반에 들어갈 수 있대요. 둘이 함께 공부할 수 있는 반을 모두 찾아 ○표 하세요.

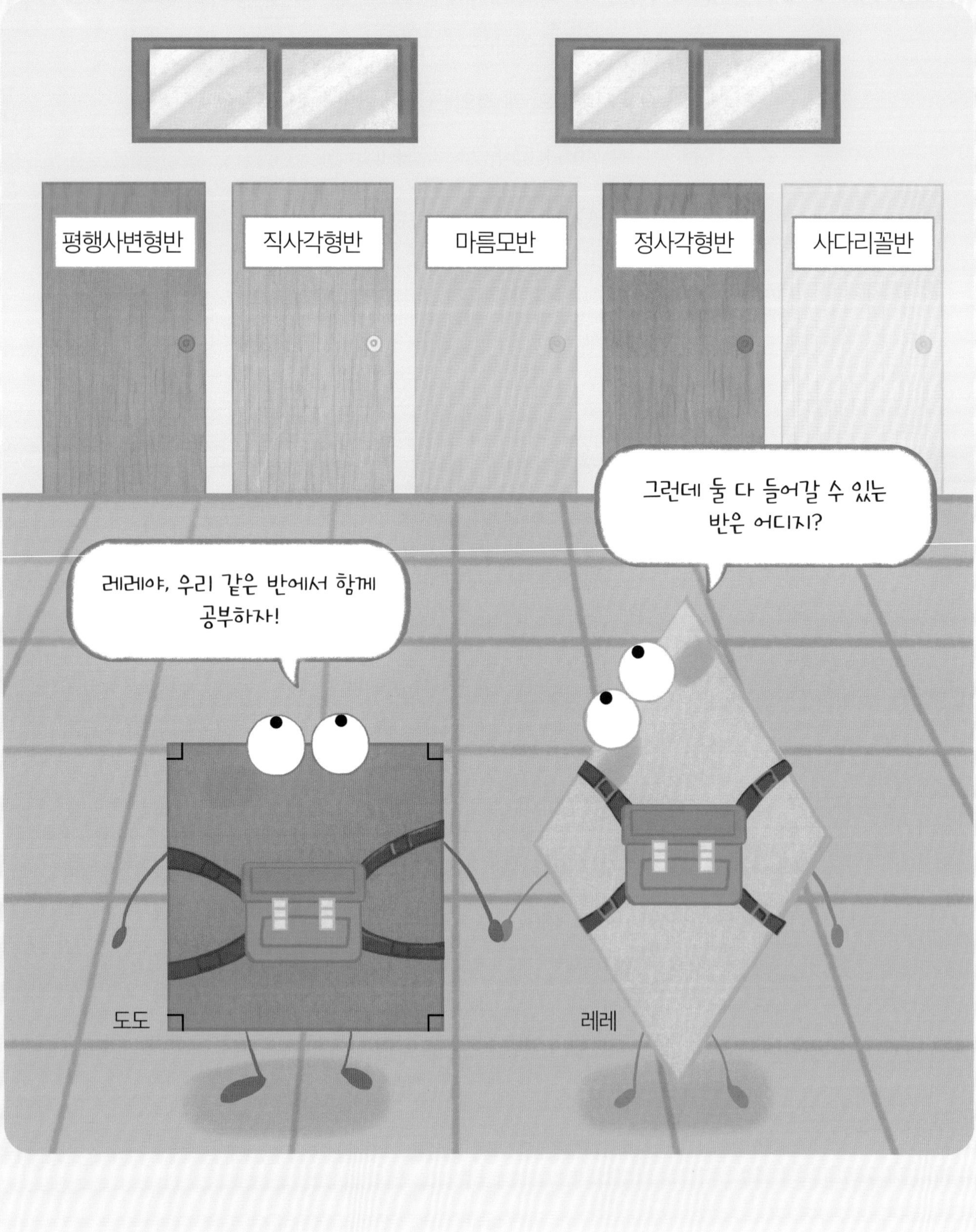

평행사변형반

직사각형반

마름모반

정사각형반

사다리꼴반

그런데 둘 다 들어갈 수 있는 반은 어디지?

레레야, 우리 같은 반에서 함께 공부하자!

도도

레레

삼각형과 사각형

마름모 알아보기 ❷

1

사각형 ㄱㄴㄷㄹ은 마름모입니다. ㉠의 각도를 구하시오.

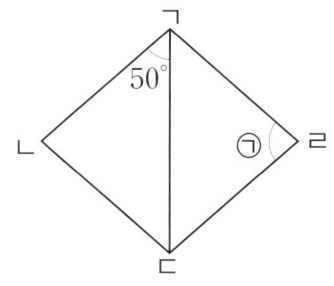

문제 이해하기

▶ 마름모는 네 변의 길이가 모두 같으므로 (변 ㄱㄴ)=(변 [ ])

→ 삼각형 ㄱㄴㄷ은 두 변의 길이가 같으므로 이등변삼각형입니다.

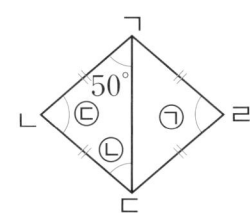

▶ 이등변삼각형에서 길이가 같은 두 변에 있는 두 각의 크기가 같으므로 → ㉡=(각 ㄴㄱㄷ)=[ ]°

▶ 삼각형의 세 각의 크기의 합은 180°이므로

→ ㉡+[ ]°+[ ]°=180°, ㉡=[ ]°

▶ 마름모는 마주 보는 두 각의 크기가 같으므로 → ㉠=㉢=[ ]°

답 구하기 [ ]°

2

사각형 ㄱㄴㄷㄹ은 마름모입니다. ㉠의 각도를 구하시오.

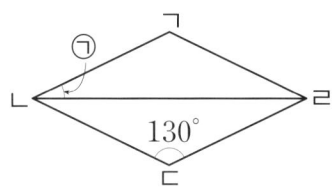

문제 이해하기

답 구하기

3 세 변의 길이의 합이 19 cm인 이등변삼각형과 마름모를 겹치지 않게 이어 붙여 사다리꼴을 만들었습니다. 사각형 ㄱㄴㄹㅁ의 네 변의 길이의 합은 몇 cm입니까?

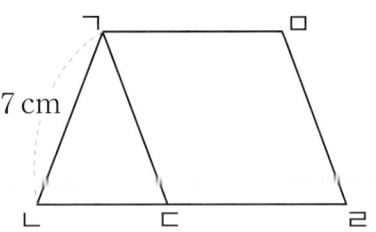

문제 이해하기

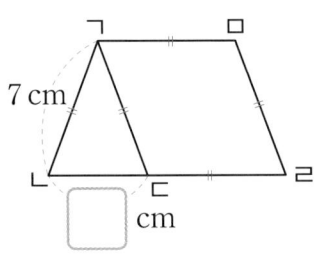

> 이등변삼각형 ㄱㄴㄷ에서

(변 ㄱㄷ)=(변 □)=□ cm이고,

세 변의 길이의 합이 19 cm이므로

7+(변 ㄴㄷ)+□=19

(변 ㄴㄷ)=□ cm

> 마름모는 네 변의 길이가 모두 같으므로 마름모 ㄱㄷㄹㅁ에서

(변 ㄱㄷ)=(변 ㄷㄹ)=(변 ㄹㅁ)=(변 ㅁㄱ)=□ cm

➡ (사각형 ㄱㄴㄹㅁ의 네 변의 길이의 합)
=(선분 ㄱㄴ)+(선분 ㄴㄷ)+(선분 ㄷㄹ)+(선분 ㄹㅁ)+(선분 ㅁㄱ)
=7+□+□+□+□=□ (cm)

 □ cm

4 정삼각형과 마름모를 겹치지 않게 이어 붙여 사다리꼴을 만들었습니다. 사각형 ㄱㄴㄹㅁ의 네 변의 길이의 합은 몇 cm입니까?

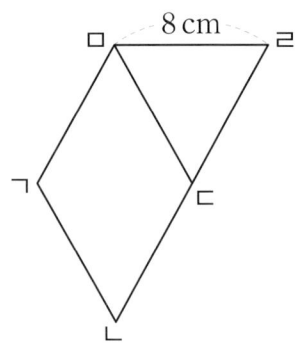

문제 이해하기

5 사각형 ㄱㄴㄷㄹ은 마름모입니다. ㉠의 각도를 구하시오.

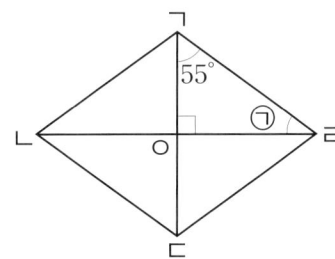

 ▶ 마름모는 마주 보는 꼭짓점끼리 이은 선분이 서로 수직으로 만나므로

➡ (각 ㄱㅇㄹ)= ☐°

▶ 삼각형의 세 각의 크기의 합은 ☐° 이므로 삼각형 ㄱㅇㄹ에서

➡ 55°+ ☐° +㉠= ☐°

㉠= ☐°

답 구하기 ☐°

6 마름모입니다. 선분 ㄱㄷ은 몇 cm입니까?

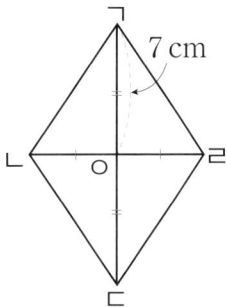

답 구하기

마름모 퍼즐

네 변의 길이의 합이 20 cm인 파란색 마름모와 노란색 마름모가 모두 여섯 개 겹쳐져 있어요. 겹쳐서 생긴 초록색 도형 역시 마름모이고 아래쪽에 그린 분홍색 도형도 마름모예요. 분홍색 마름모들의 네 변의 길이를 모두 더하면 몇 cm일까요?

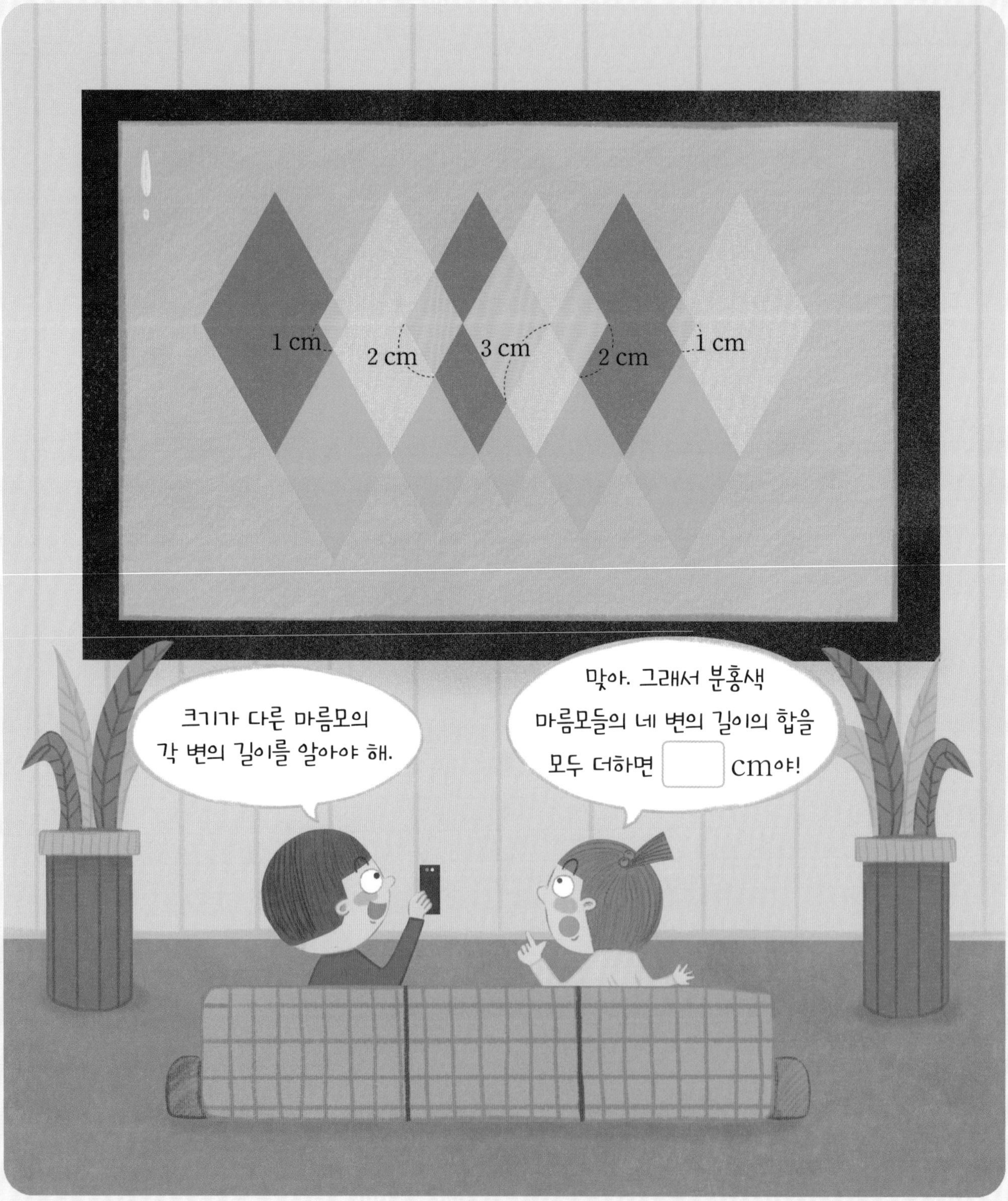

1 cm   2 cm   3 cm   2 cm   1 cm

크기가 다른 마름모의 각 변의 길이를 알아야 해.

맞아. 그래서 분홍색 마름모들의 네 변의 길이의 합을 모두 더하면 ☐ cm야!

168

삼각형과 사각형

단원 마무리

---

01 원에 각각 같은 간격으로 반지름을 그렸습니다. 그린 삼각형 중 정삼각형을 골라 기호를 쓰시오.

㉠
30°

㉡
40°

㉢
45°

---

02 다음 삼각형은 어떤 삼각형인지 알맞은 것을 모두 찾아 기호를 쓰시오.

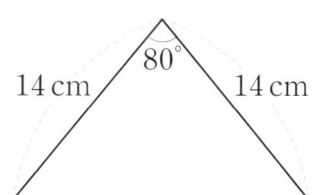

14 cm 80° 14 cm

㉠ 이등변삼각형   ㉡ 정삼각형
㉢ 예각삼각형   ㉣ 직각삼각형
㉤ 둔각삼각형

03 삼각형 ㄱㄴㄷ에서 변 ㄱㄷ은 몇 cm입니까?

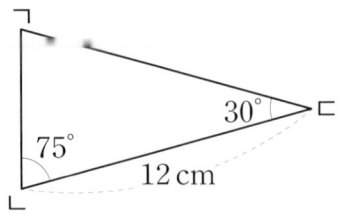

04 평행사변형입니다. 두 각도 ㉠과 ㉡의 차를 구하시오.

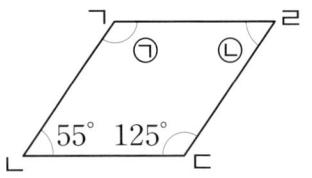

05 이등변삼각형 가의 세 변의 길이의 합과 정삼각형 나의 세 변의 길이의 합이 같습니다. 이등변삼각형 가의 변 ㄴㄷ은 몇 cm입니까?

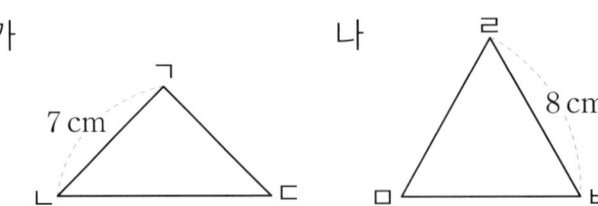

06 직사각형 모양의 종이를 사용하여 다음과 같이 접고 잘라 사각형을 만들었습니다. 변 ㄱㄴ은 몇 cm입니까?

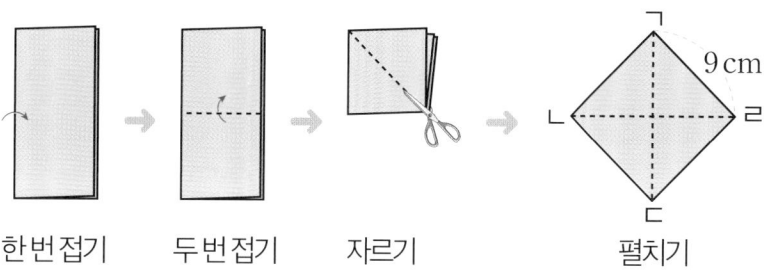

한번접기   두번접기   자르기   펼치기

07 모양과 크기가 같은 마름모 4개를 겹치지 않게 이어 붙여 오른쪽 도형을 만들었습니다. 만든 도형에서 굵은 선의 길이는 모두 몇 cm입니까?

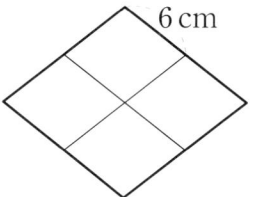

08 삼각형 ㄱㄴㄷ은 이등변삼각형입니다. ㉠의 각도를 구하시오.

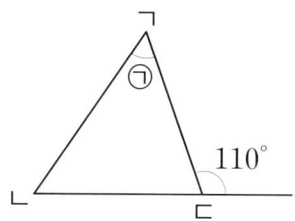

09 평행사변형과 정삼각형을 겹치지 않게 이어 붙여 사다리꼴을 만들었습니다. 사각형 ㄱㄴㅁㄹ의 네 변의 길이의 합은 몇 cm입니까?

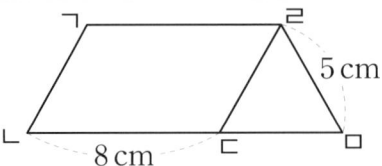

10 삼각형 ㄱㄴㄷ은 이등변삼각형이고, 삼각형 ㄹㄴㄷ은 정삼각형입니다. ㉠의 각도를 구하시오.

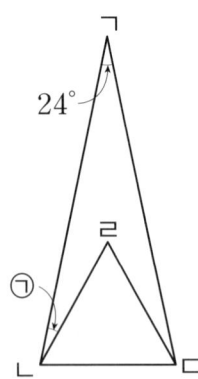

하루 한장 쏙셈＋ 붙임딱지

하루의 학습이 끝날 때마다 붙임딱지를 붙여 하늘 위 비행기를 꾸며 보아요!

1 주차

2 주차

3 주차

4 주차

5 주차

6 주차

7 주차

8 주차

퍼즐 학습으로 재미있게 초등 어휘력을 키우자!

퍼즐런

하루 4개씩
25일 완성!

어휘력을 키워야 문해력이 자랍니다.
문해력은 국어는 물론 모든 공부의 기본이 됩니다.

퍼즐런 시리즈로
재미와 학습 효과 두 마리 토끼를 잡으며,
문해력과 함께 공부의 기본을
확실하게 다져 놓으세요.

Fun! Puzzle! Learn!

재미있게!   퍼즐로!   배워요!

교과서 달달 쓰기 · 교과서 달달 풀기
1~2학년 국어 · 수학 교과 학습력을 향상시키고
초등 코어를 탄탄하게 세우는 기본 학습서
[4책] 국어 1~2학년 학기별
[4책] 수학 1~2학년 학기별

미래엔 교과서 길잡이, 초코
초등 공부의 핵심[CORE]를 탄탄하게 해 주는
슬림 & 심플한 교과 필수 학습서
[8책] 국어 3~6학년 학기별, [8책] 수학 3~6학년 학기별
[8책] 사회 3~6학년 학기별, [8책] 과학 3~6학년 학기별

전과목 단원평가
빠르게 단원 핵심을 정리하고, 수준별 문제로 실전력을 키우는
교과 평가 대비 학습서
[8책] 3~6학년 학기별

문제 해결의 길잡이

원리 8가지 문제 해결 전략으로 문장제와 서술형 문제 정복
[12책] 1~6학년 학기별

심화 문장제 유형 정복으로 초등 수학 최고 수준에 도전
[6책] 1~6학년 학년별

초등 필수 어휘를 퍼즐로 재미있게 익히는 학습서
[3책] 사자성어, 속담, 맞춤법

하루한장 예비 초등

한글완성
초등학교 입학 전 한글 읽기·쓰기 동시에 끝내기
[3책] 기본 자모음, 받침, 복잡한 자모음

예비초등
기본 학습 능력을 향상하며 초등학교 입학을 준비하기
[2책] 국어, 수학

하루한장 독해

독해 시작편
초등학교 입학 전 기본 문해력 익히기 30일 완성
[2책] 문장으로 시작하기, 짧은 글 독해하기

어휘
문해력의 기초를 다지는 초등 필수 어휘 학습서
[6책] 1~6학년 단계별

독해
국어 교과서와 연계하여 문해력의 기초를 다지는 독해 기본서
[6책] 1~6학년 단계별

독해＋플러스
본격적인 독해 훈련으로 문해력을 향상시키는 독해 실전서
[6책] 1~6학년 단계별

비문학 독해 (사회편·과학편)
비문학 독해로 배경지식을 확장하고 문해력을 완성시키는
독해 심화서
[사회편 6책, 과학편 6책] 1~6학년 단계별

하루한장 쏙셈+ 플러스

바른답·알찬풀이

8권 | 초등 수학 4-2

Mirae N 에듀

바른답·알찬풀이로

문제를 이해하고 식을 세우는 과정을 확인하여

문제 해결력과 연산 응용력을 높여요!

바른답·알찬풀이로

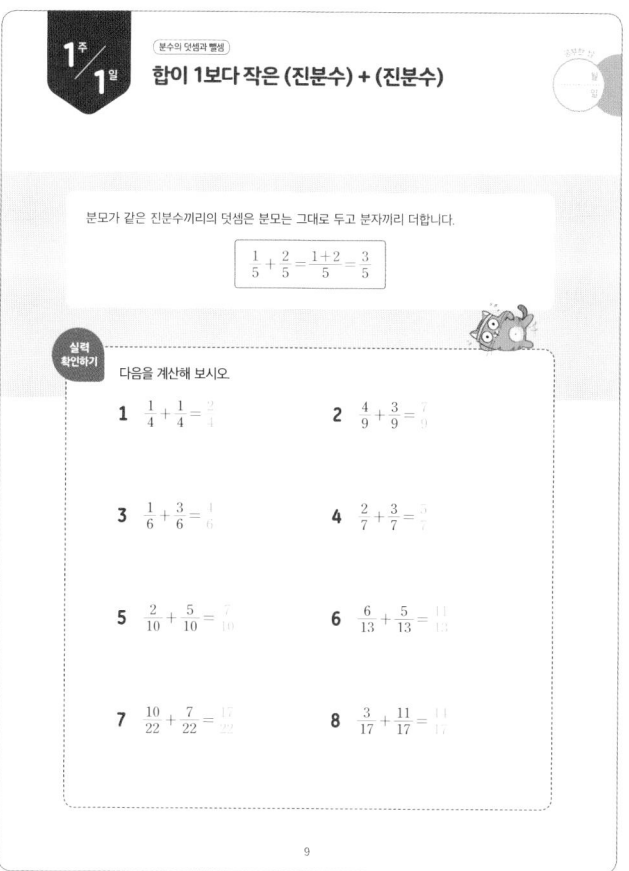

1주 1일 [분수의 덧셈과 뺄셈]

합이 1보다 작은 (진분수) + (진분수)

분모가 같은 진분수끼리의 덧셈은 분모는 그대로 두고 분자끼리 더합니다.

$$\frac{1}{5} + \frac{2}{5} = \frac{1+2}{5} = \frac{3}{5}$$

실력 확인하기

다음을 계산해 보시오.

1. $\frac{1}{4} + \frac{1}{4} = \frac{2}{4}$

2. $\frac{4}{9} + \frac{3}{9} = \frac{7}{9}$

3. $\frac{1}{6} + \frac{3}{6} = \frac{4}{6}$

4. $\frac{2}{7} + \frac{3}{7} = \frac{5}{7}$

5. $\frac{2}{10} + \frac{5}{10} = \frac{7}{10}$

6. $\frac{6}{13} + \frac{5}{13} = \frac{11}{13}$

7. $\frac{10}{22} + \frac{7}{22} = \frac{17}{22}$

8. $\frac{3}{17} + \frac{11}{17} = \frac{14}{17}$

9

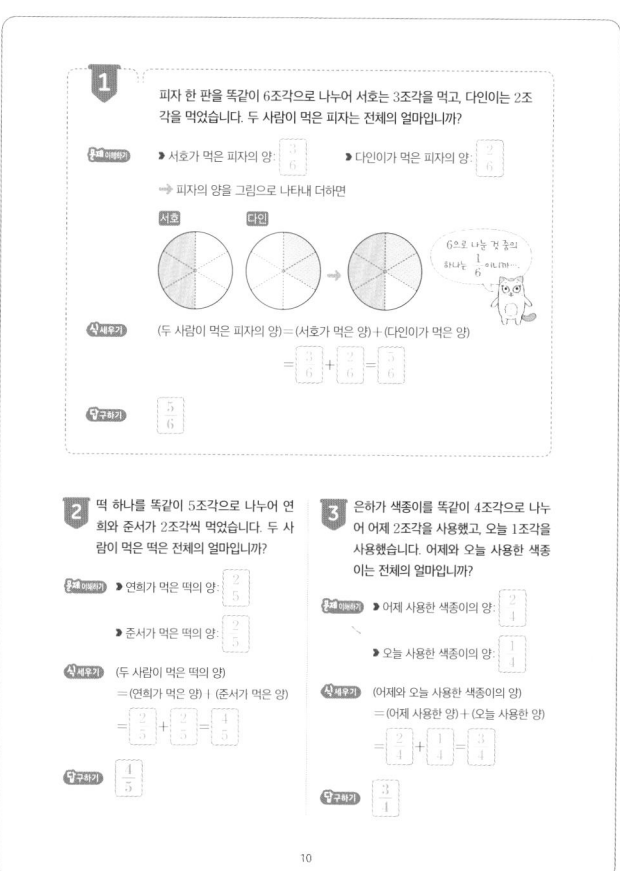

1 피자 한 판을 똑같이 6조각으로 나누어 서호는 3조각을 먹고, 다인이는 2조각을 먹었습니다. 두 사람이 먹은 피자는 전체의 얼마입니까?

문제 이해하기 ▶ 서호가 먹은 피자의 양: $\frac{3}{6}$ ▶ 다인이가 먹은 피자의 양: $\frac{2}{6}$

➡ 피자의 양을 그림으로 나타내 더하면

서호 다인 6으로 나눈 것 중의 하나는 $\frac{1}{6}$이니까~

식 세우기 (두 사람이 먹은 피자의 양) = (서호가 먹은 양) + (다인이가 먹은 양)

$= \frac{3}{6} + \frac{2}{6} = \frac{5}{6}$

구하기 $\frac{5}{6}$

2 떡 하나를 똑같이 5조각으로 나누어 연희와 준서가 2조각씩 먹었습니다. 두 사람이 먹은 떡은 전체의 얼마입니까?

문제 이해하기 ▶ 연희가 먹은 떡의 양: $\frac{2}{5}$

▶ 준서가 먹은 떡의 양: $\frac{2}{5}$

식 세우기 (두 사람이 먹은 양) = (연희가 먹은 양) + (준서가 먹은 양)

$= \frac{2}{5} + \frac{2}{5} = \frac{4}{5}$

구하기 $\frac{4}{5}$

3 은하가 색종이를 똑같이 4조각으로 나누어 어제 2조각을 사용했고, 오늘 1조각을 사용했습니다. 어제와 오늘 사용한 색종이는 전체의 얼마입니까?

문제 이해하기 ▶ 어제 사용한 색종이의 양: $\frac{2}{4}$

▶ 오늘 사용한 색종이의 양: $\frac{1}{4}$

식 세우기 (어제와 오늘 사용한 색종이의 양) = (어제 사용한 양) + (오늘 사용한 양)

$= \frac{2}{4} + \frac{1}{4} = \frac{3}{4}$

구하기 $\frac{3}{4}$

10

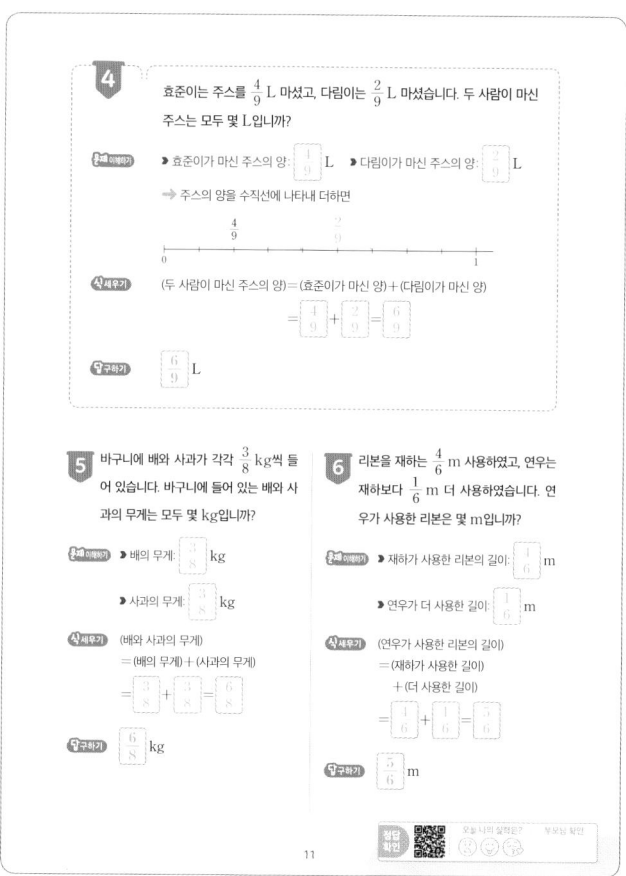

4 효준이는 주스를 $\frac{4}{9}$ L 마셨고, 다림이는 $\frac{2}{9}$ L 마셨습니다. 두 사람이 마신 주스는 모두 몇 L입니까?

문제 이해하기 ▶ 효준이가 마신 주스의 양: $\frac{4}{9}$ L ▶ 다림이가 마신 주스의 양: $\frac{2}{9}$ L

➡ 주스의 양을 수직선에 나타내 더하면

식 세우기 (두 사람이 마신 주스의 양) = (효준이가 마신 양) + (다림이가 마신 양)

$= \frac{4}{9} + \frac{2}{9} = \frac{6}{9}$

구하기 $\frac{6}{9}$ L

5 바구니에 배와 사과가 각각 $\frac{3}{8}$ kg씩 들어 있습니다. 바구니에 들어 있는 배와 사과의 무게는 모두 몇 kg입니까?

문제 이해하기 ▶ 배의 무게: $\frac{3}{8}$ kg

▶ 사과의 무게: $\frac{3}{8}$ kg

식 세우기 (배와 사과의 무게) = (배의 무게) + (사과의 무게)

$= \frac{3}{8} + \frac{3}{8} = \frac{6}{8}$

구하기 $\frac{6}{8}$ kg

6 리본을 재하는 $\frac{4}{6}$ m 사용하였고, 연우는 재하보다 $\frac{1}{6}$ m 더 사용하였습니다. 연우가 사용한 리본은 몇 m입니까?

문제 이해하기 ▶ 재하가 사용한 리본의 길이: $\frac{4}{6}$ m

▶ 연우가 더 사용한 길이: $\frac{1}{6}$ m

식 세우기 (연우가 사용한 리본의 길이) = (재하가 사용한 길이) + (더 사용한 길이)

$= \frac{4}{6} + \frac{1}{6} = \frac{5}{6}$

구하기 $\frac{5}{6}$ m

11

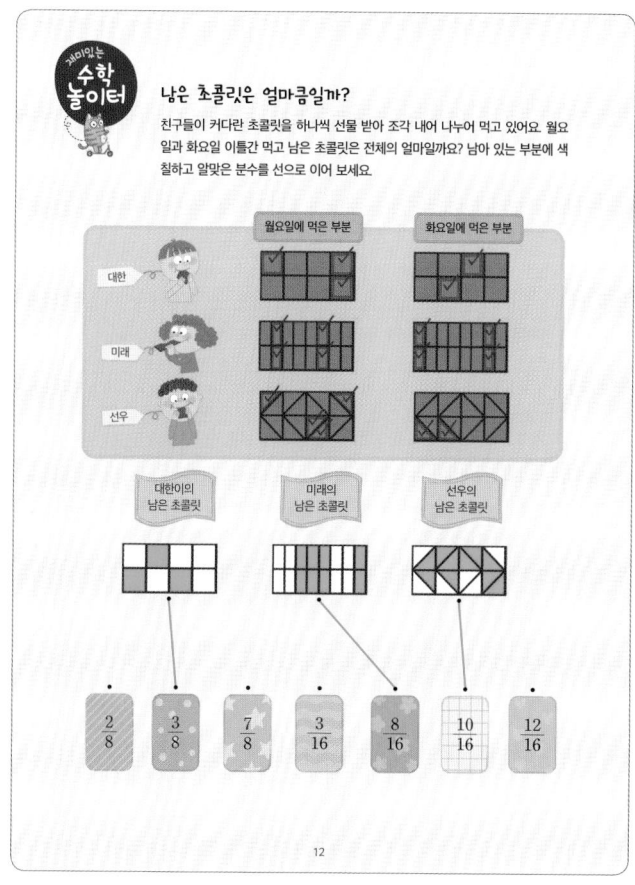

재미있는 수학 놀이터

남은 초콜릿은 얼마큼일까?

친구들이 커다란 초콜릿을 하나씩 선물 받아 조각 내어 나누어 먹고 있어요. 월요일과 화요일 이틀간 먹고 남은 초콜릿은 전체의 얼마일까요? 남아 있는 부분에 색칠하고 알맞은 분수를 선으로 이어 보세요.

월요일에 먹은 부분	화요일에 먹은 부분
대한	
미래	
선우	

대한이의 남은 초콜릿 / 미래의 남은 초콜릿 / 선우의 남은 초콜릿

$\frac{2}{8}$ $\frac{3}{8}$ $\frac{7}{8}$ $\frac{3}{16}$ $\frac{8}{16}$ $\frac{10}{16}$ $\frac{12}{16}$

12

1

1주 2일 분수의 덧셈과 뺄셈

합이 1보다 큰 (진분수) + (진분수) ❶

분모가 같은 진분수끼리의 덧셈에서
계산 결과가 가분수이면 대분수로 바꾸어 나타냅
니다.

$$\frac{3}{7}+\frac{5}{7}=\frac{3+5}{7}=\frac{8}{7}=1\frac{1}{7}$$

실력 확인하기

다음을 계산해 보시오

1 $\frac{2}{3}+\frac{1}{3}=1$

2 $\frac{2}{4}+\frac{2}{4}=1$

3 $\frac{5}{8}+\frac{5}{8}=1\frac{2}{8}$

4 $\frac{8}{9}+\frac{2}{9}=1\frac{1}{9}$

5 $\frac{8}{11}+\frac{5}{11}=1\frac{2}{11}$

6 $\frac{12}{15}+\frac{7}{15}=1\frac{4}{15}$

7 $\frac{11}{23}+\frac{16}{23}=1\frac{4}{23}$

8 $\frac{12}{29}+\frac{19}{29}=1\frac{2}{29}$

13

---

1 예은이는 오늘 오전에 우유를 $\frac{2}{3}$ 잔 마셨고, 오후에 $\frac{2}{3}$ 잔 마셨습니다. 예은이가 오늘 마신 우유는 모두 몇 잔입니까?

문제 이해하기 ▶오전에 마신 우유의 양: $\frac{2}{3}$ 잔 ▶오후에 마신 우유의 양: $\frac{2}{3}$ 잔

➡ 우유의 양을 그림으로 나타내 더하면

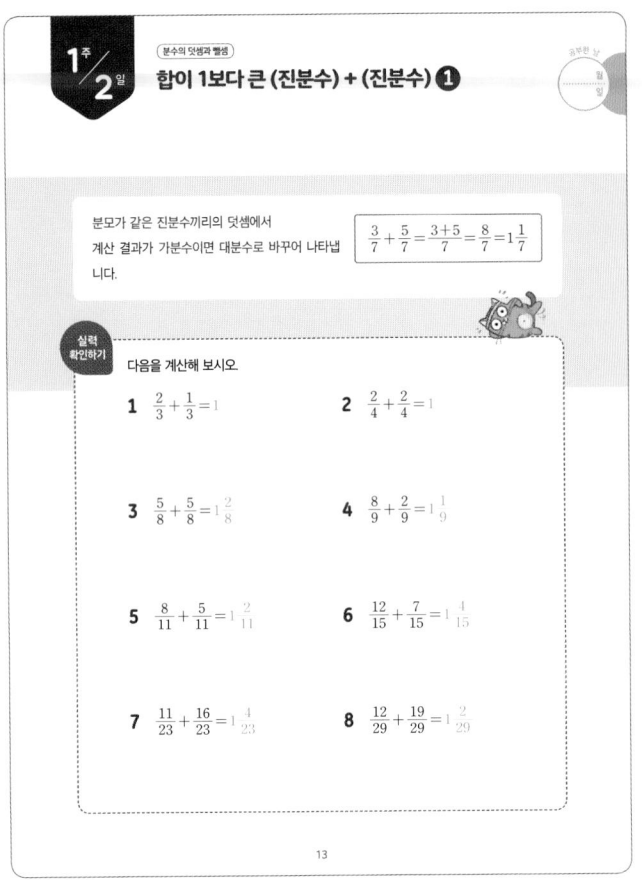

식 세우기 (예은이가 마신 우유의 양)=(오전에 마신 양)+(오후에 마신 양)

$$=\boxed{\frac{2}{3}}+\boxed{\frac{2}{3}}=\boxed{1\frac{1}{3}}$$

답구하기 $\boxed{1\frac{1}{3}}$ 잔

2 백미 $\frac{5}{8}$ 통과 흑미 $\frac{4}{8}$ 통이 있습니다. 백미와 흑미는 모두 몇 통 있습니까?

문제 이해하기 ▶백미의 양: $\frac{5}{8}$ 통

▶흑미의 양: $\frac{4}{8}$ 통

식 세우기 (백미와 흑미의 양)
=(백미의 양)+(흑미의 양)
$$=\boxed{\frac{5}{8}}+\boxed{\frac{4}{8}}=\boxed{1\frac{1}{8}}$$

답구하기 $\boxed{1\frac{1}{8}}$ 통

3 혜수는 빵을 $\frac{2}{5}$ 개 먹고, 은지는 빵을 $\frac{3}{5}$ 개 먹었습니다. 혜수와 은지가 먹은 빵은 모두 몇 개입니까?

문제 이해하기 ▶혜수가 먹은 빵의 양: $\frac{2}{5}$ 개

▶은지가 먹은 빵의 양: $\frac{3}{5}$ 개

식 세우기 (두 사람이 먹은 빵의 양)
=(혜수가 먹은 양)+(은지가 먹은 양)
$$=\boxed{\frac{2}{5}}+\boxed{\frac{3}{5}}=\boxed{1}$$

답구하기 $\boxed{1}$ 개

14

---

4 은수네 집에서 학교까지의 거리는 $\frac{8}{10}$ km이고, 학교에서 병원까지의 거리는 $\frac{5}{10}$ km입니다. 은수네 집에서 학교를 들러 병원까지 가는 거리는 몇 km입니까?

문제 이해하기 ▶집에서 학교까지 거리: $\boxed{\frac{8}{10}}$ km ▶학교에서 병원까지 거리: $\boxed{\frac{5}{10}}$ km

➡ 거리를 수직선에 나타내 더하면

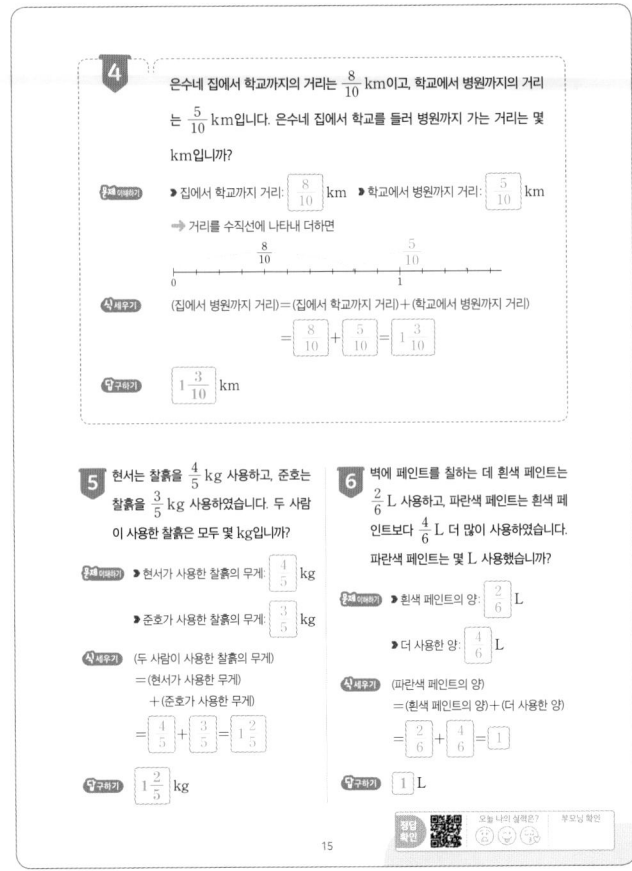

식 세우기 (집에서 병원까지 거리)=(집에서 학교까지 거리)+(학교에서 병원까지 거리)

$$=\boxed{\frac{8}{10}}+\boxed{\frac{5}{10}}=\boxed{1\frac{3}{10}}$$

답구하기 $\boxed{1\frac{3}{10}}$ km

5 현서는 찰흙을 $\frac{4}{5}$ kg 사용하고, 준호는 찰흙을 $\frac{3}{5}$ kg 사용하였습니다. 두 사람이 사용한 찰흙은 모두 몇 kg입니까?

문제 이해하기 ▶현서가 사용한 찰흙의 무게: $\boxed{\frac{4}{5}}$ kg

▶준호가 사용한 찰흙의 무게: $\boxed{\frac{3}{5}}$ kg

식 세우기 (두 사람이 사용한 찰흙의 무게)
=(현서가 사용한 무게)
+(준호가 사용한 무게)
$$=\boxed{\frac{4}{5}}+\boxed{\frac{3}{5}}=\boxed{1\frac{2}{5}}$$

답구하기 $\boxed{1\frac{2}{5}}$ kg

6 벽에 페인트를 칠하는 데 흰색 페인트는 $\frac{2}{6}$ L 사용하고, 파란색 페인트는 흰색 페인트보다 $\frac{4}{6}$ L 더 많이 사용하였습니다. 파란색 페인트는 몇 L 사용했습니까?

문제 이해하기 ▶흰색 페인트의 양: $\boxed{\frac{2}{6}}$ L

▶더 사용한 양: $\boxed{\frac{4}{6}}$ L

식 세우기 (파란색 페인트의 양)
=(흰색 페인트의 양)+(더 사용한 양)
$$=\boxed{\frac{2}{6}}+\boxed{\frac{4}{6}}=\boxed{1}$$

답구하기 $\boxed{1}$ L

15

재미있는 수학놀이터

원하는 향수를 만들어요

향을 섞어서 살 수 있는 향수 가게예요. 모든 병에 같은 양의 향수가 들어 있고 향수 옆에는 한 번에 섞을 수 있는 양이 적혀 있어요. 네 명의 손님이 산 향수의 양을 쓰고, 가장 많은 양의 향수를 산 손님에게 ○표 하세요.

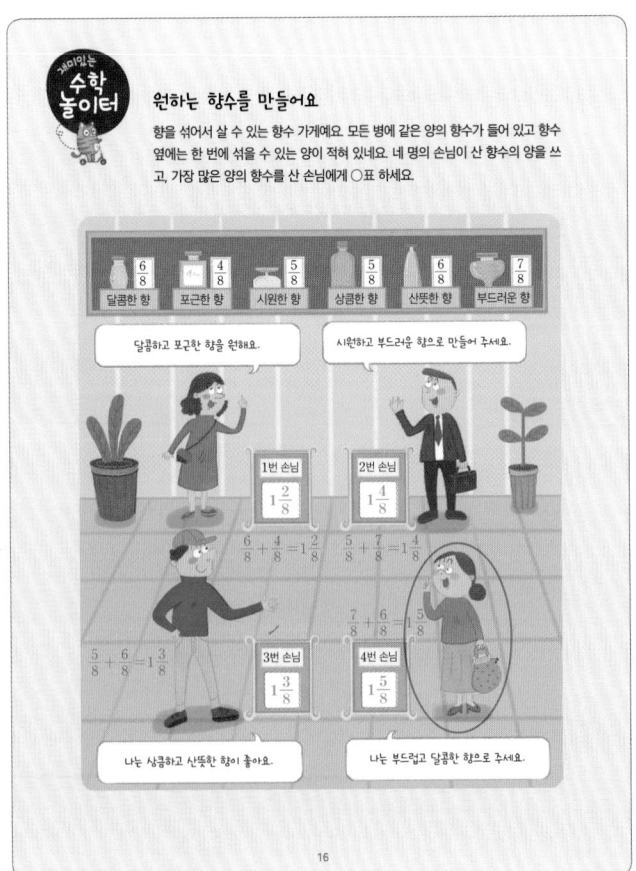

16

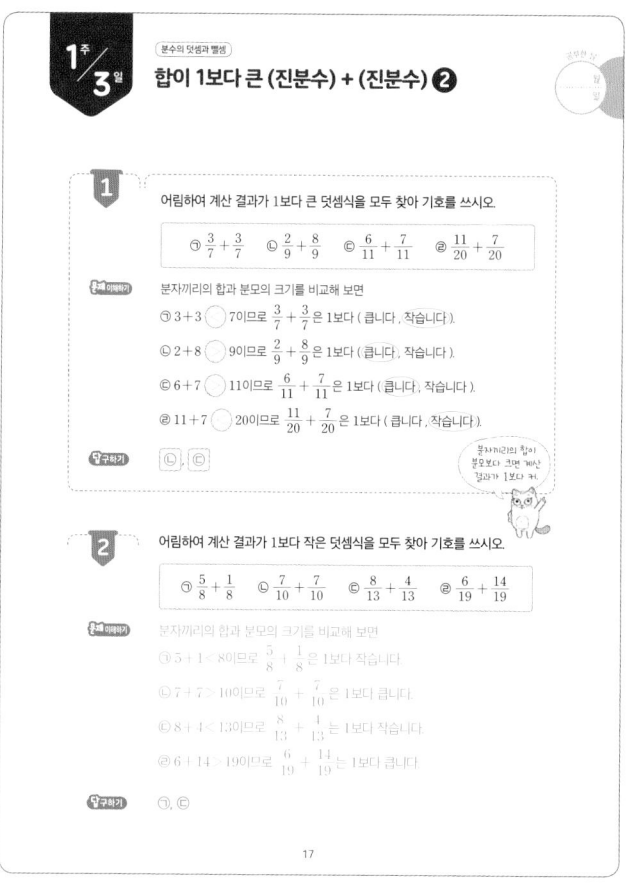

분수의 덧셈과 뺄셈

합이 1보다 큰 (진분수) + (진분수) ❷

1

어림하여 계산 결과가 1보다 큰 덧셈식을 모두 찾아 기호를 쓰시오.

$$① \frac{3}{7} + \frac{3}{7} \quad ② \frac{2}{9} + \frac{8}{9} \quad © \frac{6}{11} + \frac{7}{11} \quad ② \frac{11}{20} + \frac{7}{20}$$

문제 이해하기

분자끼리의 합과 분모의 크기를 비교해 보면

① 3+3 ◯ 7이므로 $\frac{3}{7} + \frac{3}{7}$ 은 1보다 (큽니다 , 작습니다).

© 2+8 ◯ 9이므로 $\frac{2}{9} + \frac{8}{9}$ 은 1보다 (큽니다 , 작습니다).

© 6+7 ◯ 11이므로 $\frac{6}{11} + \frac{7}{11}$ 은 1보다 (큽니다 , 작습니다).

② 11+7 ◯ 20이므로 $\frac{11}{20} + \frac{7}{20}$ 은 1보다 (큽니다 , 작습니다).

구하기 ｜ ©, © ｜

분자끼리의 합이
분모보다 크면 계산
결과가 1보다 커.

2

어림하여 계산 결과가 1보다 작은 덧셈식을 모두 찾아 기호를 쓰시오.

$$① \frac{5}{8} + \frac{1}{8} \quad © \frac{7}{10} + \frac{7}{10} \quad © \frac{8}{13} + \frac{4}{13} \quad ② \frac{6}{19} + \frac{14}{19}$$

문제 이해하기

분자끼리의 합과 분모의 크기를 비교해 보면

① 5+1< 8이므로 $\frac{5}{8} + \frac{1}{8}$ 은 1보다 작습니다.

© 7+7> 10이므로 $\frac{7}{10} + \frac{7}{10}$ 은 1보다 큽니다.

© 8+4<13이므로 $\frac{8}{13} + \frac{4}{13}$ 는 1보다 작습니다.

② 6+14>19이므로 $\frac{6}{19} + \frac{14}{19}$ 는 1보다 큽니다.

구하기 ①, ©

17

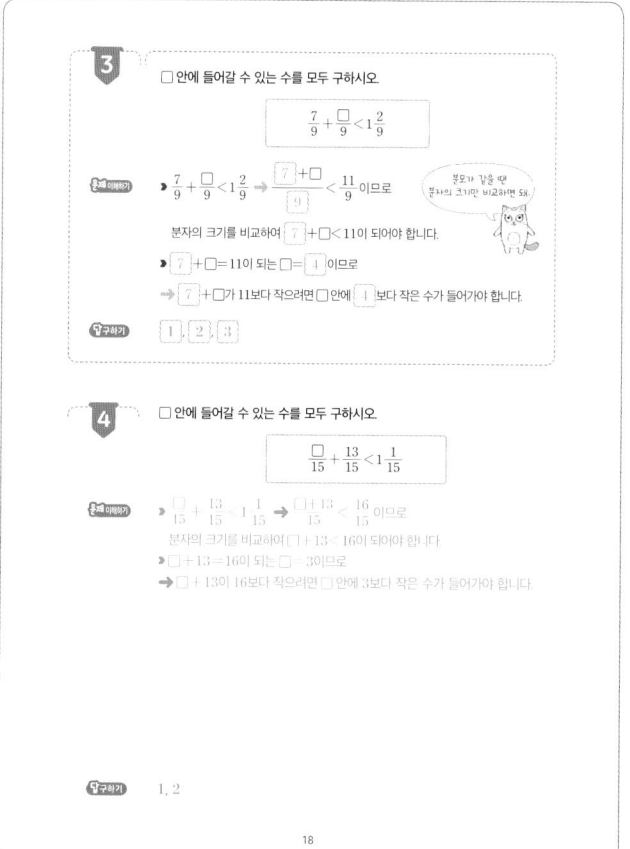

3

□ 안에 들어갈 수 있는 수를 모두 구하시오.

$$\frac{7}{9} + \frac{\square}{9} < 1\frac{2}{9}$$

문제 이해하기

▶ $\frac{7}{9} + \frac{\square}{9} < 1\frac{2}{9}$ → $\frac{7 + \square}{9} < \frac{11}{9}$ 이므로

분자의 크기를 비교하여 $7 + \square < 11$ 이 되어야 합니다.

분모가 같을 때
분자의 크기만 비교하면 돼.

▶ $7 + \square = 11$ 이 되는 □는 4 이므로

➡ $7 + \square$가 11보다 작으려면 □ 안에 4 보다 작은 수가 들어가야 합니다.

구하기 ｜ 1 ｜ 2 ｜ 3 ｜

4

□ 안에 들어갈 수 있는 수를 모두 구하시오.

$$\frac{\square}{15} + \frac{13}{15} < 1\frac{1}{15}$$

문제 이해하기

▶ $\frac{\square}{15} + \frac{13}{15} < 1\frac{1}{15}$ → $\frac{\square + 13}{15} < \frac{16}{15}$ 이므로

분자의 크기를 비교하여 $\square + 13 < 16$ 이 되어야 합니다.

▶ $\square + 13 = 16$ 이 되는 □는 3이므로

➡ $\square + 13$이 16보다 작으려면 □ 안에 3보다 작은 수가 들어가야 합니다.

구하기 1, 2

18

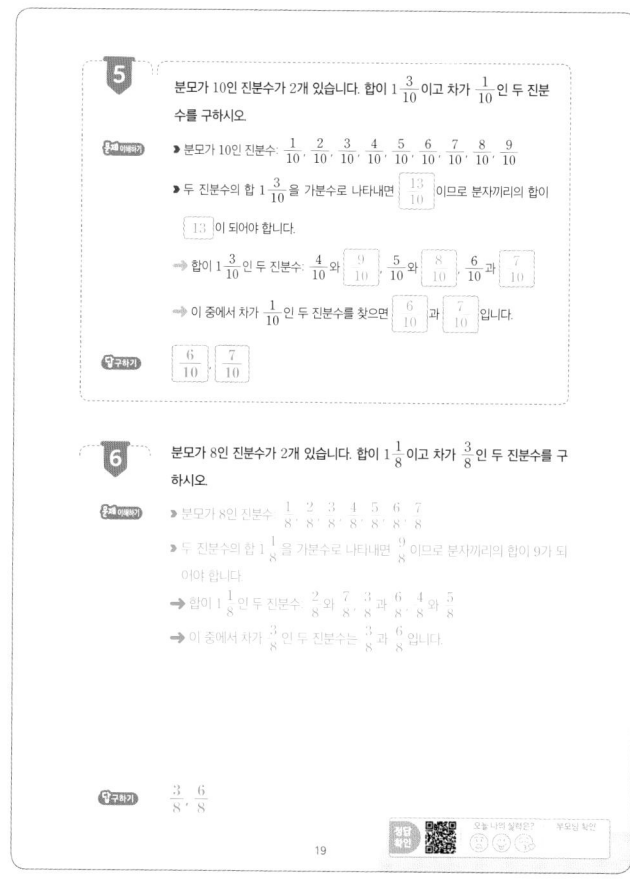

5

분모가 10인 진분수가 2개 있습니다. 합이 $1\frac{3}{10}$ 이고 차가 $\frac{1}{10}$ 인 두 진분수를 구하시오.

문제 이해하기

▶ 분모가 10인 진분수: $\frac{1}{10}$, $\frac{2}{10}$, $\frac{3}{10}$, $\frac{4}{10}$, $\frac{5}{10}$, $\frac{6}{10}$, $\frac{7}{10}$, $\frac{8}{10}$, $\frac{9}{10}$

▶ 두 진분수의 합 $1\frac{3}{10}$ 을 가분수로 나타내면 ｜ $\frac{13}{10}$ ｜ 이므로 분자끼리의 합이 ｜ 13 ｜ 이 되어야 합니다.

➡ 합이 $1\frac{3}{10}$ 인 두 진분수 $\frac{4}{10}$ 와 ｜ $\frac{9}{10}$ ｜, $\frac{5}{10}$ 와 ｜ $\frac{8}{10}$ ｜, $\frac{6}{10}$ 과 ｜ $\frac{7}{10}$ ｜

➡ 이 중에서 차가 $\frac{1}{10}$ 인 두 진분수를 찾으면 ｜ $\frac{6}{10}$ ｜ 과 ｜ $\frac{7}{10}$ ｜ 입니다.

구하기 ｜ $\frac{6}{10}$ ｜ ｜ $\frac{7}{10}$ ｜

6

분모가 8인 진분수가 2개 있습니다. 합이 $1\frac{1}{8}$ 이고 차가 $\frac{3}{8}$ 인 두 진분수를 구하시오.

문제 이해하기

▶ 분모가 8인 진분수: $\frac{1}{8}$, $\frac{2}{8}$, $\frac{3}{8}$, $\frac{4}{8}$, $\frac{5}{8}$, $\frac{6}{8}$, $\frac{7}{8}$

▶ 두 진분수의 합 $1\frac{1}{8}$ 을 가분수로 나타내면 $\frac{9}{8}$ 이므로 분자끼리의 합이 9가 되어야 합니다.

➡ 합이 $1\frac{1}{8}$ 인 두 진분수 $\frac{2}{8}$ 와 $\frac{7}{8}$, $\frac{3}{8}$ 과 $\frac{6}{8}$, $\frac{4}{8}$ 와 $\frac{5}{8}$

➡ 이 중에서 차가 $\frac{3}{8}$ 인 두 진분수는 $\frac{3}{8}$ 과 $\frac{6}{8}$ 입니다.

구하기 $\frac{3}{8}$, $\frac{6}{8}$

19

재미있는 **수학 놀이터**

으쌰으쌰 이어달리기

친구들이 세 명씩 팀을 짜 이어달리기를 했어요. 앞 사람이 달릴 수 있을 만큼 달리고 나면 뒷사람이 이어서 달리는 경기랍니다. 같은 시간 동안 더 많이 달린 팀이 승리한다고 할 때, 두 팀이 각각 몇 바퀴 달렸는지 쓰고, 승리한 팀에 ◯표 하세요.

20

1주 4일 (진분수) - (진분수)

분수의 덧셈과 뺄셈

분모가 같은 진분수끼리의 뺄셈은 분모는 그대로 두고 분자끼리 뺍니다.

$$\frac{3}{5} - \frac{2}{5} = \frac{3-2}{5} = \frac{1}{5}$$

실력 확인하기

다음을 계산해 보시오.

1 $\frac{3}{8} - \frac{2}{8} = \frac{1}{8}$

2 $\frac{5}{7} - \frac{3}{7} = \frac{2}{7}$

3 $\frac{8}{9} - \frac{4}{9} = \frac{4}{9}$

4 $\frac{9}{10} - \frac{2}{10} = \frac{7}{10}$

5 $\frac{11}{14} - \frac{6}{14} = \frac{5}{14}$

6 $\frac{13}{21} - \frac{9}{21} = \frac{4}{21}$

7 $\frac{13}{19} - \frac{11}{19} = \frac{2}{19}$

8 $\frac{19}{26} - \frac{2}{26} = \frac{17}{26}$

21

---

1 색 테이프 한 개를 8조각으로 나누어 정우는 5조각을 갖고, 동생은 3조각을 가졌습니다. 정우가 동생보다 더 가진 색 테이프의 양은 전체의 얼마입니까?

문제 이해하기
▶ 정우가 가진 색 테이프의 양: $\frac{5}{8}$
▶ 동생이 가진 색 테이프의 양: $\frac{3}{8}$

➡ 색 테이프의 양을 그림으로 나타내 빼면

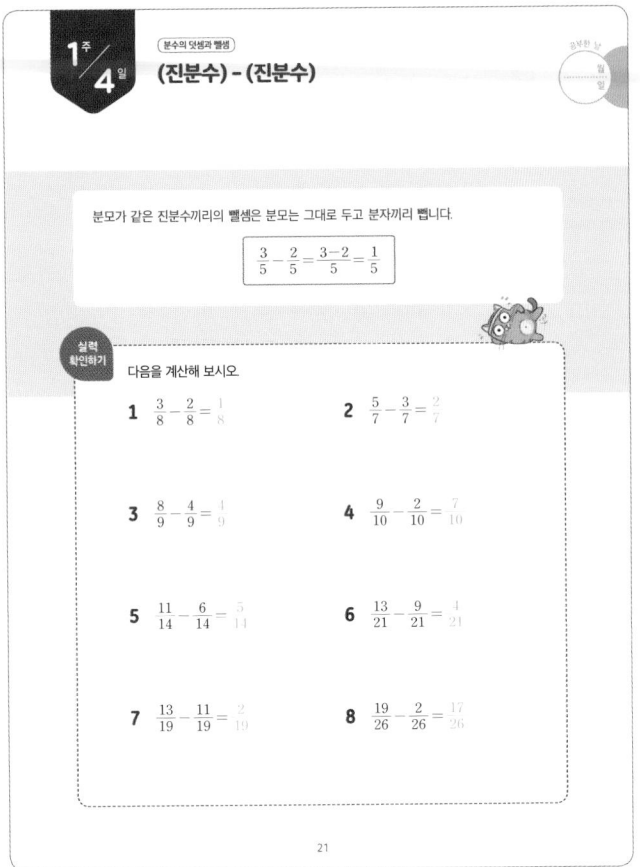

8조각으로 나눈 것 중의 하나는 $\frac{1}{8}$ 이니까...

식 세우기
(정우가 동생보다 더 가진 색 테이프의 양)=(정우가 가진 양)-(동생이 가진 양)
$$= \frac{5}{8} - \frac{3}{8} = \frac{2}{8}$$

답 구하기 $\frac{2}{8}$

2 세호는 초콜릿을 $\frac{5}{6}$개 먹고, 준희는 $\frac{2}{6}$개 먹었습니다. 세호가 준희보다 더 먹은 초콜릿은 몇 개입니까?

문제 이해하기
▶ 세호가 먹은 초콜릿의 양: $\frac{5}{6}$ 개
▶ 준희가 먹은 초콜릿의 양: $\frac{2}{6}$ 개

식 세우기
(세호가 준희보다 더 먹은 초콜릿의 양)
=(세호가 먹은 양)-(준희가 먹은 양)
$$= \frac{5}{6} - \frac{2}{6} = \frac{3}{6}$$

답 구하기 $\frac{3}{6}$ 개

3 지혜는 우유를 $\frac{1}{4}$컵 마셨고, 희아는 우유를 $\frac{3}{4}$컵 마셨습니다. 희아가 지혜보다 더 마신 우유는 몇 컵입니까?

문제 이해하기
▶ 지혜가 마신 우유의 양: $\frac{1}{4}$ 컵
▶ 희아가 마신 우유의 양: $\frac{3}{4}$ 컵

식 세우기
(희아가 지혜보다 더 마신 우유의 양)
=(희아가 마신 양)-(지혜가 마신 양)
$$= \frac{3}{4} - \frac{1}{4} = \frac{2}{4}$$

답 구하기 $\frac{2}{4}$ 컵

22

---

4 설탕이 $\frac{5}{7}$ kg 있었습니다. 그중에서 $\frac{2}{7}$ kg을 잼을 만드는 데 사용하였습니다. 잼을 만들고 남은 설탕은 몇 kg입니까?

문제 이해하기
▶ 전체 설탕의 무게: $\frac{5}{7}$ kg
▶ 사용한 설탕의 무게: $\frac{2}{7}$ kg

➡ 설탕의 무게를 수직선에 나타내 빼면

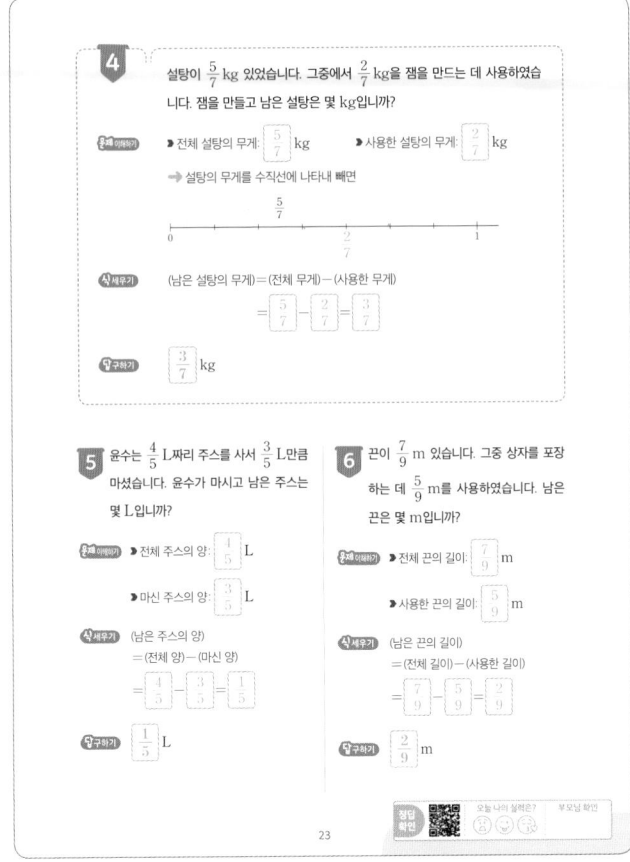

식 세우기
(남은 설탕의 무게)=(전체 무게)-(사용한 무게)
$$= \frac{5}{7} - \frac{2}{7} = \frac{3}{7}$$

답 구하기 $\frac{3}{7}$ kg

5 윤수는 $\frac{4}{5}$ L짜리 주스를 사서 $\frac{3}{5}$ L만큼 마셨습니다. 윤수가 마시고 남은 주스는 몇 L입니까?

문제 이해하기
▶ 전체 주스의 양: $\frac{4}{5}$ L
▶ 마신 주스의 양: $\frac{3}{5}$ L

식 세우기
(남은 주스의 양)
=(전체 양)-(마신 양)
$$= \frac{4}{5} - \frac{3}{5} = \frac{1}{5}$$

답 구하기 $\frac{1}{5}$ L

6 끈이 $\frac{7}{9}$ m 있습니다. 그중 상자를 포장하는 데 $\frac{5}{9}$ m를 사용하였습니다. 남은 끈은 몇 m입니까?

문제 이해하기
▶ 전체 끈의 길이: $\frac{7}{9}$ m
▶ 사용한 끈의 길이: $\frac{5}{9}$ m

식 세우기
(남은 끈의 길이)
=(전체 길이)-(사용한 길이)
$$= \frac{7}{9} - \frac{5}{9} = \frac{2}{9}$$

답 구하기 $\frac{2}{9}$ m

23

재미있는 수학 놀이터

아이스크림이 얼마나 남았을까?

미래네 동네 아이스크림 가게에서는 좋아하는 맛을 골라 직접 떠 먹을 수 있답니다. 아이스크림 스푼으로 한 번에 $\frac{1}{14}$ 통만큼 뜰 수 있다면 미래, 연주, 준서가 다녀간 뒤에 각 아이스크림은 얼마큼 남았는지 써 보세요.

초코 $\frac{13}{14}$ 통   딸기 $\frac{10}{14}$ 통   바닐라 $\frac{12}{14}$ 통

남은 아이스크림 양	
초코 아이스크림	$\frac{7}{14}$ 통
딸기 아이스크림	$\frac{5}{14}$ 통
바닐라 아이스크림	$\frac{5}{14}$ 통

미래   연주   준서

초코 아이스크림: $\frac{13}{14} - \frac{6}{14} = \frac{7}{14}$ (통)
딸기 아이스크림: $\frac{10}{14} - \frac{5}{14} = \frac{5}{14}$ (통)
바닐라 아이스크림: $\frac{12}{14} - \frac{7}{14} = \frac{5}{14}$ (통)

24

4

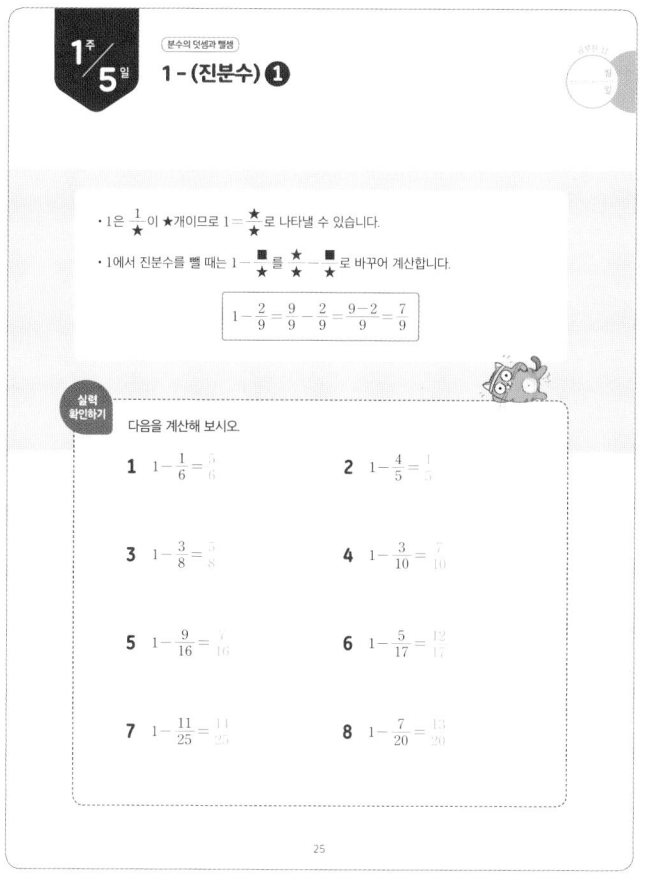

1주 5일 분수의 덧셈과 뺄셈

1 - (진분수) ❶

- 1은 $\frac{1}{\star}$ 이 ★개이므로 $1 = \frac{\star}{\star}$ 로 나타낼 수 있습니다.
- 1에서 진분수를 뺄 때는 $1 - \frac{\blacksquare}{\star} = \frac{\star}{\star} - \frac{\blacksquare}{\star}$ 로 바꾸어 계산합니다.

$$1 - \frac{2}{9} = \frac{9}{9} - \frac{2}{9} = \frac{9-2}{9} = \frac{7}{9}$$

실력 확인하기 다음을 계산해 보시오.

1 $1 - \frac{1}{6} = \frac{5}{6}$

2 $1 - \frac{4}{5} = \frac{1}{5}$

3 $1 - \frac{3}{8} = \frac{5}{8}$

4 $1 - \frac{3}{10} = \frac{7}{10}$

5 $1 - \frac{9}{16} = \frac{7}{16}$

6 $1 - \frac{5}{17} = \frac{12}{17}$

7 $1 - \frac{11}{25} = \frac{11}{25}$

8 $1 - \frac{7}{20} = \frac{13}{20}$

25

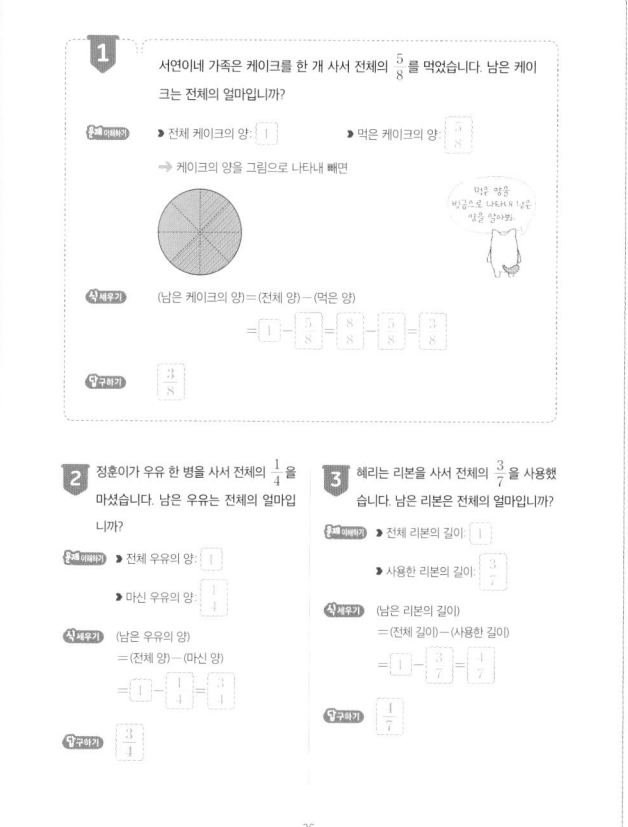

1 서연이네 가족은 케이크를 한 개 사서 전체의 $\frac{5}{8}$ 를 먹었습니다. 남은 케이크는 전체의 얼마입니까?

문제 이해하기 ▶ 전체 케이크의 양: 1 ▶ 먹은 케이크의 양: $\frac{5}{8}$

➡ 케이크의 양을 그림으로 나타내 빼면

식 세우기 (남은 케이크의 양)=(전체 양) - (먹은 양)

$= 1 - \frac{5}{8} = \frac{8}{8} - \frac{5}{8} = \frac{3}{8}$

구하기 $\frac{3}{8}$

2 정훈이가 우유 한 병을 사서 전체의 $\frac{1}{4}$ 을 마셨습니다. 남은 우유는 전체의 얼마입니까?

문제 이해하기 ▶ 전체 우유의 양: 1
▶ 마신 우유의 양: $\frac{1}{4}$

식 세우기 (남은 우유의 양)
=(전체 양) - (마신 양)
$= 1 - \frac{1}{4} = \frac{4}{4} - \frac{1}{4}$

구하기 $\frac{3}{4}$

3 혜리는 리본을 사서 전체의 $\frac{3}{7}$ 을 사용했습니다. 남은 리본은 전체의 얼마입니까?

문제 이해하기 ▶ 전체 리본의 길이: 1
▶ 사용한 리본의 길이: $\frac{3}{7}$

식 세우기 (남은 리본의 길이)
=(전체 길이) - (사용한 길이)
$= 1 - \frac{3}{7} = \frac{7}{7}$

구하기 $\frac{4}{7}$

26

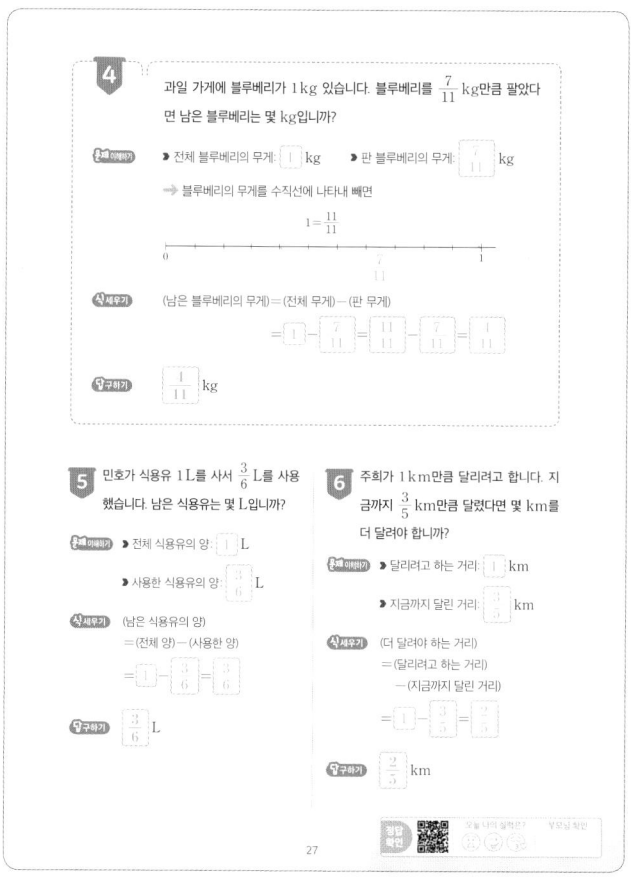

4 과일 가게에 블루베리가 1 kg 있습니다. 블루베리를 $\frac{7}{11}$ kg만큼 팔았다면 남은 블루베리는 몇 kg입니까?

문제 이해하기 ▶ 전체 블루베리의 무게: 1 kg ▶ 판 블루베리의 무게: $\frac{7}{11}$ kg

➡ 블루베리의 무게를 수직선에 나타내 빼면

$$1 = \frac{11}{11}$$

식 세우기 (남은 블루베리의 무게)=(전체 무게) - (판 무게)

$= 1 - \frac{7}{11} = \frac{11}{11} - \frac{7}{11} = \frac{4}{11}$

구하기 $\frac{4}{11}$ kg

5 민호가 식용유 1 L를 사서 $\frac{3}{6}$ L를 사용했습니다. 남은 식용유는 몇 L입니까?

문제 이해하기 ▶ 전체 식용유의 양: 1 L

▶ 사용한 식용유의 양: $\frac{3}{6}$ L

식 세우기 (남은 식용유의 양)
=(전체 양) - (사용한 양)
$= 1 - \frac{3}{6} = \frac{6}{6} - \frac{3}{6}$

구하기 $\frac{3}{6}$ L

6 주희가 1 km만큼 달리려고 합니다. 지금까지 $\frac{3}{5}$ km만큼 달렸다면 몇 km를 더 달려야 합니까?

문제 이해하기 ▶ 달리려고 하는 거리: 1 km

▶ 지금까지 달린 거리: $\frac{3}{5}$ km

식 세우기 (더 달려야 하는 거리)
=(달리려고 하는 거리)
  -(지금까지 달린 거리)
$= 1 - \frac{3}{5} = \frac{2}{5}$

구하기 $\frac{2}{5}$ km

27

재미있는 수학 놀이터

꽃밭을 가꿔요

세 친구가 꽃밭을 가꾸고 있어요. 꽃밭을 9등분하여 장미, 튤립, 나팔꽃을 심었어요. 꽃마다 담당을 정해 놓고 매일매일 물을 주고 있지요. 친구들의 대화를 듣고, 각각 어떤 꽃에 물을 주고 있는지 빈칸에 써 보세요.

나는 전체 꽃밭의 $\frac{2}{9}$ 에 물을 주고 있어. **영훈**

나는 영훈이보다 2배 더 넓은 곳에 물을 줘. $\frac{2}{9} + \frac{2}{9} = \frac{4}{9}$ **수빈**

내가 물을 주는 꽃밭은 전체에서 너희 둘의 꽃밭을 뺀 나머지 부분이야. $1 - \frac{2}{9} - \frac{4}{9} = \frac{3}{9}$ **다람**

[튤립] [장미] [나팔꽃]

28

5

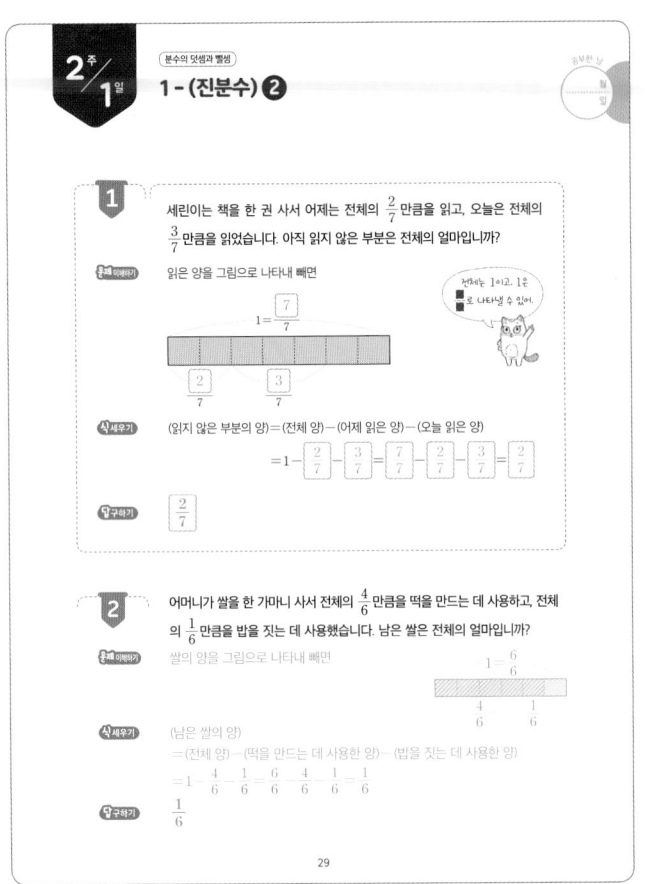

2주/1일 분수의 덧셈과 뺄셈

1 - (진분수) ②

1 세린이는 책을 한 권 사서 어제는 전체의 $\frac{2}{7}$ 만큼을 읽고, 오늘은 전체의 $\frac{3}{7}$ 만큼을 읽었습니다. 아직 읽지 않은 부분은 전체의 얼마입니까?

문제 이해하기 읽은 양을 그림으로 나타내 빼면

전체는 1이고, 1은 $\frac{7}{7}$ 로 나타낼 수 있어.

$$1 = \frac{7}{7}$$

$$\frac{2}{7} \qquad \frac{3}{7}$$

식 세우기 (읽지 않은 부분의 양)=(전체 양)-(어제 읽은 양)-(오늘 읽은 양)

$$= 1 - \frac{2}{7} - \frac{3}{7} = \frac{7}{7} - \frac{2}{7} - \frac{3}{7} = \frac{2}{7}$$

답 구하기 $\frac{2}{7}$

2 어머니가 쌀을 한 가마니 사서 전체의 $\frac{4}{6}$ 만큼을 떡을 만드는 데 사용하고, 전체의 $\frac{1}{6}$ 만큼을 밥을 짓는 데 사용했습니다. 남은 쌀은 전체의 얼마입니까?

문제 이해하기 쌀의 양을 그림으로 나타내 빼면

$$1 = \frac{6}{6}$$

$$\frac{4}{6} \qquad \frac{1}{6}$$

식 세우기 (남은 쌀의 양)
=(전체 양)-(떡을 만드는 데 사용한 양)-(밥을 짓는 데 사용한 양)
$$= 1 - \frac{4}{6} - \frac{1}{6} = \frac{6}{6} - \frac{4}{6} - \frac{1}{6}$$

답 구하기 $\frac{1}{6}$

29

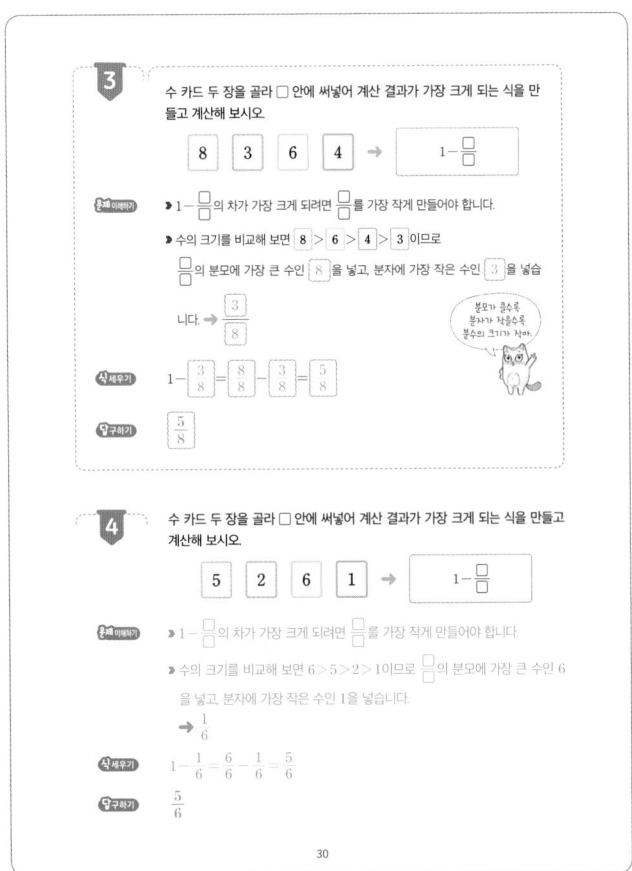

3 수 카드 두 장을 골라 □ 안에 써넣어 계산 결과가 가장 크게 되는 식을 만들고 계산해 보시오.

$$\boxed{8} \quad \boxed{3} \quad \boxed{6} \quad \boxed{4} \quad \rightarrow \quad 1 - \frac{\square}{\square}$$

문제 이해하기 ▶ $1 - \frac{\square}{\square}$ 의 차가 가장 크게 되려면 $\frac{\square}{\square}$ 를 가장 작게 만들어야 합니다.

▶ 수의 크기를 비교해 보면 $8 > 6 > 4 > 3$ 이므로 $\frac{\square}{\square}$ 의 분모에 가장 큰 수인 8 을 넣고, 분자에 가장 작은 수인 3 을 넣습니다. → $\frac{3}{8}$

분모가 클수록, 분자가 작을수록 분수의 크기가 작아.

식 세우기 $1 - \frac{3}{8} = \frac{8}{8} - \frac{3}{8} = \frac{5}{8}$

답 구하기 $\frac{5}{8}$

4 수 카드 두 장을 골라 □ 안에 써넣어 계산 결과가 가장 크게 되는 식을 만들고 계산해 보시오.

$$\boxed{5} \quad \boxed{2} \quad \boxed{6} \quad \boxed{1} \quad \rightarrow \quad 1 - \frac{\square}{\square}$$

문제 이해하기 ▶ $1 - \frac{\square}{\square}$ 의 차가 가장 크게 되려면 $\frac{\square}{\square}$ 를 가장 작게 만들어야 합니다.

▶ 수의 크기를 비교해 보면 $6 > 5 > 2 > 1$ 이므로 $\frac{\square}{\square}$ 의 분모에 가장 큰 수인 6 을 넣고, 분자에 가장 작은 수인 1 을 넣습니다. → $\frac{1}{6}$

식 세우기 $1 - \frac{1}{6} = \frac{6}{6} - \frac{1}{6} = \frac{5}{6}$

답 구하기 $\frac{5}{6}$

30

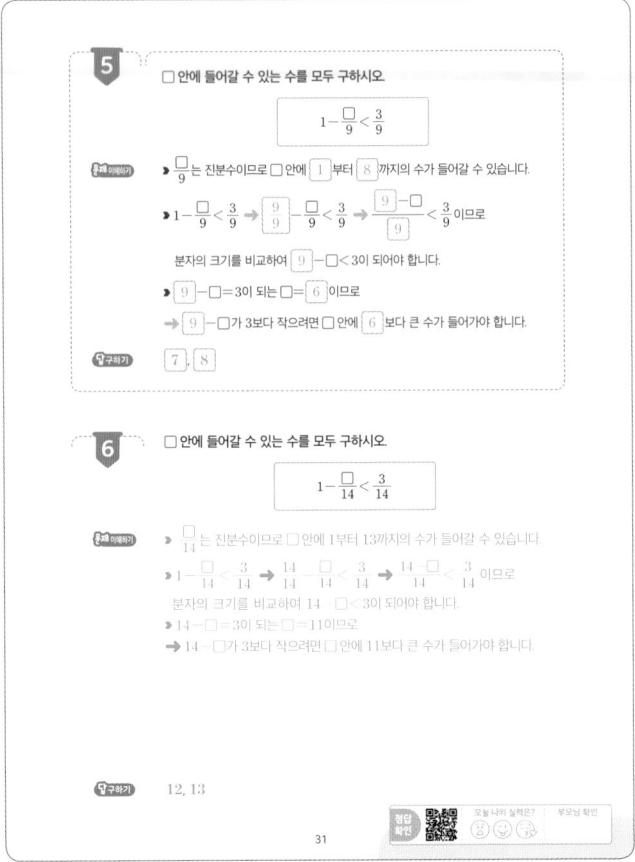

5 □ 안에 들어갈 수 있는 수를 모두 구하시오.

$$1 - \frac{\square}{9} < \frac{3}{9}$$

문제 이해하기 ▶ $\frac{\square}{9}$ 는 진분수이므로 □ 안에 $\boxed{1}$ 부터 $\boxed{8}$ 까지의 수가 들어갈 수 있습니다.

▶ $1 - \frac{\square}{9} < \frac{3}{9}$ → $\frac{9}{9} - \frac{\square}{9} < \frac{3}{9}$ → $\frac{9 - \square}{9} < \frac{3}{9}$ 이므로 분자의 크기를 비교하여 $9 - \square < 3$ 이 되어야 합니다.

▶ $9 - \square = 3$ 이 되는 $\square = \boxed{6}$ 이므로

→ $9 - \square$ 가 3보다 작으려면 □ 안에 $\boxed{6}$ 보다 큰 수가 들어가야 합니다.

답 구하기 $\boxed{7}$, $\boxed{8}$

6 □ 안에 들어갈 수 있는 수를 모두 구하시오.

$$1 - \frac{\square}{14} < \frac{3}{14}$$

문제 이해하기 ▶ $\frac{\square}{14}$ 는 진분수이므로 □ 안에 1부터 13까지의 수가 들어갈 수 있습니다.

▶ $1 - \frac{\square}{14} < \frac{3}{14}$ → $\frac{14}{14} - \frac{\square}{14} < \frac{3}{14}$ → $\frac{14 - \square}{14} < \frac{3}{14}$ 이므로 분자의 크기를 비교하여 $14 - \square < 3$ 이 되어야 합니다.

▶ $14 - \square = 3$ 이 되는 □는 $14 - \square = 11$ 이므로

→ $14 - \square$ 가 3보다 작으려면 □ 안에 11보다 큰 수가 들어가야 합니다.

답 구하기 12, 13

31

재미있는 수학놀이터

사과파이를 지켜라

미래는 마법 사과파이 하나를 가지고 할머니 댁에 가고 있어요. 숲에서 늑대를 만나면 전체의 $\frac{2}{10}$ 만큼이 줄어들고, 사과를 발견하면 다시 전체의 $\frac{1}{10}$ 만큼이 늘어나요. 미래가 할머니 댁에 도착했을 때 남은 사과파이는 전체의 얼마일까요?

할머니! 사과파이가 전체의 $\frac{5}{10}$ 만큼 남았어요.

늑대를 만난 횟수: 4번
사과를 발견한 횟수: 3번
$1 - \frac{8}{10} + \frac{3}{10} = \frac{5}{10}$

32

6

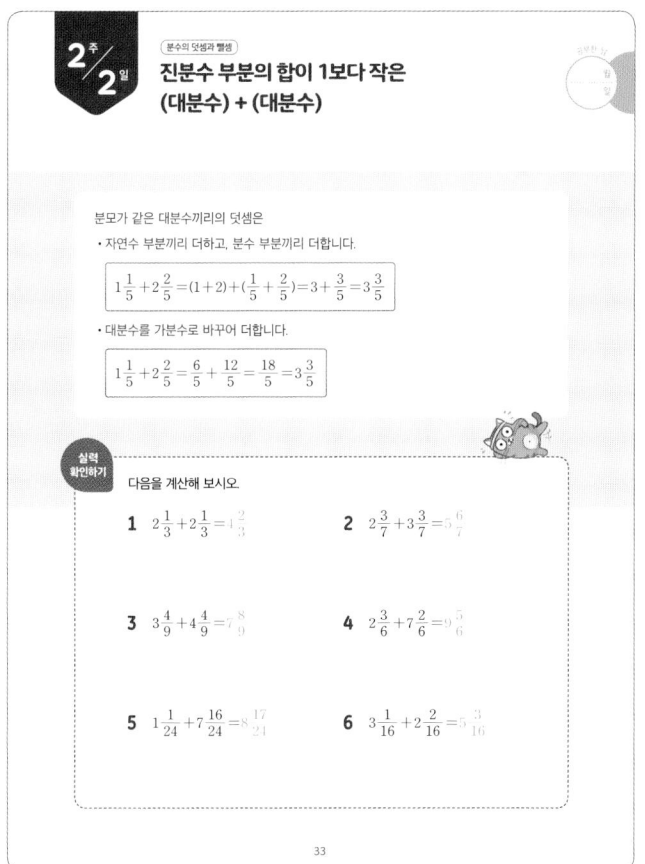

❷주/2일 (분수의 덧셈과 뺄셈)
진분수 부분의 합이 1보다 작은 (대분수) + (대분수)

분모가 같은 대분수끼리의 덧셈은

• 자연수 부분끼리 더하고, 분수 부분끼리 더합니다.

$$1\frac{1}{5}+2\frac{2}{5}=(1+2)+\left(\frac{1}{5}+\frac{2}{5}\right)=3+\frac{3}{5}=3\frac{3}{5}$$

• 대분수를 가분수로 바꾸어 더합니다.

$$1\frac{1}{5}+2\frac{2}{5}=\frac{6}{5}+\frac{12}{5}=\frac{18}{5}=3\frac{3}{5}$$

실력 확인하기

다음을 계산해 보시오.

1. $2\frac{1}{3}+2\frac{1}{3}=4\frac{2}{3}$

2. $2\frac{3}{7}+3\frac{3}{7}=5\frac{6}{7}$

3. $3\frac{4}{9}+4\frac{4}{9}=7\frac{8}{9}$

4. $2\frac{3}{6}+7\frac{2}{6}=9\frac{5}{6}$

5. $1\frac{1}{24}+7\frac{16}{24}=8\frac{17}{24}$

6. $3\frac{1}{16}+2\frac{2}{16}=5\frac{3}{16}$

33

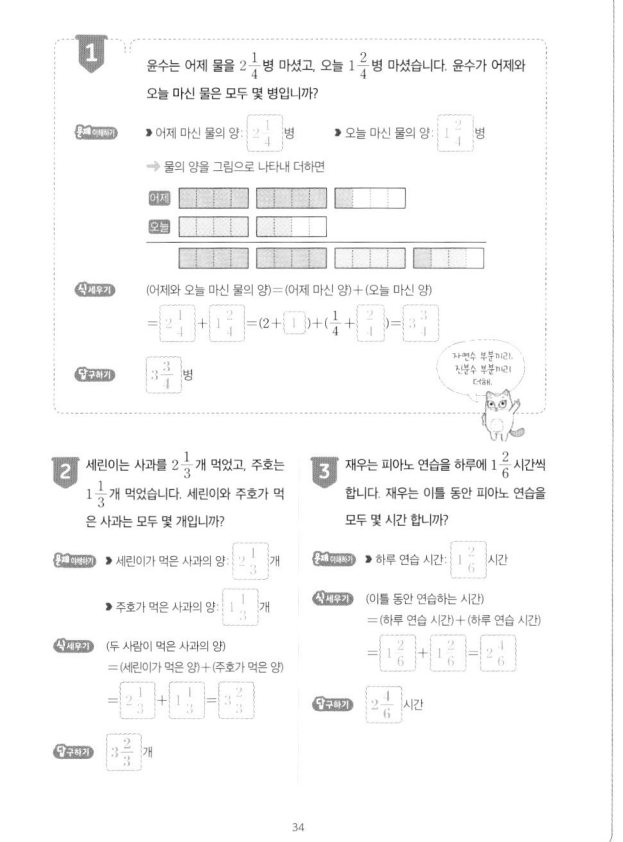

1. 윤수는 어제 물을 $2\frac{1}{4}$병 마셨고, 오늘 $1\frac{2}{4}$병 마셨습니다. 윤수가 어제와 오늘 마신 물은 모두 몇 병입니까?

문제 이해하기 ▶ 어제 마신 물의 양: $2\frac{1}{4}$ 병 ▶ 오늘 마신 물의 양: $1\frac{2}{4}$ 병

➡ 물의 양을 그림으로 나타내 더하면

어제
오늘

식 세우기 (어제와 오늘 마신 물의 양)=(어제 마신 양)+(오늘 마신 양)

$=2\frac{1}{4}+1\frac{2}{4}=(2+1)+\left(\frac{1}{4}+\frac{2}{4}\right)=3\frac{3}{4}$

자연수 부분끼리, 진분수 부분끼리 더해요.

답구하기 $3\frac{3}{4}$ 병

2. 세린이는 사과를 $2\frac{1}{3}$개 먹었고, 주호는 $1\frac{1}{3}$개 먹었습니다. 세린이와 주호가 먹은 사과는 모두 몇 개입니까?

문제 이해하기 ▶ 세린이가 먹은 사과의 양: $2\frac{1}{3}$ 개
▶ 주호가 먹은 사과의 양: $1\frac{1}{3}$ 개

식 세우기 (두 사람이 먹은 사과의 양)=(세린이가 먹은 양)+(주호가 먹은 양)
$=2\frac{1}{3}+1\frac{1}{3}=3\frac{2}{3}$

답구하기 $3\frac{2}{3}$ 개

3. 재우는 피아노 연습을 하루에 $1\frac{2}{6}$시간씩 합니다. 재우는 이틀 동안 피아노 연습을 모두 몇 시간 합니까?

문제 이해하기 ▶ 하루 연습 시간: $1\frac{2}{6}$ 시간

식 세우기 (이틀 동안 연습하는 시간)=(하루 연습 시간)+(하루 연습 시간)
$=1\frac{2}{6}+1\frac{2}{6}=2\frac{4}{6}$

답구하기 $2\frac{4}{6}$ 시간

34

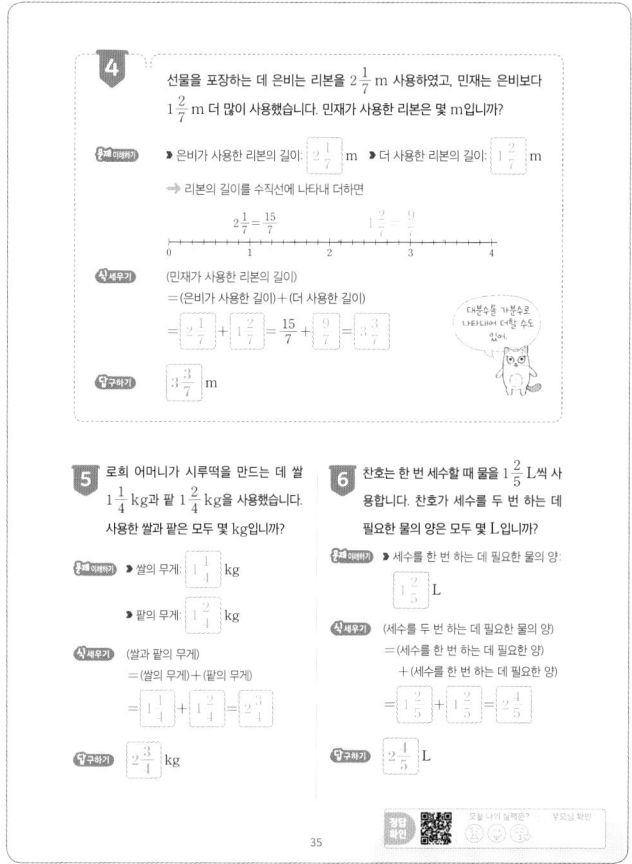

4. 선물을 포장하는 데 은비는 리본을 $2\frac{1}{7}$ m 사용하였고, 민재는 은비보다 $1\frac{2}{7}$ m 더 많이 사용했습니다. 민재가 사용한 리본은 몇 m입니까?

문제 이해하기 ▶ 은비가 사용한 리본의 길이: $2\frac{1}{7}$ m ▶ 더 사용한 리본의 길이: $1\frac{2}{7}$ m

➡ 리본의 길이를 수직선에 나타내 더하면

$2\frac{1}{7}=\frac{15}{7}$ $1\frac{2}{7}=\frac{9}{7}$

0 ··· 1 ··· 2 ··· 3 ··· 4

식 세우기 (민재가 사용한 리본의 길이)
=(은비가 사용한 길이)+(더 사용한 길이)

$=2\frac{1}{7}+1\frac{2}{7}=\frac{15}{7}+\frac{9}{7}=\frac{24}{7}$

대분수를 가분수로 나타내어 더할 수도 있어요.

답구하기 $3\frac{3}{7}$ m

5. 로희 어머니가 시루떡을 만드는 데 쌀 $1\frac{1}{4}$ kg과 팥 $1\frac{2}{4}$ kg을 사용했습니다. 사용한 쌀과 팥은 모두 몇 kg입니까?

문제 이해하기 ▶ 쌀의 무게: $1\frac{1}{4}$ kg

▶ 팥의 무게: $1\frac{2}{4}$ kg

식 세우기 (쌀과 팥의 무게)
=(쌀의 무게)+(팥의 무게)

$=1\frac{1}{4}+1\frac{2}{4}=2\frac{3}{4}$

답구하기 $2\frac{3}{4}$ kg

6. 찬호는 한 번 세수할 때 물을 $1\frac{2}{5}$ L씩 사용합니다. 찬호가 세수를 두 번 하는 데 필요한 물의 양은 모두 몇 L입니까?

문제 이해하기 ▶ 세수를 한 번 하는 데 필요한 물의 양:

$1\frac{2}{5}$ L

식 세우기 (세수를 두 번 하는 데 필요한 물의 양)
=(세수를 한 번 하는 데 필요한 양)
+(세수를 한 번 하는 데 필요한 양)

$=1\frac{2}{5}+1\frac{2}{5}=2\frac{4}{5}$

답구하기 $2\frac{4}{5}$ L

35

재미있는 수학 놀이터

금덩이와 맞바꾼 도토리묵

도토리묵 장사를 하는 할머니가 산속을 지나고 있었어요. 배고픈 도깨비들이 할머니에게 도토리묵을 달라고 부탁했어요. 도깨비들은 할머니에게 자기들이 받은 도토리묵 양만큼의 금덩이를 주었답니다. 할머니가 받은 금덩이 양은 얼마큼일까요?

야호! 맛있는 도토리묵이다!

아, 배고파! 빨리 먹자!

내 도토리묵이 제일 많아.

방망이를 두드리면 금덩이 대신 먹을 것이 나왔으면 좋겠어.

도토리묵의 양만큼 금덩이를 받았으니 보따리 안에는 금덩이가 $11\frac{10}{12}$개 있겠구나.

$2\frac{2}{12}$개 $2\frac{1}{12}$개 $3\frac{2}{12}$개 $4\frac{5}{12}$개

$2\frac{2}{12}+2\frac{1}{12}+3\frac{2}{12}+4\frac{5}{12}=11\frac{10}{12}$(개)

36

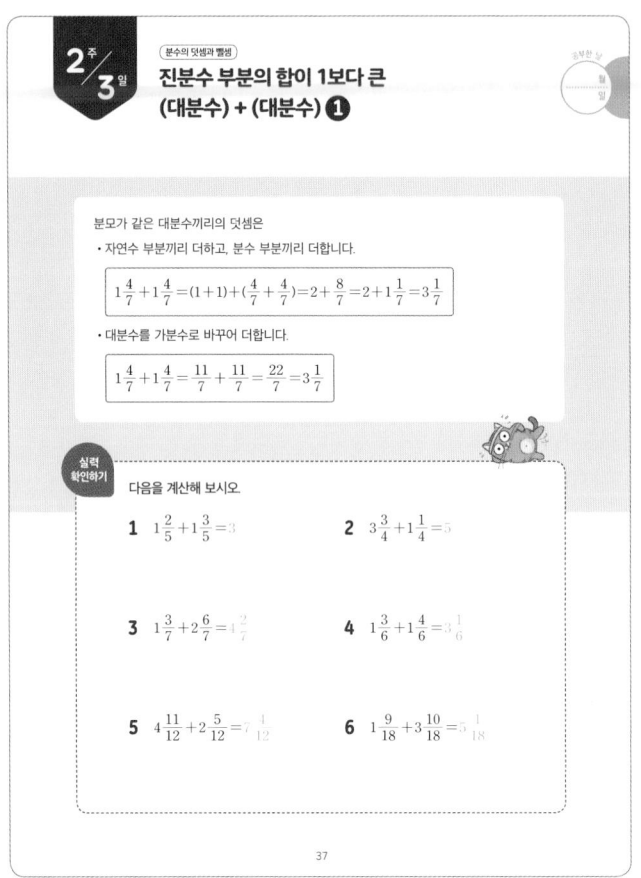

2주 3일 분수의 덧셈과 뺄셈

진분수 부분의 합이 1보다 큰 (대분수) + (대분수) ❶

분모가 같은 대분수끼리의 덧셈은
- 자연수 부분끼리 더하고, 분수 부분끼리 더합니다.

$$1\frac{4}{7}+1\frac{4}{7}=(1+1)+\left(\frac{4}{7}+\frac{4}{7}\right)=2+\frac{8}{7}=2+1\frac{1}{7}=3\frac{1}{7}$$

- 대분수를 가분수로 바꾸어 더합니다.

$$1\frac{4}{7}+1\frac{4}{7}=\frac{11}{7}+\frac{11}{7}=\frac{22}{7}=3\frac{1}{7}$$

실력 확인하기

다음을 계산해 보시오.

1 $1\frac{2}{5}+1\frac{3}{5}=3$

2 $3\frac{3}{4}+1\frac{1}{4}=5$

3 $1\frac{3}{7}+2\frac{6}{7}=4\frac{2}{7}$

4 $1\frac{3}{6}+1\frac{4}{6}=3\frac{1}{6}$

5 $4\frac{11}{12}+2\frac{5}{12}=7\frac{4}{12}$

6 $1\frac{9}{18}+3\frac{10}{18}=5\frac{1}{18}$

37

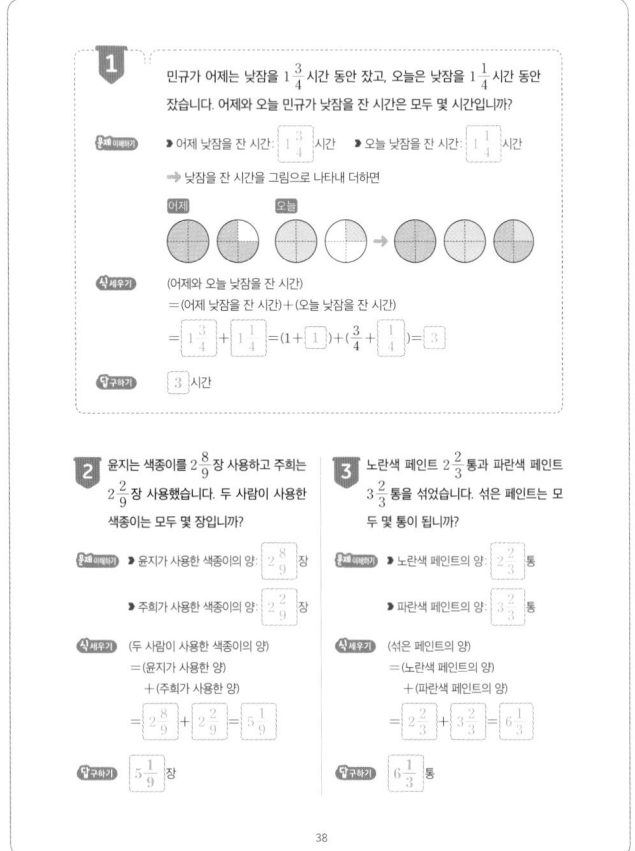

1 민규는 어제 낮잠을 $1\frac{3}{4}$ 시간 동안 잤고, 오늘은 낮잠을 $1\frac{1}{4}$ 시간 동안 잤습니다. 어제와 오늘 민규가 낮잠을 잔 시간은 모두 몇 시간입니까?

문제 이해하기 ▶ 어제 낮잠을 잔 시간: $1\frac{3}{4}$ 시간 ▶ 오늘 낮잠을 잔 시간: $1\frac{1}{4}$ 시간
➡ 낮잠을 잔 시간을 그림으로 나타내 더하면
어제 / 오늘

식 세우기 (어제와 오늘 낮잠을 잔 시간)
= (어제 낮잠을 잔 시간) + (오늘 낮잠을 잔 시간)
= $1\frac{3}{4}$ + $1\frac{1}{4}$ = $(1+1)+\left(\frac{3}{4}+\frac{1}{4}\right)=3$

답 구하기 3 시간

2 윤지는 색종이를 $2\frac{8}{9}$ 장 사용하고 주희는 $2\frac{2}{9}$ 장 사용했습니다. 두 사람이 사용한 색종이는 모두 몇 장입니까?

문제 이해하기 ▶ 윤지가 사용한 색종이의 양: $2\frac{8}{9}$ 장
▶ 주희가 사용한 색종이의 양: $2\frac{2}{9}$ 장

식 세우기 (두 사람이 사용한 색종이의 양)
= (윤지가 사용한 양) + (주희가 사용한 양)
= $2\frac{8}{9}$ + $2\frac{2}{9}$ = $5\frac{1}{9}$

답 구하기 $5\frac{1}{9}$ 장

3 노란색 페인트 $2\frac{2}{3}$ 통과 파란색 페인트 $3\frac{2}{3}$ 통을 섞었습니다. 섞은 페인트는 모두 몇 통이 됩니까?

식 세우기 ▶ 노란색 페인트의 양: $2\frac{2}{3}$ 통
▶ 파란색 페인트의 양: $3\frac{2}{3}$ 통

식 세우기 (섞은 페인트의 양)
= (노란색 페인트의 양) + (파란색 페인트의 양)
= $2\frac{2}{3}$ + $3\frac{2}{3}$ = $6\frac{1}{3}$

답 구하기 $6\frac{1}{3}$ 통

38

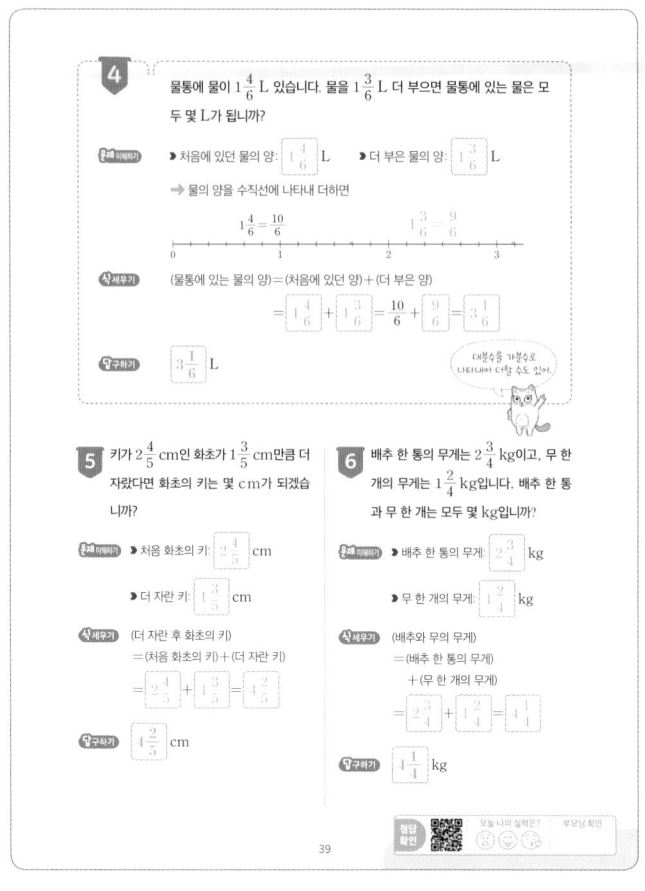

4 물통에 물이 $1\frac{4}{6}$ L 있습니다. 물을 $1\frac{3}{6}$ L 더 부으면 물통에 있는 물은 모두 몇 L가 됩니까?

문제 이해하기 처음에 있던 물의 양: $1\frac{4}{6}$ L 더 부은 물의 양: $1\frac{3}{6}$ L
➡ 물의 양을 수직선에 나타내 더하면
$1\frac{4}{6}=\frac{10}{6}$ $1\frac{3}{6}=\frac{9}{6}$

식 세우기 (물통에 있는 물의 양) = (처음에 있던 양) + (더 부은 양)
= $1\frac{4}{6}$ + $1\frac{3}{6}$ = $\frac{10}{6}$ + $\frac{9}{6}$ = $3\frac{1}{6}$

답 구하기 $3\frac{1}{6}$ L

대분수를 가분수로 나타내어 더할 수도 있어.

5 키가 $2\frac{4}{5}$ cm인 화초가 $1\frac{3}{5}$ cm만큼 더 자랐다면 화초의 키는 몇 cm가 되겠습니까?

문제 이해하기 ▶ 처음 화초 키: $2\frac{4}{5}$ cm
▶ 더 자란 키: $1\frac{3}{5}$ cm

식 세우기 (더 자란 후 화초의 키)
= (처음 화초의 키) + (더 자란 키)
= $2\frac{4}{5}$ + $1\frac{3}{5}$ = $4\frac{2}{5}$

답 구하기 $4\frac{2}{5}$ cm

6 배추 한 통의 무게는 $2\frac{3}{4}$ kg이고, 무 한 개의 무게는 $1\frac{2}{4}$ kg입니다. 배추 한 통과 무 한 개는 모두 몇 kg입니까?

문제 이해하기 ▶ 배추 한 통의 무게: $2\frac{3}{4}$ kg
▶ 무 한 개의 무게: $1\frac{2}{4}$ kg

식 세우기 (배추와 무의 무게)
= (배추 한 통의 무게) + (무 한 개의 무게)
= $2\frac{3}{4}$ + $1\frac{2}{4}$ = $4\frac{1}{4}$

답 구하기 $4\frac{1}{4}$ kg

39

수학 놀이터

기차를 멈춰라

기차 세 대가 멈추지 못하고 계속 달리고 있어요. 색이 칠해진 빈칸에 들어갈 글자를 찾아 외치면 달리는 기차를 멈출 수 있어요. 기차를 멈출 수 있는 암호를 찾아 써 보세요.

1	2	3	4	5	6	7	8	9
솔	람	개	울	지	무	쥐	다	방

암호는 □□□ 에 들어가는 글자야. 그러니까 암호는 바로 무지개! 멈췄다!

40

8

②주/4일

분수의 덧셈과 뺄셈

진분수 부분의 합이 1보다 큰 (대분수) + (대분수) ❷

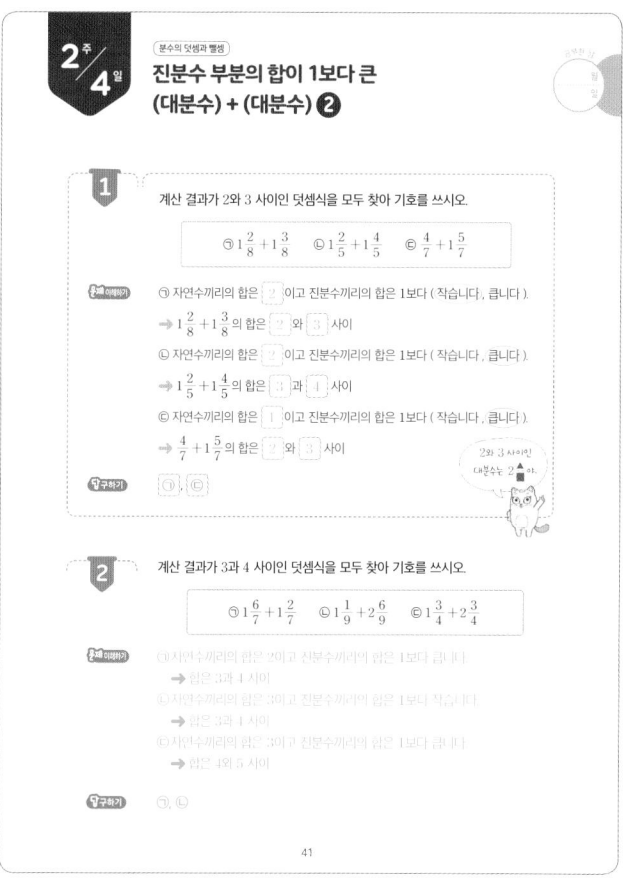

1 계산 결과가 2와 3 사이인 덧셈식을 모두 찾아 기호를 쓰시오.

$$⑦ \ 1\frac{2}{8}+1\frac{3}{8} \quad ⓒ \ 1\frac{2}{5}+1\frac{4}{5} \quad ⓒ \ \frac{4}{7}+1\frac{5}{7}$$

⑦ 자연수끼리의 합은 ② 이고 진분수끼리의 합은 1보다 (작습니다 , 큽니다).

→ $1\frac{2}{8}+1\frac{3}{8}$ 의 합은 ② 와 ③ 사이

ⓒ 자연수끼리의 합은 ② 이고 진분수끼리의 합은 1보다 (작습니다 , 큽니다).

→ $1\frac{2}{5}+1\frac{4}{5}$ 의 합은 ③ 과 ④ 사이

ⓒ 자연수끼리의 합은 ① 이고 진분수끼리의 합은 1보다 (작습니다 , 큽니다).

→ $\frac{4}{7}+1\frac{5}{7}$ 의 합은 ② 와 ③ 사이

구하기 ⑦, ⓒ

2 계산 결과가 3과 4 사이인 덧셈식을 모두 찾아 기호를 쓰시오.

$$⑦ \ 1\frac{6}{7}+1\frac{2}{7} \quad ⓒ \ 1\frac{1}{9}+2\frac{6}{9} \quad ⓒ \ 1\frac{3}{4}+2\frac{3}{4}$$

구하기 ⑦, ⓒ

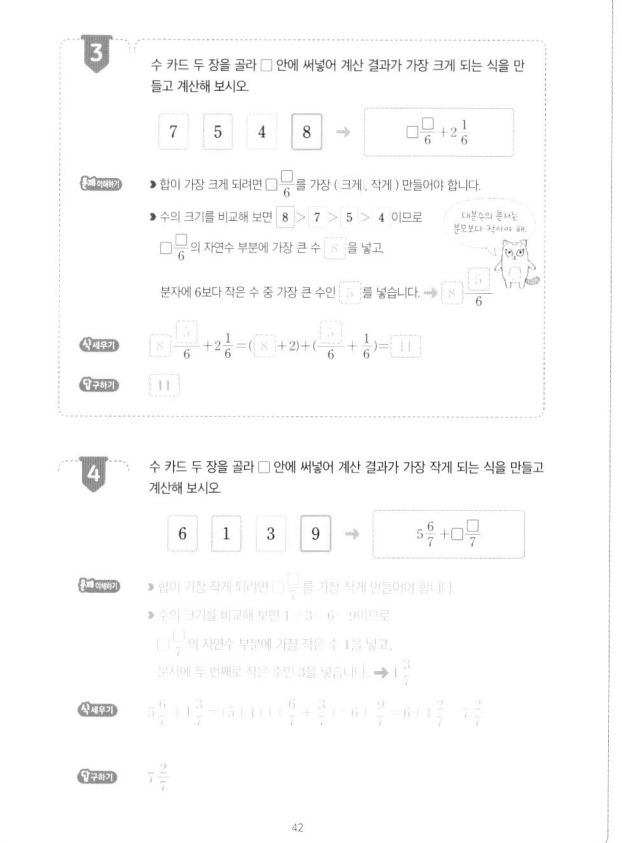

3 수 카드 두 장을 골라 ☐ 안에 써넣어 계산 결과가 가장 크게 되는 식을 만들고 계산해 보시오.

$$7 \quad 5 \quad 4 \quad 8 \quad → \quad □\frac{□}{6}+2\frac{1}{6}$$

구하기 11

4 수 카드 두 장을 골라 ☐ 안에 써넣어 계산 결과가 가장 작게 되는 식을 만들고 계산해 보시오.

$$6 \quad 1 \quad 3 \quad 9 \quad → \quad 5\frac{6}{7}+□\frac{□}{7}$$

구하기 $7\frac{2}{7}$

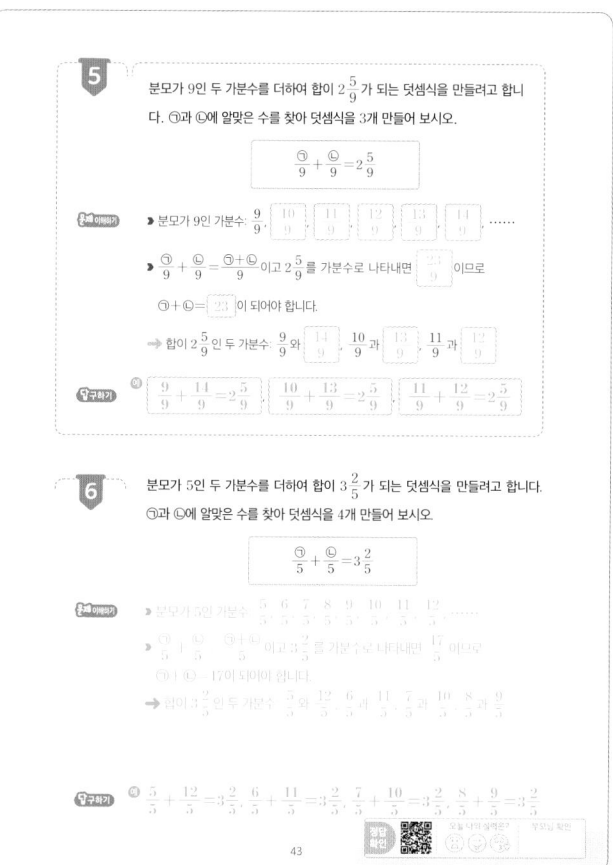

5 분모가 9인 두 가분수를 더하여 합이 $2\frac{5}{9}$ 가 되는 덧셈식을 만들려고 합니다. ⑦과 ⓒ에 알맞은 수를 찾아 덧셈식을 3개 만들어 보시오.

$$\frac{⑦}{9}+\frac{ⓒ}{9}=2\frac{5}{9}$$

구하기 $\frac{9}{9}+\frac{11}{9}=2\frac{5}{9}, \quad \frac{10}{9}+\frac{13}{9}=2\frac{5}{9}, \quad \frac{11}{9}+\frac{12}{9}=2\frac{5}{9}$

6 분모가 5인 두 가분수를 더하여 합이 $3\frac{2}{5}$ 가 되는 덧셈식을 만들려고 합니다. ⑦과 ⓒ에 알맞은 수를 찾아 덧셈식을 4개 만들어 보시오.

$$\frac{⑦}{5}+\frac{ⓒ}{5}=3\frac{2}{5}$$

구하기 $\frac{5}{5}+\frac{12}{5}=3\frac{2}{5}, \quad \frac{6}{5}+\frac{11}{5}=3\frac{2}{5}, \quad \frac{7}{5}+\frac{10}{5}=3\frac{2}{5}, \quad \frac{8}{5}+\frac{9}{5}=3\frac{2}{5}$

재미있는 **수학 놀이터**

이달의 독서왕은 누구?

미래네 반에서는 매달 독서왕을 선정하고 있어요. 매주 읽은 책의 양을 기록하고, 월말에 모두 합하여 독서왕을 뽑아요. 과연 이달의 독서왕은 누구인지 찾아 ○표 하세요.

9월의 독서왕에 도전하세요!

단위(권)

	선우	미래	대한	영웅	슬비
1주차	$2\frac{1}{3}$	$3\frac{3}{5}$	$\frac{11}{6}$	$4\frac{3}{4}$	4
2주차	$\frac{8}{3}$	$2\frac{2}{5}$	2	$5\frac{1}{4}$	$\frac{20}{9}$
3주차	3	$2\frac{2}{5}$	$3\frac{4}{6}$	$5\frac{2}{4}$	$5\frac{5}{9}$
4주차	$2\frac{2}{3}$	$1\frac{4}{5}$	$2\frac{4}{6}$	$\frac{14}{4}$	$4\frac{2}{9}$
5주차	$11\frac{1}{3}$	$11\frac{3}{5}$	$10\frac{5}{6}$	4	6

선우 / 미래 / 대한 / 영웅 / 슬비

22권 / 22권 / 21권 / 23권 / 22권

$18\frac{12}{3}=22$(권) $19\frac{15}{5}=22$(권) $17\frac{24}{6}=21$(권) $18\frac{20}{4}=23$(권) $19\frac{27}{9}=22$(권)

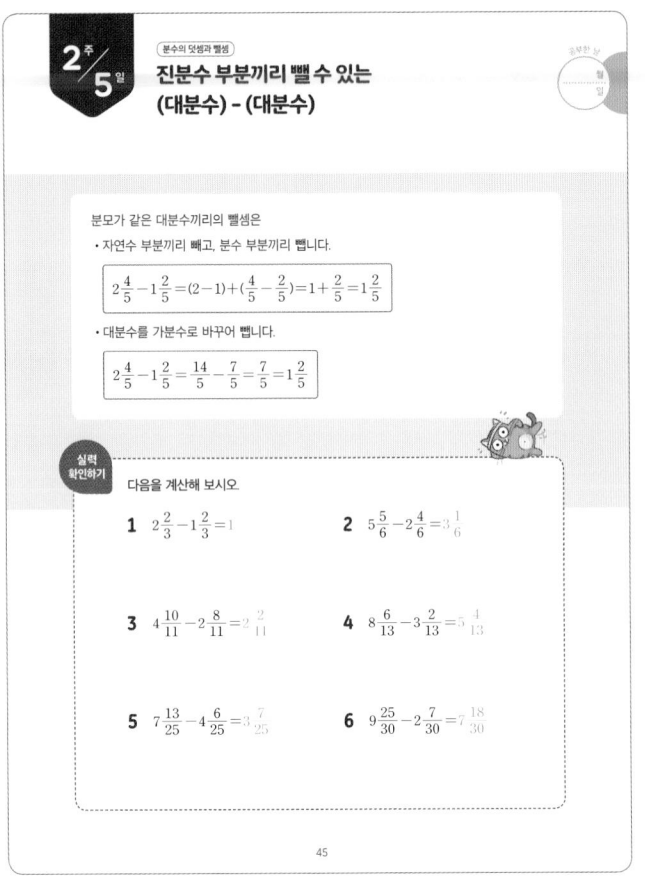

2주/5일 분수의 덧셈과 뺄셈

진분수 부분끼리 뺄 수 있는 (대분수) − (대분수)

분모가 같은 대분수끼리의 뺄셈은

• 자연수 부분끼리 빼고, 분수 부분끼리 뺍니다.

$$2\frac{4}{5} - 1\frac{2}{5} = (2-1) + \left(\frac{4}{5} - \frac{2}{5}\right) = 1 + \frac{2}{5} = 1\frac{2}{5}$$

• 대분수를 가분수로 바꾸어 뺍니다.

$$2\frac{4}{5} - 1\frac{2}{5} = \frac{14}{5} - \frac{7}{5} = \frac{7}{5} = 1\frac{2}{5}$$

실력 확인하기

다음을 계산해 보시오.

1 $2\frac{2}{3} - 1\frac{2}{3} = 1$

2 $5\frac{5}{6} - 2\frac{4}{6} = 3\frac{1}{6}$

3 $4\frac{10}{11} - 2\frac{8}{11} = 2\frac{2}{11}$

4 $8\frac{6}{13} - 3\frac{2}{13} = 5\frac{4}{13}$

5 $7\frac{13}{25} - 4\frac{6}{25} = 3\frac{7}{25}$

6 $9\frac{25}{30} - 2\frac{7}{30} = 7\frac{18}{30}$

45

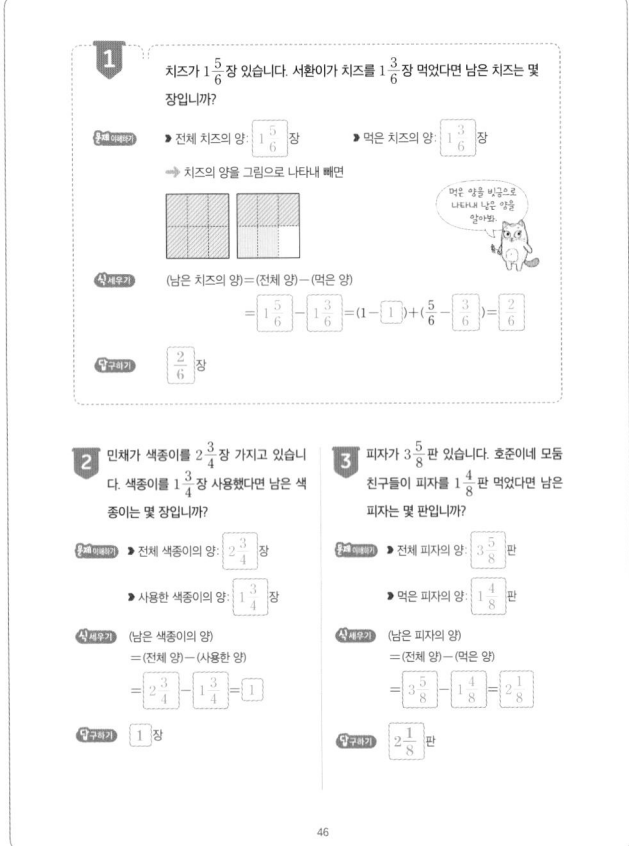

1 치즈가 $1\frac{5}{6}$장 있습니다. 서환이가 치즈를 $1\frac{3}{6}$장 먹었다면 남은 치즈는 몇 장입니까?

문제 이해하기
▶ 전체 치즈의 양: $1\frac{5}{6}$장   ▶ 먹은 치즈의 양: $1\frac{3}{6}$장

➡ 치즈의 양을 그림으로 나타내 빼면

먹은 양을 빗금으로 나타내 남은 양을 알아봐.

식 세우기 (남은 치즈의 양)=(전체 양)−(먹은 양)

$$= 1\frac{5}{6} - 1\frac{3}{6} = (1-1) + \left(\frac{5}{6} - \frac{3}{6}\right) = \frac{2}{6}$$

답 구하기 $\frac{2}{6}$장

2 민채가 색종이를 $2\frac{3}{4}$장 가지고 있습니다. 색종이를 $1\frac{3}{4}$장 사용했다면 남은 색종이는 몇 장입니까?

문제 이해하기
▶ 전체 색종이의 양: $2\frac{3}{4}$장

▶ 사용한 색종이의 양: $1\frac{3}{4}$장

식 세우기 (남은 색종이의 양)
=(전체 양)−(사용한 양)

$$= 2\frac{3}{4} - 1\frac{3}{4} = 1$$

답 구하기 1장

3 피자가 $3\frac{5}{8}$판 있습니다. 호준이네 모둠 친구들이 피자를 $1\frac{4}{8}$판 먹었다면 남은 피자는 몇 판입니까?

문제 이해하기
▶ 전체 피자의 양: $3\frac{5}{8}$판

▶ 먹은 피자의 양: $1\frac{4}{8}$판

식 세우기 (남은 피자의 양)
=(전체 양)−(먹은 양)

$$= 3\frac{5}{8} - 1\frac{4}{8} = 2\frac{1}{8}$$

답 구하기 $2\frac{1}{8}$판

46

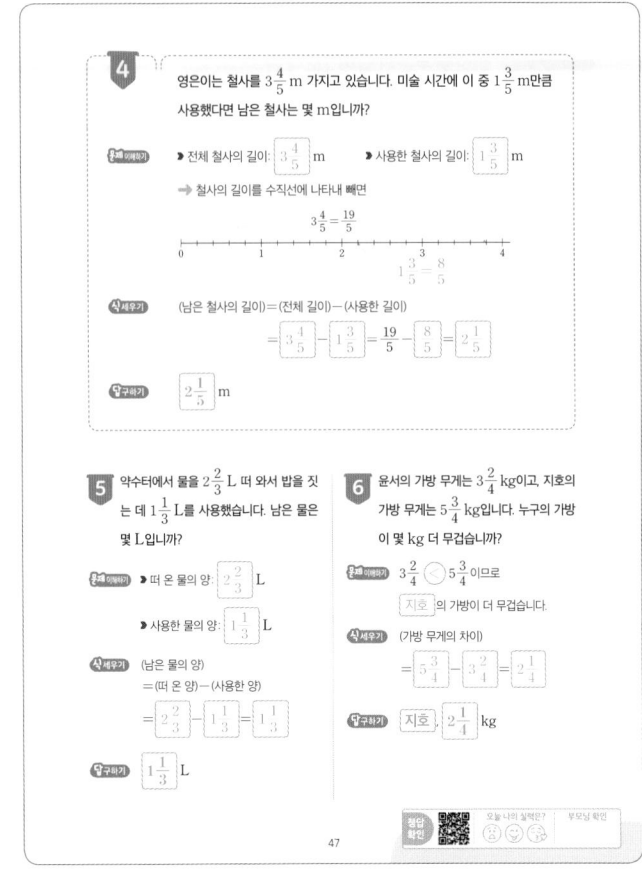

4 영은이는 철사를 $3\frac{4}{5}$m 가지고 있습니다. 미술 시간에 이 중 $1\frac{3}{5}$m만큼 사용했다면 남은 철사는 몇 m입니까?

문제 이해하기
▶ 전체 철사의 길이: $3\frac{4}{5}$m   ▶ 사용한 철사의 길이: $1\frac{3}{5}$m

➡ 철사의 길이를 수직선에 나타내 빼면

$$3\frac{4}{5} = \frac{19}{5}$$

식 세우기 (남은 철사의 길이)=(전체 길이)−(사용한 길이)

$$= 3\frac{4}{5} - 1\frac{3}{5} = \frac{19}{5} - \frac{8}{5} = 2\frac{1}{5}$$

답 구하기 $2\frac{1}{5}$m

5 약수터에서 물을 $2\frac{2}{3}$L 떠 와서 밥을 짓는 데 $1\frac{1}{3}$L를 사용했습니다. 남은 물은 몇 L입니까?

문제 이해하기
▶ 떠 온 물의 양: $2\frac{2}{3}$L

▶ 사용한 물의 양: $1\frac{1}{3}$L

식 세우기 (남은 물의 양)
=(떠 온 양)−(사용한 양)

$$= 2\frac{2}{3} - 1\frac{1}{3} = 1\frac{1}{3}$$

답 구하기 $1\frac{1}{3}$L

6 윤서의 가방 무게는 $3\frac{2}{4}$kg이고, 지호의 가방 무게는 $5\frac{3}{4}$kg입니다. 누구의 가방이 몇 kg 더 무겁습니까?

문제 이해하기 $3\frac{2}{4} < 5\frac{3}{4}$ 이므로 지호 의 가방이 더 무겁습니다.

식 세우기 (가방 무게의 차이)

$$= 5\frac{3}{4} - 3\frac{2}{4} = 2\frac{1}{4}$$

답 구하기 지호, $2\frac{1}{4}$kg

47

재미있는 **수학 놀이터**

포포의 우주선 찾기

건망증이 심한 외계인 포포가 지구에 놀러왔어요. 포포의 아빠는 우주선을 숨겨 둔 장소를 암호 쪽지에 적어 두었어요. 포포가 우주선을 찾아 고향별로 돌아가려면 어느 곳에 손을 대야 할까요? 암호를 풀어 손을 대야 하는 장소에 ○표 하세요.

48

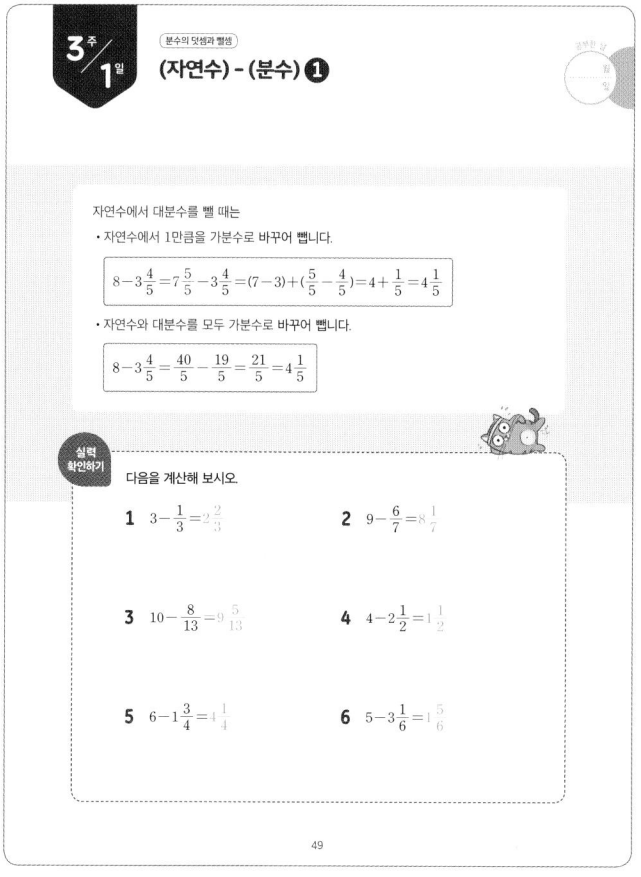

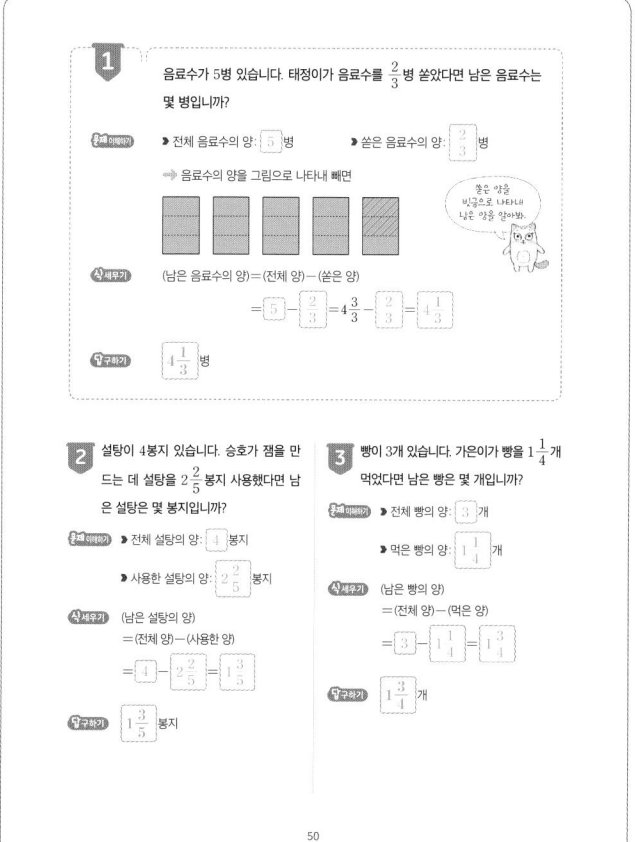

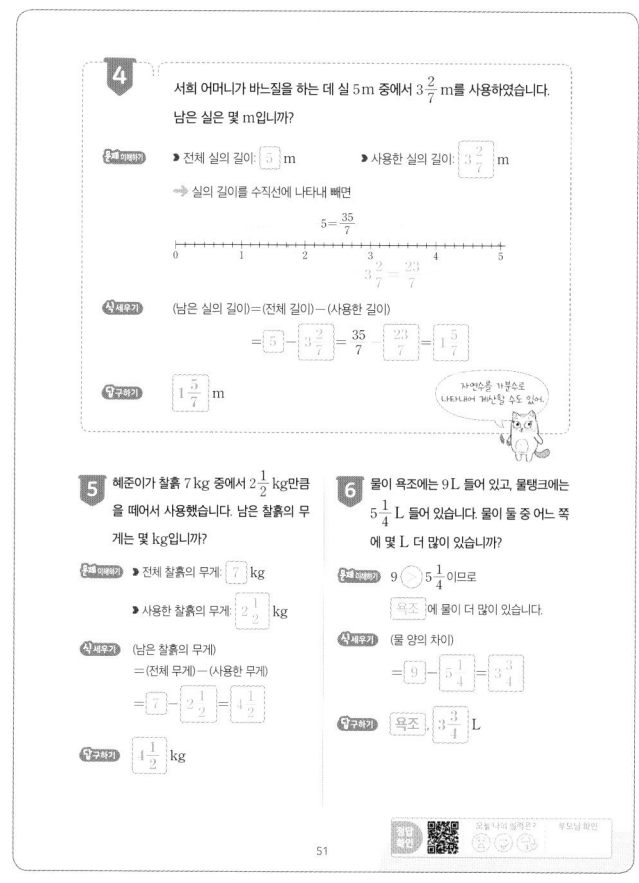

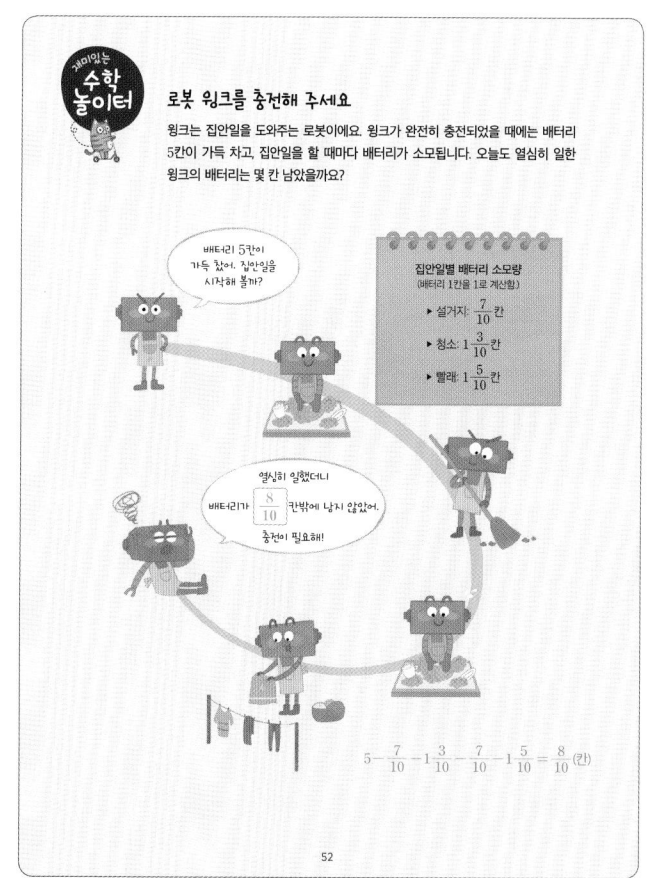

3주/1일 (자연수) − (분수) ①

분수의 덧셈과 뺄셈

자연수에서 대분수를 뺄 때는

• 자연수에서 1만큼을 가분수로 바꾸어 뺍니다.

$$8-3\frac{4}{5}=7\frac{5}{5}-3\frac{4}{5}=(7-3)+\left(\frac{5}{5}-\frac{4}{5}\right)=4+\frac{1}{5}=4\frac{1}{5}$$

• 자연수와 대분수를 모두 가분수로 바꾸어 뺍니다.

$$8-3\frac{4}{5}=\frac{40}{5}-\frac{19}{5}=\frac{21}{5}=4\frac{1}{5}$$

실력 확인하기

다음을 계산해 보시오.

1 $3-\frac{1}{3}=2\frac{2}{3}$

2 $9-\frac{6}{7}=8\frac{1}{7}$

3 $10-\frac{8}{13}=9\frac{5}{13}$

4 $4-2\frac{1}{2}=1\frac{1}{2}$

5 $6-1\frac{3}{4}=4\frac{1}{4}$

6 $5-3\frac{1}{6}=1\frac{5}{6}$

49

---

1 음료수가 5병 있습니다. 태정이가 음료수를 $\frac{2}{3}$병 쏟았다면 남은 음료수는 몇 병입니까?

문제 이해하기
▶ 전체 음료수의 양: 5 병
▶ 쏟은 음료수의 양: $\frac{2}{3}$ 병

➡ 음료수의 양을 그림으로 나타내 빼면

쏟은 양을 빗금으로 나타내 남은 양을 알아봐.

식 세우기
(남은 음료수의 양)=(전체 양)−(쏟은 양)
$=$ 5 $-\frac{2}{3}=4\frac{3}{3}-\frac{2}{3}=4\frac{1}{3}$

구하기 $4\frac{1}{3}$ 병

2 설탕이 4봉지 있습니다. 승호가 잼을 만드는 데 설탕을 $2\frac{2}{5}$봉지 사용했다면 남은 설탕은 몇 봉지입니까?

문제 이해하기
▶ 전체 설탕의 양: 4 봉지
▶ 사용한 설탕의 양: $2\frac{2}{5}$ 봉지

식 세우기
(남은 설탕의 양)
=(전체 양)−(사용한 양)
$=$ 4 $-$ $2\frac{2}{5}$ $=1\frac{3}{5}$

구하기 $1\frac{3}{5}$ 봉지

3 빵이 3개 있습니다. 가은이가 빵을 $1\frac{1}{4}$개 먹었다면 남은 빵은 몇 개입니까?

문제 이해하기
▶ 전체 빵의 양: 3 개
▶ 먹은 빵의 양: $1\frac{1}{4}$ 개

식 세우기
(남은 빵의 양)
=(전체 양)−(먹은 양)
$=$ 3 $-$ 1 $\frac{1}{4}$

구하기 $1\frac{3}{4}$ 개

50

---

4 서희 어머니가 바느질을 하는 데 실 5 m 중에서 $3\frac{2}{7}$ m를 사용하였습니다. 남은 실은 몇 m입니까?

문제 이해하기
▶ 전체 실의 길이: 5 m
▶ 사용한 실의 길이: $3\frac{2}{7}$ m

➡ 실의 길이를 수직선에 나타내 빼면

$5=\frac{35}{7}$

0 ── 1 ── 2 ── 3 ── 4 ── 5

$3\frac{2}{7}=\frac{23}{7}$

식 세우기
(남은 실의 길이)=(전체 길이)−(사용한 길이)

$=$ 5 $-$ $3\frac{2}{7}=\frac{35}{7}-\frac{23}{7}=1\frac{5}{7}$

구하기 $1\frac{5}{7}$ m

자연수를 가분수로 나타내어 계산할 수도 있어.

5 혜준이가 찰흙 7 kg 중에서 $2\frac{1}{2}$ kg만큼을 떼어서 사용했습니다. 남은 찰흙의 무게는 몇 kg입니까?

문제 이해하기
▶ 전체 찰흙의 무게: 7 kg
▶ 사용한 찰흙의 무게: $2\frac{1}{2}$ kg

식 세우기
(남은 찰흙의 무게)
=(전체 무게)−(사용한 무게)
$=$ 7 $-$ $2\frac{1}{2}=4\frac{1}{2}$

구하기 $4\frac{1}{2}$ kg

6 물이 욕조에는 9 L 들어 있고, 물탱크에는 $5\frac{1}{4}$ L 들어 있습니다. 물이 둘 중 어느 쪽에 몇 L 더 많이 있습니까?

문제 이해하기
9 ◯ $5\frac{1}{4}$ 이므로
욕조 에 물이 더 많이 있습니다.

식 세우기
(물 양의 차이)
$=$ 9 $-$ $5\frac{1}{4}=3\frac{3}{4}$

구하기 욕조 , $3\frac{3}{4}$ L

51

재미있는 수학 놀이터

로봇 윙크를 충전해 주세요

윙크는 집안일을 도와주는 로봇이에요. 윙크가 완전히 충전되었을 때에는 배터리 5칸이 가득 차고, 집안일을 할 때마다 배터리가 소모됩니다. 오늘도 열심히 일한 윙크의 배터리는 몇 칸 남았을까요?

배터리 5칸이 가득 찼어. 집안일을 시작해 볼까?

집안일별 배터리 소모량
(배터리 1칸을 1로 계산함)
▶ 설거지: $\frac{7}{10}$ 칸
▶ 청소: $1\frac{3}{10}$ 칸
▶ 빨래: $1\frac{5}{10}$ 칸

열심히 일했더니 배터리가 $\frac{8}{10}$ 칸밖에 남지 않았어. 충전이 필요해!

$5-\frac{7}{10}-1\frac{3}{10}-\frac{7}{10}-1\frac{5}{10}=\frac{8}{10}$ (칸)

52

11

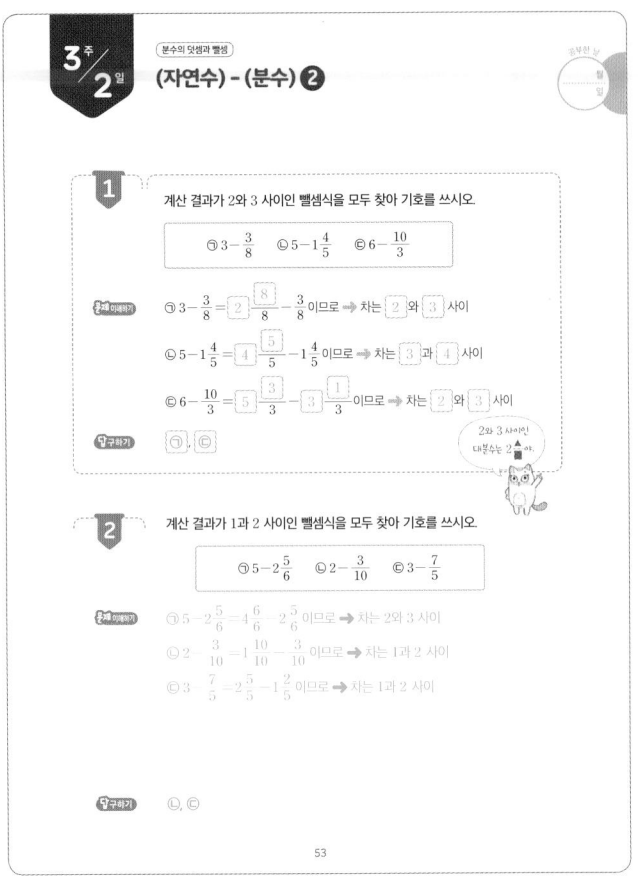

3주 2일 분수의 덧셈과 뺄셈
(자연수) - (분수) ②

1 계산 결과가 2와 3 사이인 뺄셈식을 모두 찾아 기호를 쓰시오.

$$㉠\ 3-\frac{3}{8} \qquad ㉡\ 5-1\frac{4}{5} \qquad ㉢\ 6-\frac{10}{3}$$

㉠ $3-\frac{3}{8} = 2\frac{8}{8} - \frac{3}{8}$ 이므로 ➡ 차는 2 와 3 사이

㉡ $5-1\frac{4}{5} = 4\frac{5}{5} - 1\frac{4}{5}$ 이므로 ➡ 차는 3 과 4 사이

㉢ $6-\frac{10}{3} = 5\frac{3}{3} - 3\frac{1}{3}$ 이므로 ➡ 차는 2 와 3 사이

구하기: ㉠, ㉢

2와 3 사이인 대분수는 2□ 야.

2 계산 결과가 1과 2 사이인 뺄셈식을 모두 찾아 기호를 쓰시오.

$$㉠\ 5-2\frac{5}{6} \qquad ㉡\ 2-\frac{3}{10} \qquad ㉢\ 3-\frac{7}{5}$$

㉠ $5-2\frac{5}{6} = 4\frac{6}{6} - 2\frac{5}{6}$ 이므로 ➡ 차는 2와 3 사이

㉡ $2 - \frac{3}{10} = 1\frac{10}{10} - \frac{3}{10}$ 이므로 ➡ 차는 1과 2 사이

㉢ $3 - \frac{7}{5} = 2\frac{5}{5} - 1\frac{2}{5}$ 이므로 ➡ 차는 1과 2 사이

구하기: ㉡, ㉢

53

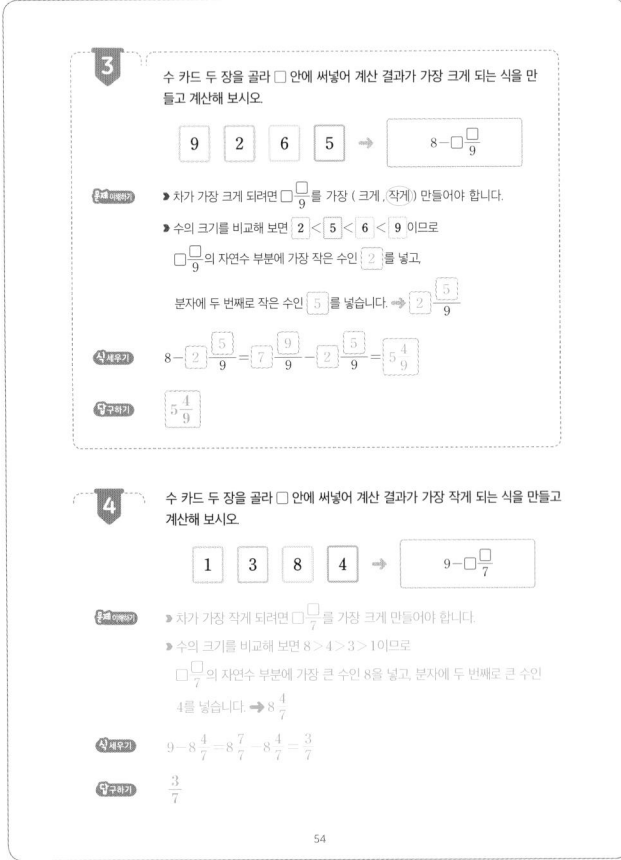

3 수 카드 두 장을 골라 □ 안에 써넣어 계산 결과가 가장 크게 되는 식을 만들고 계산해 보시오.

$$\boxed{9}\ \boxed{2}\ \boxed{6}\ \boxed{5} \ \rightarrow\ 8-\Box\frac{\Box}{9}$$

▶ 차가 가장 크게 되려면 $\Box\frac{\Box}{9}$ 를 가장 (크게, 작게) 만들어야 합니다.

▶ 수의 크기를 비교해 보면 2 < 5 < 6 < 9 이므로

$\Box\frac{\Box}{9}$ 의 자연수 부분에 가장 작은 수인 2 를 넣고,

분자에 두 번째로 작은 수인 5 를 넣습니다. ➡ $2\frac{5}{9}$

식 세우기: $8-2\frac{5}{9} = 7\frac{9}{9} - 2\frac{5}{9} = 5\frac{4}{9}$

구하기: $5\frac{4}{9}$

4 수 카드 두 장을 골라 □ 안에 써넣어 계산 결과가 가장 작게 되는 식을 만들고 계산해 보시오.

$$\boxed{1}\ \boxed{3}\ \boxed{8}\ \boxed{4} \ \rightarrow\ 9-\Box\frac{\Box}{7}$$

▶ 차가 가장 작게 되려면 $\Box\frac{\Box}{7}$ 를 가장 크게 만들어야 합니다.

▶ 수의 크기를 비교해 보면 8 > 4 > 3 > 1 이므로

$\Box\frac{\Box}{7}$ 의 자연수 부분에 가장 큰 수인 8을 넣고, 분자에 두 번째로 큰 수인 4를 넣습니다. ➡ $8\frac{4}{7}$

식 세우기: $9-8\frac{4}{7} = 8\frac{7}{7} - 8\frac{4}{7} = \frac{3}{7}$

구하기: $\frac{3}{7}$

54

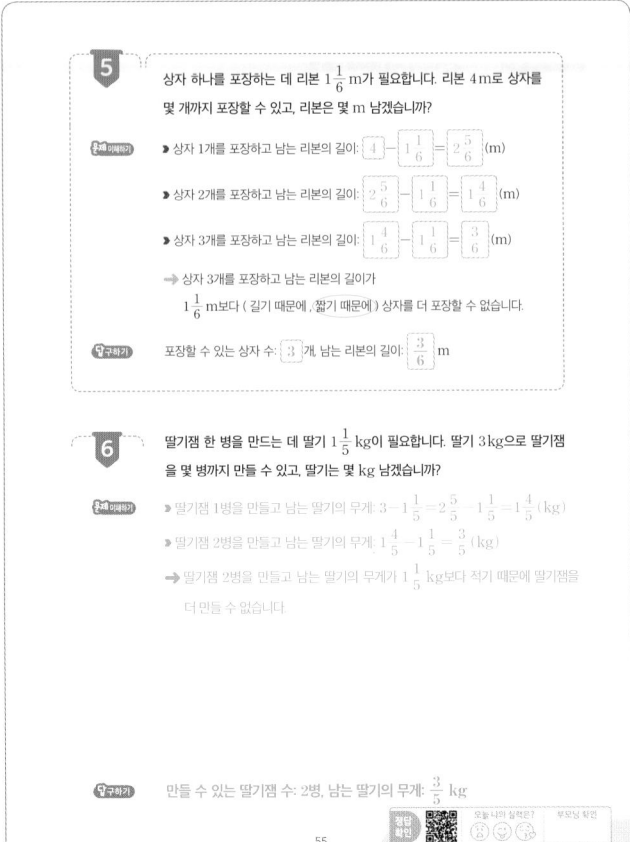

5 상자 하나를 포장하는 데 리본 $1\frac{1}{6}$ m가 필요합니다. 리본 4m로 상자를 몇 개까지 포장할 수 있고, 리본은 몇 m 남겠습니까?

▶ 상자 1개를 포장하고 남는 리본의 길이: $4 - 1\frac{1}{6} = 2\frac{5}{6}$ (m)

▶ 상자 2개를 포장하고 남는 리본의 길이: $2\frac{5}{6} - 1\frac{1}{6} = 1\frac{4}{6}$ (m)

▶ 상자 3개를 포장하고 남는 리본의 길이: $1\frac{4}{6} - 1\frac{1}{6} = \frac{3}{6}$ (m)

➡ 상자 3개를 포장하고 남는 리본의 길이가 $1\frac{1}{6}$ m보다 (길기 때문에, 짧기 때문에) 상자를 더 포장할 수 없습니다.

구하기: 포장할 수 있는 상자 수: 3 개, 남는 리본의 길이: $\frac{3}{6}$ m

6 딸기잼 한 병을 만드는 데 딸기 $1\frac{1}{5}$ kg이 필요합니다. 딸기 3kg으로 딸기잼을 몇 병까지 만들 수 있고, 딸기는 몇 kg 남겠습니까?

▶ 딸기잼 1병을 만들고 남는 딸기의 무게: $3 - 1\frac{1}{5} = 2\frac{5}{5} - 1\frac{1}{5} = 1\frac{4}{5}$ (kg)

▶ 딸기잼 2병을 만들고 남는 딸기의 무게: $1\frac{4}{5} - 1\frac{1}{5} = \frac{3}{5}$ (kg)

➡ 딸기잼 2병을 만들고 남는 딸기의 무게가 $1\frac{1}{5}$ kg보다 적기 때문에 딸기잼을 더 만들 수 없습니다

구하기: 만들 수 있는 딸기잼 수: 2병, 남는 딸기의 무게: $\frac{3}{5}$ kg

55

재미있는 수학 놀이터

열려라, 보물 상자

미래네 마을 한복판에 보물 상자가 떨어졌어요. 세 친구가 수 카드로 분수를 만들어 뺄셈식을 풀고 있네요. 보물 상자를 열 수 있는 비밀번호는 무엇일까요?

보물 상자를 열 수 있는 힌트
색깔별 카드를 겹치면 분수가 보입니다.
A, B, C 세 수를 더한 값을 누르시오.

$$8 - \boxed{\ }3\frac{1}{5} = A$$
$$6 - \boxed{\ }2\frac{1}{5} = B$$
$$7 - \boxed{\ }4\frac{3}{5} = C$$

A는 $4\frac{4}{5}$ 야!

B는 $3\frac{4}{5}$ 야!

C는 $2\frac{2}{5}$ 야! 그렇다면 보물 상자의 비밀번호는 11 이야!

$$4\frac{4}{5} + 3\frac{4}{5} + 2\frac{2}{5} = 11$$

56

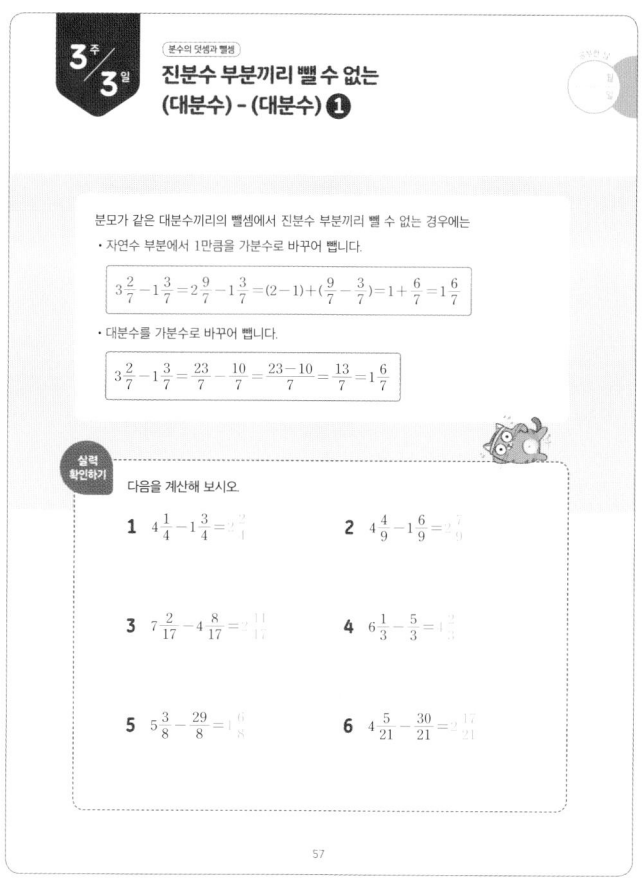

3주/3일 분수의 덧셈과 뺄셈

진분수 부분끼리 뺄 수 없는 (대분수) - (대분수) ❶

분모가 같은 대분수끼리의 뺄셈에서 진분수 부분끼리 뺄 수 없는 경우에는

• 자연수 부분에서 1만큼을 가분수로 바꾸어 뺍니다.

$$3\frac{2}{7} - 1\frac{3}{7} = 2\frac{9}{7} - 1\frac{3}{7} = (2-1) + (\frac{9}{7} - \frac{3}{7}) = 1 + \frac{6}{7} = 1\frac{6}{7}$$

• 대분수를 가분수로 바꾸어 뺍니다.

$$3\frac{2}{7} - 1\frac{3}{7} = \frac{23}{7} - \frac{10}{7} = \frac{23-10}{7} = \frac{13}{7} = 1\frac{6}{7}$$

실력 확인하기

다음을 계산해 보시오.

1 $4\frac{1}{4} - 1\frac{3}{4} = 2\frac{2}{4}$

2 $4\frac{4}{9} - 1\frac{6}{9} = 2\frac{7}{9}$

3 $7\frac{2}{17} - 4\frac{8}{17} = 2\frac{11}{17}$

4 $6\frac{1}{3} - \frac{5}{3} = 4\frac{2}{3}$

5 $5\frac{3}{8} - \frac{29}{8} = 1\frac{6}{8}$

6 $4\frac{5}{21} - \frac{30}{21} = 2\frac{11}{21}$

57

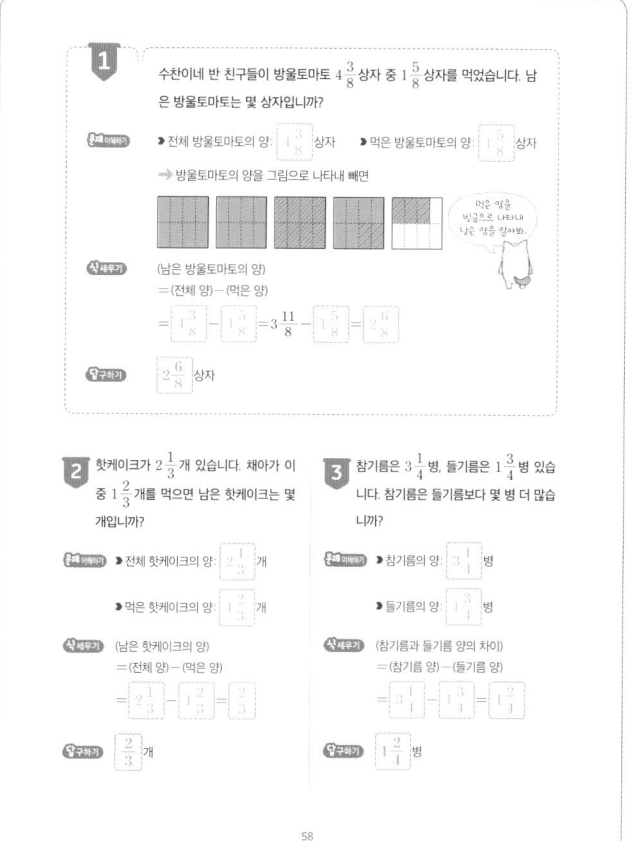

1 수찬이네 반 친구들이 방울토마토 $4\frac{3}{8}$ 상자 중 $1\frac{5}{8}$ 상자를 먹었습니다. 남은 방울토마토는 몇 상자입니까?

문제 이해하기 ▶전체 방울토마토의 양: $4\frac{3}{8}$ 상자 ▶먹은 방울토마토의 양: $1\frac{5}{8}$ 상자

➡방울토마토의 양을 그림으로 나타내 빼면

먹은 양을 빗금으로 나타내 남은 양을 알아봐.

식 세우기 (남은 방울토마토의 양)
=(전체 양)-(먹은 양)
=$4\frac{3}{8}$-$1\frac{5}{8}$=$3\frac{11}{8}$-$1\frac{5}{8}$=$2\frac{6}{8}$

답 구하기 $2\frac{6}{8}$ 상자

2 핫케이크가 $2\frac{1}{3}$ 개 있습니다. 채아가 이 중 $1\frac{2}{3}$ 개를 먹으면 남은 핫케이크는 몇 개입니까?

문제 이해하기 ▶전체 핫케이크의 양: $2\frac{1}{3}$ 개

▶먹은 핫케이크의 양: $1\frac{2}{3}$ 개

식 세우기 (남은 핫케이크의 양)
=(전체 양)-(먹은 양)
=$2\frac{1}{3}$-$1\frac{2}{3}$=

답 구하기 $\frac{2}{3}$ 개

3 참기름은 $3\frac{1}{4}$ 병, 들기름은 $1\frac{3}{4}$ 병 있습니다. 참기름은 들기름보다 몇 병 더 많습니까?

문제 이해하기 ▶참기름의 양: $3\frac{1}{4}$ 병

▶들기름의 양: $1\frac{3}{4}$ 병

식 세우기 (참기름과 들기름 양의 차이)
=(참기름 양)-(들기름 양)
=$3\frac{1}{4}$-$1\frac{3}{4}$=

답 구하기 $1\frac{2}{4}$ 병

58

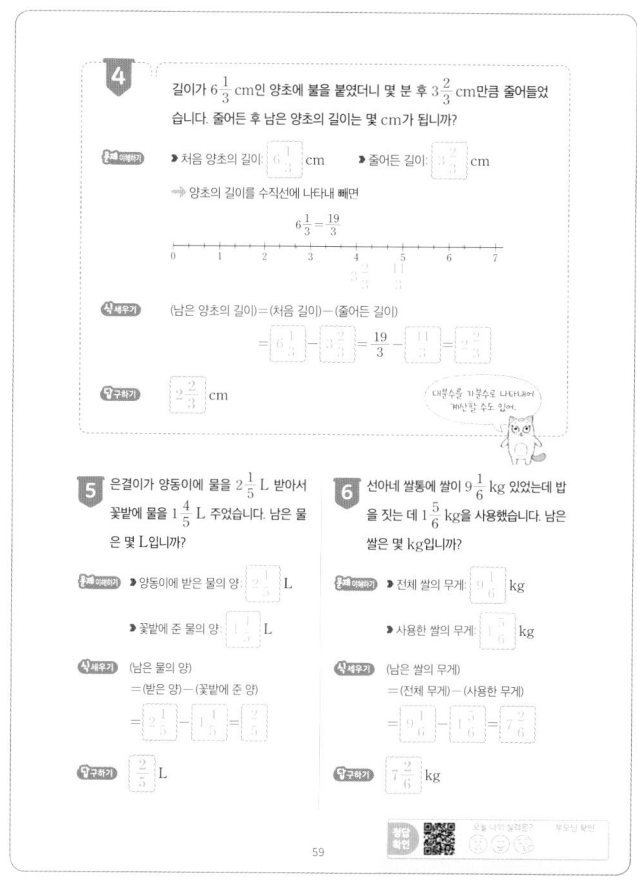

4 길이가 $6\frac{1}{3}$ cm인 양초에 불을 붙였더니 몇 분 후 $3\frac{2}{3}$ cm만큼 줄어들었습니다. 줄어든 후 남은 양초의 길이는 몇 cm가 됩니까?

문제 이해하기 ▶처음 양초의 길이: $6\frac{1}{3}$ cm ▶줄어든 길이: $3\frac{2}{3}$ cm

➡양초의 길이를 수직선에 나타내 빼면

$$6\frac{1}{3} = \frac{19}{3}$$

식 세우기 (남은 양초의 길이)=(처음 길이)-(줄어든 길이)

$$= 6\frac{1}{3} - 3\frac{2}{3} = \frac{19}{3} - \frac{11}{3} = 2\frac{2}{3}$$

답 구하기 $2\frac{2}{3}$ cm

대분수를 가분수로 나타내 계산할 수도 있어.

5 은결이가 양동이에 물을 $2\frac{1}{5}$ L 받아서 꽃밭에 물을 $1\frac{4}{5}$ L 주었습니다. 남은 물은 몇 L입니까?

문제 이해하기 ▶양동이에 받은 물의 양: $2\frac{1}{5}$ L

▶꽃밭에 준 물의 양: $1\frac{4}{5}$ L

식 세우기 (남은 물의 양)
=(받은 양)-(꽃밭에 준 양)
=$2\frac{1}{5}$-$1\frac{4}{5}$=

답 구하기 $\frac{2}{5}$ L

6 선아네 쌀통에 쌀이 $9\frac{1}{6}$ kg 있었는데 밥을 짓는 데 $1\frac{5}{6}$ kg을 사용했습니다. 남은 쌀은 몇 kg입니까?

문제 이해하기 ▶전체 쌀의 무게: $9\frac{1}{6}$ kg

▶사용한 쌀의 무게: $1\frac{5}{6}$ kg

식 세우기 (남은 쌀의 무게)
=(전체 무게)-(사용한 무게)
=$9\frac{1}{6}$-$1\frac{5}{6}$=$7\frac{2}{6}$

답 구하기 $7\frac{2}{6}$ kg

59

재미있는 수학 놀이터

남은 얼음은 몇 판?

날씨가 더워지자 달콤 카페의 주인은 미리미리 얼음을 준비해 두었어요. 오늘은 얼음이 모두 $15\frac{3}{6}$ 판만큼 준비되어 있어요. 손님들에게 제품을 팔고 남은 얼음은 몇 판일까요?

메뉴별 얼음양

팥빙수 $2\frac{2}{6}$ 판

아이스커피 $1\frac{1}{6}$ 판

주스 $1\frac{3}{6}$ 판

$1\frac{3}{6} + 1\frac{3}{6} = 3$(판)

주스 2잔 주세요.

팥빙수 1개 주세요.

아이스커피 2잔 주세요.

$1\frac{1}{6} + 1\frac{1}{6} = 2\frac{2}{6}$(판)

얼음통

남은 얼음은? $7\frac{5}{6}$ 판

사용한 얼음: $3 + 2\frac{2}{6} + 2\frac{2}{6} = 7\frac{4}{6}$ (판)

남은 얼음: $15\frac{3}{6} - 7\frac{4}{6} = 7\frac{5}{6}$ (판)

60

13

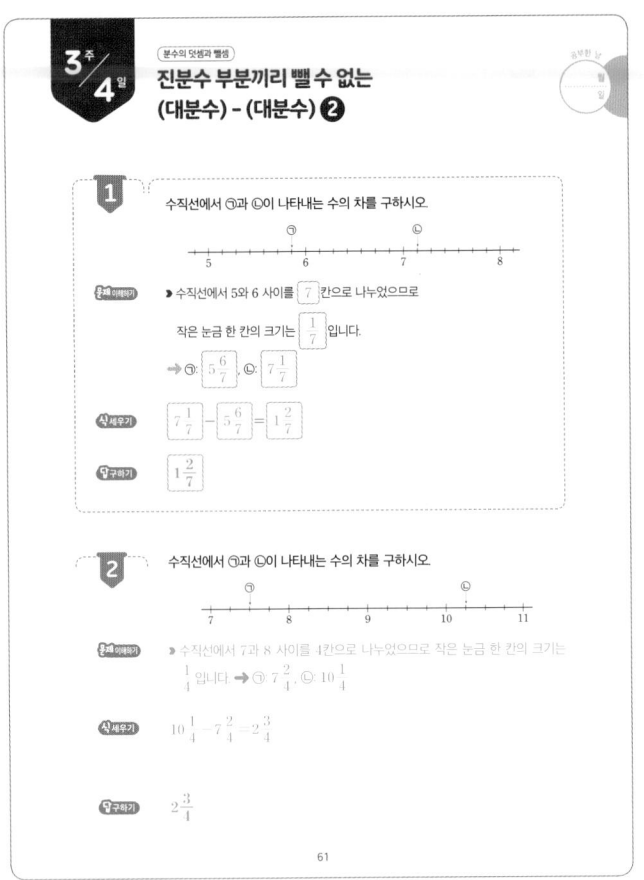

3주 4일 분수의 덧셈과 뺄셈

진분수 부분끼리 뺄 수 없는 (대분수) - (대분수) ❷

1 수직선에서 ㉠과 ㉡이 나타내는 수의 차를 구하시오.

문제 이해하기
▶ 수직선에서 5와 6 사이를 7 칸으로 나누었으므로
작은 눈금 한 칸의 크기는 $\frac{1}{7}$ 입니다.
→ ㉠ $5\frac{6}{7}$, ㉡ $7\frac{1}{7}$

식 세우기
$7\frac{1}{7} - 5\frac{6}{7} = 1\frac{2}{7}$

답 구하기
$1\frac{2}{7}$

2 수직선에서 ㉠과 ㉡이 나타내는 수의 차를 구하시오.

문제 이해하기
▶ 수직선에서 7과 8 사이를 4칸으로 나누었으므로 작은 눈금 한 칸의 크기는 $\frac{1}{4}$ 입니다. → ㉠ $7\frac{2}{4}$, ㉡ $10\frac{1}{4}$

식 세우기
$10\frac{1}{4} - 7\frac{2}{4} = 2\frac{3}{4}$

답 구하기
$2\frac{3}{4}$

61

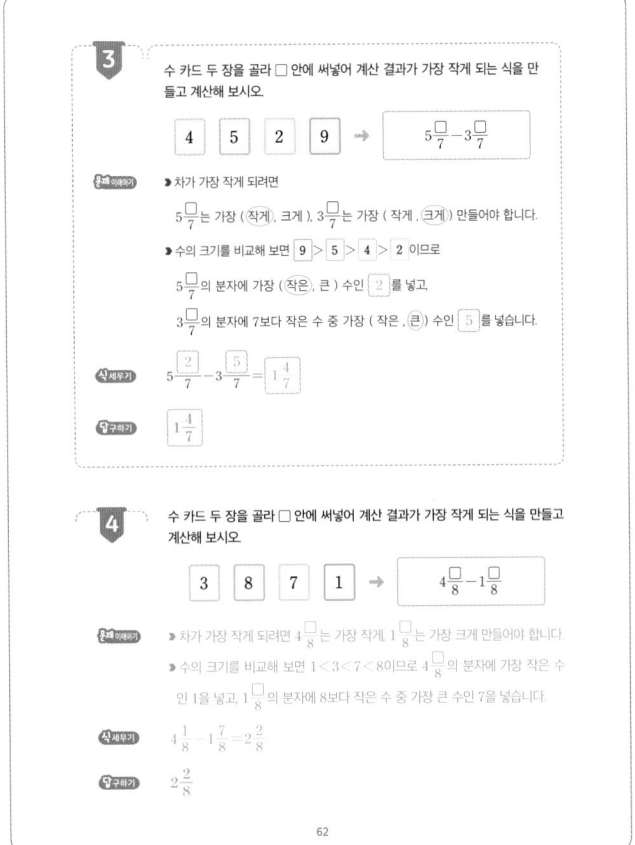

3 수 카드 두 장을 골라 □ 안에 써넣어 계산 결과가 가장 작게 되는 식을 만들고 계산해 보시오.

$\boxed{4}$ $\boxed{5}$ $\boxed{2}$ $\boxed{9}$ → $5\frac{\square}{7} - 3\frac{\square}{7}$

문제 이해하기
▶ 차가 가장 작게 되려면
$5\frac{\square}{7}$ 는 가장 (작게, 크게), $3\frac{\square}{7}$ 는 가장 (작게, 크게) 만들어야 합니다.
▶ 수의 크기를 비교해 보면 $9 > 5 > 4 > 2$ 이므로
$5\frac{\square}{7}$ 의 분자에 가장 (작은, 큰) 수인 2 를 넣고,
$3\frac{\square}{7}$ 의 분자에 7보다 작은 수 중 가장 (작은, 큰) 수인 5 를 넣습니다.

식 세우기
$5\frac{2}{7} - 3\frac{5}{7} = 1\frac{4}{7}$

답 구하기
$1\frac{4}{7}$

4 수 카드 두 장을 골라 □ 안에 써넣어 계산 결과가 가장 작게 되는 식을 만들고 계산해 보시오.

$\boxed{3}$ $\boxed{8}$ $\boxed{7}$ $\boxed{1}$ → $4\frac{\square}{8} - 1\frac{\square}{8}$

문제 이해하기
▶ 차가 가장 작게 되려면 $4\frac{\square}{8}$ 는 가장 작게, $1\frac{\square}{8}$ 는 가장 크게 만들어야 합니다.
▶ 수의 크기를 비교해 보면 $1 < 3 < 7 < 8$ 이므로 $4\frac{\square}{8}$ 의 분자에 가장 작은 수인 1을 넣고, $1\frac{\square}{8}$ 의 분자에 8보다 작은 수 중 가장 큰 수인 7을 넣습니다.

식 세우기
$4\frac{1}{8} - 1\frac{7}{8} = 2\frac{2}{8}$

답 구하기
$2\frac{2}{8}$

62

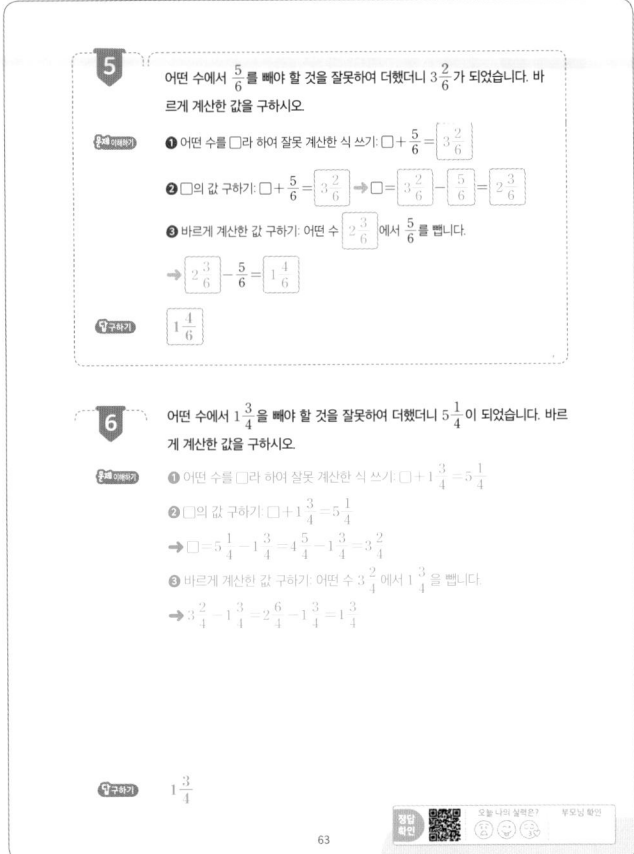

5 어떤 수에서 $\frac{5}{6}$ 를 빼야 할 것을 잘못하여 더했더니 $3\frac{2}{6}$ 가 되었습니다. 바르게 계산한 값을 구하시오.

문제 이해하기
❶ 어떤 수를 □라 하여 잘못 계산한 식 쓰기: $\square + \frac{5}{6} = 3\frac{2}{6}$

❷ □의 값 구하기: $\square + \frac{5}{6} = 3\frac{2}{6}$ → $\square = 3\frac{2}{6} - \frac{5}{6} = 2\frac{3}{6}$

❸ 바르게 계산한 값 구하기: 어떤 수 $2\frac{3}{6}$ 에서 $\frac{5}{6}$ 를 뺍니다.
→ $2\frac{3}{6} - \frac{5}{6} = 1\frac{4}{6}$

답 구하기
$1\frac{4}{6}$

6 어떤 수에서 $1\frac{3}{4}$ 을 빼야 할 것을 잘못하여 더했더니 $5\frac{1}{4}$ 이 되었습니다. 바르게 계산한 값을 구하시오.

문제 이해하기
❶ 어떤 수를 □라 하여 잘못 계산한 식 쓰기: $\square + 1\frac{3}{4} = 5\frac{1}{4}$

❷ □의 값 구하기: $\square + 1\frac{3}{4} = 5\frac{1}{4}$
→ $\square = 5\frac{1}{4} - 1\frac{3}{4} = 4\frac{5}{4} - 1\frac{3}{4} = 3\frac{2}{4}$

❸ 바르게 계산한 값 구하기: 어떤 수 $3\frac{2}{4}$ 에서 $1\frac{3}{4}$ 을 뺍니다.
→ $3\frac{2}{4} - 1\frac{3}{4} = 2\frac{6}{4} - 1\frac{3}{4} = 1\frac{3}{4}$

답 구하기
$1\frac{3}{4}$

63

재미있는 수학 놀이터

뒷정리는 누가 할까?

유나 엄마가 양송이 수프를 한가득 끓여 놓고 외출하셨어요. 유나네 집에 놀러 간 친구들은 수프를 사이좋게 나누어 먹고, 가장 많이 먹은 사람이 뒷정리를 하기로 했어요. 각자 먹은 양이 얼마큼인지 선으로 잇고, 뒷정리 담당에게 ○표 하세요.

$10\frac{2}{7}$ 인분

유나야!
10명이 먹어도 충분할 만큼의 수프를 끓여 놓았단다. 친구들과 사이좋게 나누어 먹으렴.
- 엄마가 -

$10\frac{2}{7} - 6\frac{5}{7} = 3\frac{4}{7}$ (인분) $6\frac{3}{7} - 3\frac{4}{7} = 2\frac{6}{7}$ (인분) $6\frac{2}{7} - 1\frac{3}{7} = 1\frac{3}{7}$ (인분) $10\frac{2}{7} - 7\frac{6}{7} = 2\frac{3}{7}$ (인분)

전체 수프에서 내 것을 빼면 $6\frac{5}{7}$ 인분이 남아.

내 것과 에서 것을 더하면 $6\frac{3}{7}$ 인분이야.

도윤이 것에서 내 것을 빼면 $1\frac{3}{7}$ 인분이 돼.

너희 셋이 먹고 남은 양은 모두 내 거야.

$2\frac{3}{7}$ 인분 $3\frac{4}{7}$ 인분 $1\frac{3}{7}$ 인분 $2\frac{6}{7}$ 인분

64

14

3주 / 5일

3주/5일 분수의 덧셈과 뺄셈

단원 마무리

01 다음 중 계산이 틀린 것을 모두 골라 기호를 쓰시오.

$$① \frac{4}{6}+\frac{1}{6}=\frac{5}{12} \quad ⓒ \frac{3}{5}+\frac{3}{5}=\frac{3}{10} \quad ⓒ \frac{2}{15}+\frac{8}{15}=\frac{10}{15}$$

문제 이해하기 분모가 같은 진분수끼리의 덧셈은 분모는 그대로 두고 분자끼리 더합니다.

$$① \frac{4}{6}+\frac{1}{6}=\frac{4+1}{6}=\frac{5}{6} \quad ⓒ \frac{3}{5}+\frac{3}{5}=\frac{3+3}{5}=\frac{6}{5}$$

$$ⓒ \frac{2}{15}+\frac{8}{15}=\frac{2+8}{15}=\frac{10}{15}$$

구하기 ①, ⓒ

02 가장 큰 수와 가장 작은 수의 차를 구하시오.

$$5\frac{7}{10} \quad 7\frac{4}{10} \quad 3\frac{9}{10}$$

문제 이해하기 자연수 부분을 비교하면 7>5>3이므로 $7\frac{4}{10}>5\frac{7}{10}>3\frac{9}{10}$ 입니다.

➡ 가장 큰 수: $7\frac{4}{10}$, 가장 작은 수: $3\frac{9}{10}$

식세우기 $7\frac{4}{10}-3\frac{9}{10}=6\frac{14}{10}-3\frac{9}{10}=(6-3)+(\frac{14}{10}-\frac{9}{10})=3+\frac{5}{10}=3\frac{5}{10}$

구하기 $3\frac{5}{10}$

03 연주의 몸무게는 $32\frac{1}{5}$ kg이고, 강아지의 몸무게는 $5\frac{2}{5}$ kg입니다. 연주가 강아지를 안고 잰 무게는 몇 kg입니까?

식세우기 (연주가 강아지를 안고 잰 무게)=(연주의 몸무게)+(강아지의 몸무게)

$=32\frac{1}{5}+5\frac{2}{5}=(32+5)+(\frac{1}{5}+\frac{2}{5})=34+\frac{3}{5}=37\frac{3}{5}$ (kg)

구하기 $37\frac{3}{5}$ kg

65

단원 마무리

04 세준이는 5km 떨어진 할머니 댁까지 걸어가기로 했습니다. 지금까지 $1\frac{4}{5}$ km를 걸었다면 앞으로 몇 km를 더 걸어야 합니까?

식세우기 (더 걸어야 하는 거리) = (걸어야 하는 전체 거리) − (지금까지 걸은 거리)

$=5-1\frac{4}{5}=5\frac{5}{5}-1\frac{4}{5}=(4-1)+(\frac{5}{5}-\frac{4}{5})$

$=3+\frac{1}{5}=3\frac{1}{5}$ (km)

구하기 $3\frac{1}{5}$ km

05 빈칸에 알맞은 수를 구하시오.

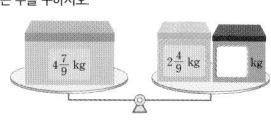

문제 이해하기 양쪽의 무게가 같으므로 $4\frac{7}{9}=2\frac{4}{9}+\Box$ 이어야 합니다.

$\Box=4\frac{7}{9}-2\frac{4}{9}=(4-2)+(\frac{7}{9}-\frac{4}{9})=2+\frac{3}{9}=2\frac{3}{9}$ (kg)

구하기 $2\frac{3}{9}$

06 분모가 7인 진분수가 2개 있습니다. 합이 $1\frac{2}{7}$ 이고 차가 $\frac{3}{7}$ 인 두 진분수를 구하시오.

문제 이해하기 ➤ 분모가 7인 진분수: $\frac{1}{7}, \frac{2}{7}, \frac{3}{7}, \frac{4}{7}, \frac{5}{7}, \frac{6}{7}$

➤ 두 진분수의 합 $1\frac{2}{7}$ 를 가분수로 나타내면 $\frac{9}{7}$ 이므로 분자끼리의 합이 9가 되어야 합니다. ➡ 합이 $1\frac{2}{7}$ 인 두 진분수는 $\frac{3}{7}$ 과 $\frac{6}{7}$ 와 이고, 이 중에서 차가 $\frac{3}{7}$ 인 두 진분수는 $\frac{3}{7}$ 과 $\frac{6}{7}$ 입니다.

구하기 $\frac{3}{7}, \frac{6}{7}$

66

---

07 다음 뺄셈식에서 ●−▲의 값을 구하시오.

$$5\frac{●}{8}-3\frac{▲}{8}=2\frac{3}{8}$$

문제 이해하기 ➤ $5\frac{●}{8}, 3\frac{▲}{8}$ 는 대분수이므로 ●와 ▲에는 1부터 7까지의 수가 들어갈 수 있습니다.

➤ $5\frac{●}{8}-3\frac{▲}{8}=(5-3)+(\frac{●}{8}-\frac{▲}{8})=2+\frac{●-▲}{8}=2\frac{●-▲}{8}=2\frac{3}{8}$

이므로 ●−▲=3입니다.

구하기 3

08 ①에 알맞은 수를 구하시오.

$$6-2\frac{2}{9}=①+1\frac{7}{9}$$

문제 이해하기 먼저 계산할 수 있는 식을 계산하여 간단히 하면

$6-2\frac{2}{9}=5\frac{9}{9}-2\frac{2}{9}=(5-2)+(\frac{9}{9}-\frac{2}{9})=3+\frac{7}{9}=3\frac{7}{9}$ 이므로

$3\frac{7}{9}=①+1\frac{7}{9}$ ➡ $①=3\frac{7}{9}-1\frac{7}{9}=2$입니다.

구하기 2

67

단원 마무리

09 기호 ⊙를 ㉮⊙㉯=㉮+㉯−㉯라고 약속할 때 다음을 계산해 보시오.

$$\frac{8}{11} ⊙ \frac{3}{11}$$

문제 이해하기 ㉮⊙㉯=㉮+㉯+㉮이므로 ㉮ 대신에 $\frac{8}{11}$, ㉯ 대신에 $\frac{3}{11}$ 을 넣어서 계산합니다.

$\frac{8}{11} ⊙ \frac{3}{11}=\frac{8}{11}+\frac{3}{11}=\frac{8+3}{11}-\frac{8}{11}=\frac{8+3+8}{11}-\frac{13}{11}=1\frac{2}{11}$

구하기 $1\frac{2}{11}$

10 ⊙에서 ⓒ까지의 길이는 몇 m입니까?

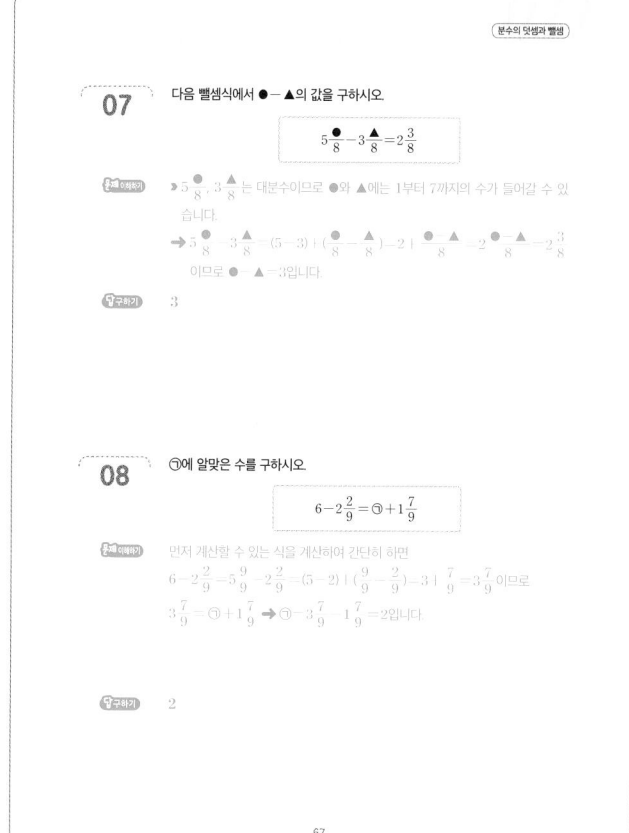

문제 이해하기 ➤ ⊙에서 ㉣까지의 길이는 ⊙에서 ⓒ까지의 길이와 ⓒ에서 ㉣까지의 길이의 합과 같습니다.

➤ (⊙~㉣)=(⊙~ⓒ)+(ⓒ~㉣)

$=4\frac{3}{8}+7\frac{7}{8}=(4+7)+(\frac{3}{8}+\frac{7}{8})=11+\frac{10}{8}=11+1\frac{2}{8}$

$=12\frac{2}{8}$ (m)

➤ ⊙에서 ⓒ까지의 길이는 ⊙에서 ㉣까지의 길이와 ⓒ에서 ㉣까지의 길이의 차와 같습니다.

➤ (⊙~ⓒ)=(⊙~㉣)−(ⓒ~㉣)=$12\frac{2}{8}-5\frac{5}{8}=11\frac{10}{8}-5\frac{5}{8}$

$=(11-5)+(\frac{10}{8}-\frac{5}{8})=6+\frac{5}{8}=6\frac{5}{8}$ (m)

구하기 $6\frac{5}{8}$ m

68

4주/1일

소수의 덧셈과 뺄셈

받아올림이 없는 소수 한 자리 수의 덧셈

소수 한 자리 수의 덧셈은 소수점의 자리를 맞추어 쓴 후
자연수의 덧셈과 같은 방법으로 계산하고
소수점을 그대로 내려 찍습니다.

$$0.2 + 0.4 = 0.6$$

실력 확인하기

다음을 계산해 보시오.

1	0.1 + 0.3 = 0.4	2	0.2 + 0.4 = 0.6	3	0.6 + 0.3 = 0.9
4	0.5 + 0.2 = 0.7	5	0.2 + 1.3 = 1.5	6	2.7 + 1.1 = 3.8
7	3.3 + 2.5 = 5.8	8	1.4 + 3.4 = 4.8	9	5.4 + 3.5 = 8.9

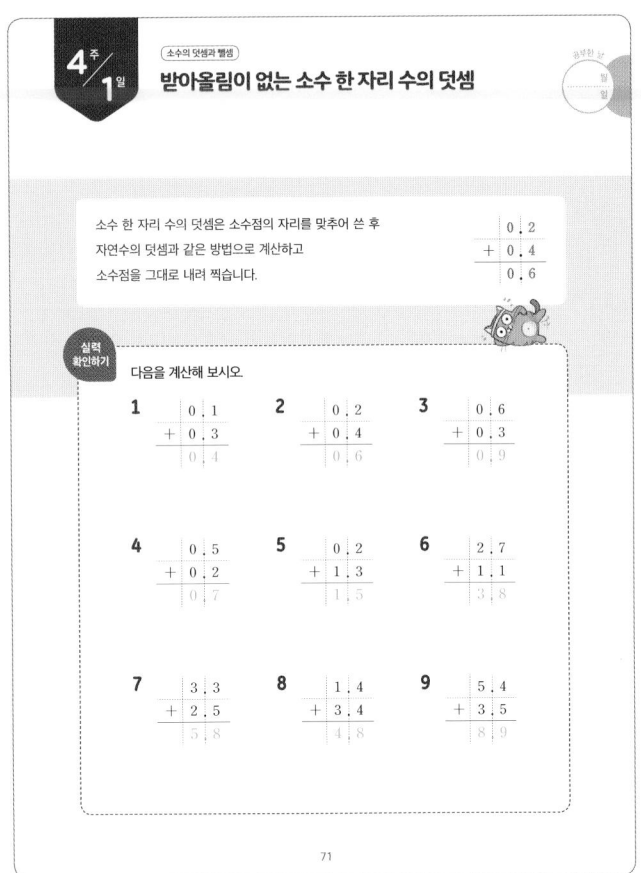

71

---

1 물을 범진이는 0.3 L 마셨고, 연주는 0.4 L 마셨습니다. 범진이와 연주가 마신 물은 모두 몇 L입니까?

문제 이해하기
▶ 범진이가 마신 물의 양: 0.3 L
▶ 연주가 마신 물의 양: 0.4 L
➔ 마신 물의 양을 그림으로 나타내 더하면

0.3 ➔ 0.1이 3 개
0.4 ➔ 0.1이 4 개
0.1이 7 개

식 세우기
(두 사람이 마신 물의 양)
=(범진이가 마신 물의 양)+(연주가 마신 물의 양)
= 0.3 + 0.4 = 0.7

구하기 0.7 L

2 효선이가 어제 모은 폐휴지는 0.2 kg이고, 오늘 모은 폐휴지는 0.6 kg입니다. 어제와 오늘 모은 폐휴지는 모두 몇 kg입니까?

문제 이해하기
▶ 어제 모은 폐휴지의 무게: 0.2 kg
▶ 오늘 모은 폐휴지의 무게: 0.6 kg

식 세우기
(어제와 오늘 모은 폐휴지의 무게)
=(어제 모은 무게)+(오늘 모은 무게)
= 0.2 + 0.6 = 0.8

구하기 0.8 kg

3 파란색 끈의 길이는 0.4 m이고, 노란색 끈의 길이는 0.5 m입니다. 파란색 끈과 노란색 끈의 길이는 모두 몇 m입니까?

문제 이해하기
▶ 파란색 끈의 길이: 0.4 m
▶ 노란색 끈의 길이: 0.5 m

식 세우기
(파란색 끈과 노란색 끈의 길이)
=(파란색 끈의 길이)
+(노란색 끈의 길이)
= 0.4 + 0.5 = 0.9

구하기 0.9 m

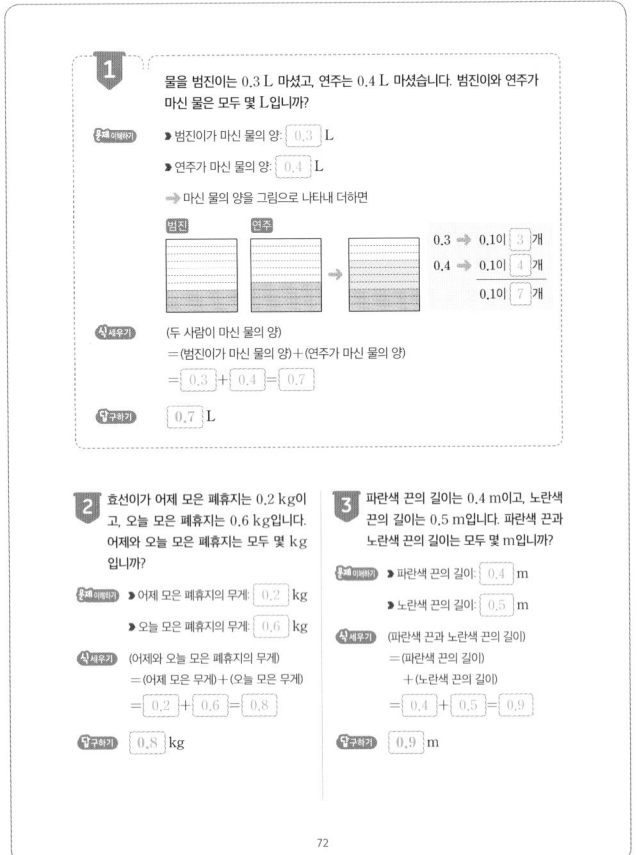

72

---

4 민서가 시장에서 감자와 고구마를 샀습니다. 감자를 1.2 kg 사고 고구마를 감자보다 0.5 kg 더 샀다면 민서가 산 고구마는 몇 kg입니까?

문제 이해하기
▶ 감자의 무게: 1.2 kg
▶ 산 감자와 고구마 무게의 차이: 0.5 kg
➔ 고구마의 무게를 수직선에 나타내어 더하면

0 ──── 1.2 ──── 0.5 ──── 2

식 세우기
(고구마의 무게)=(감자의 무게)+(산 감자와 고구마 무게의 차이)
= 1.2 + 0.5 = 1.7

구하기 1.7 kg

5 오늘 규호는 우유를 0.4 L 마셨고, 현아는 규호보다 0.4 L 더 마셨습니다. 오늘 현아가 마신 우유는 몇 L입니까?

문제 이해하기
▶ 규호가 마신 우유의 양: 0.4 L
▶ 규호와 현아가 마신 우유 양의 차이: 0.4 L

식 세우기
(현아가 마신 우유의 양)
=(규호가 마신 우유의 양)
+(규호와 현아가 마신 우유 양의 차이)
= 0.4 + 0.4 = 0.8

구하기 0.8 L

6 빨간색 크레파스의 길이는 5.3 cm이고, 파란색 크레파스는 빨간색 크레파스보다 0.6 cm 더 깁니다. 파란색 크레파스의 길이는 몇 cm입니까?

문제 이해하기
▶ 빨간색 크레파스의 길이: 5.3 cm
▶ 두 크레파스 길이의 차이: 0.6 cm

식 세우기
(파란색 크레파스의 길이)
=(빨간색 크레파스의 길이)
+(두 크레파스 길이의 차이)
= 5.3 + 0.6 = 5.9

구하기 5.9 cm

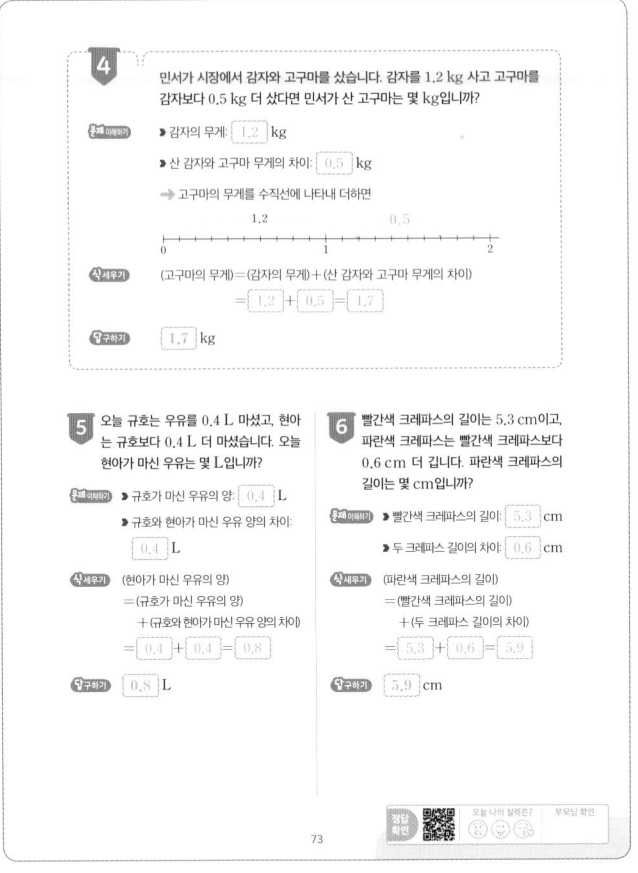

73

재미있는 수학 놀이터

빵 조각 운반하기

개미들이 빵 조각을 개미굴로 옮기고 있어요. 개미굴에는 여러 개의 방이 있는데 각 방에 놓는 빵 조각 무게의 합을 같게 만들려고 해요. 빵 조각을 짊어진 개미들은 각각 어느 방으로 가야 할까요? 개미의 이름표에 가야 할 방의 호수를 써 주세요.

74

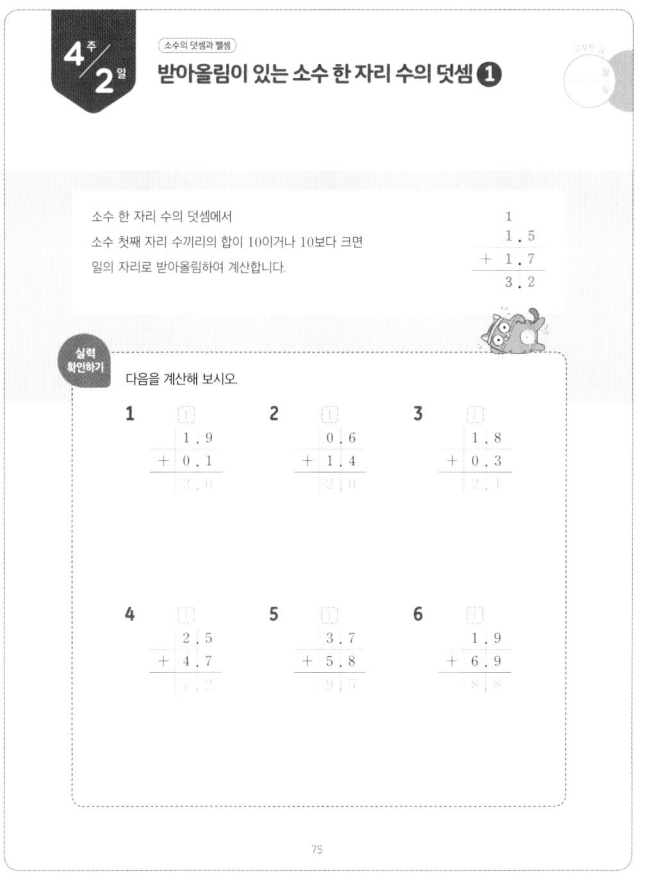

4주 2일 (소수의 덧셈과 뺄셈)

받아올림이 있는 소수 한 자리 수의 덧셈 ❶

소수 한 자리 수의 덧셈에서
소수 첫째 자리 수끼리의 합이 10이거나 10보다 크면
일의 자리로 받아올림하여 계산합니다.

```
      1
    1.5
  + 1.7
    3.2
```

실력 확인하기 다음을 계산해 보시오.

1
```
    1.9
  + 0.1
    2.0
```

2
```
    0.6
  + 1.4
    2.0
```

3
```
    1.8
  + 0.3
    2.1
```

4
```
    2.5
  + 4.7
    7.2
```

5
```
    3.7
  + 5.8
    9.5
```

6
```
    1.9
  + 6.9
    8.8
```

75

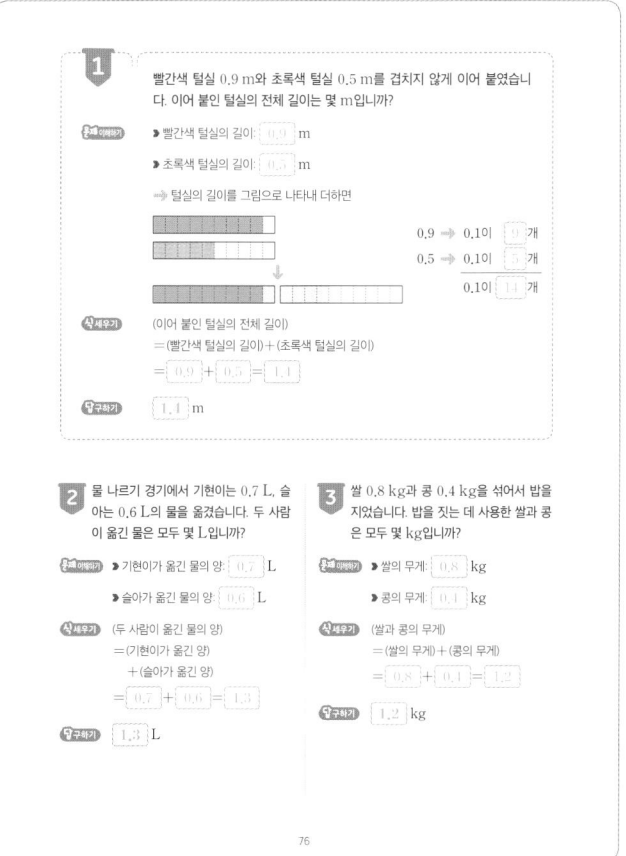

1 빨간색 털실 0.9 m와 초록색 털실 0.5 m를 겹치지 않게 이어 붙였습니다. 이어 붙인 털실의 전체 길이는 몇 m입니까?

문제 이해하기
▶ 빨간색 털실의 길이: 0.9 m
▶ 초록색 털실의 길이: 0.5 m
➡ 털실의 길이를 그림으로 나타내 더하면

0.9 ➡ 0.1이 9 개
0.5 ➡ 0.1이 5 개
0.1이 14 개

식 세우기 (이어 붙인 털실의 전체 길이)
=(빨간색 털실의 길이)+(초록색 털실의 길이)
= 0.9 + 0.5 = 1.4

답 구하기 1.4 m

2 물 나르기 경기에서 기현이는 0.7 L, 슬아는 0.6 L의 물을 옮겼습니다. 두 사람이 옮긴 물은 모두 몇 L입니까?

문제 이해하기
▶ 기현이가 옮긴 물의 양: 0.7 L
▶ 슬아가 옮긴 물의 양: 0.6 L

식 세우기 (두 사람이 옮긴 물의 양)
=(기현이가 옮긴 양)
+(슬아가 옮긴 양)
= 0.7 + 0.6 = 1.3

답 구하기 1.3 L

3 쌀 0.8 kg과 콩 0.4 kg을 섞어서 밥을 지었습니다. 밥을 짓는 데 사용한 쌀과 콩은 모두 몇 kg입니까?

문제 이해하기
▶ 쌀의 무게: 0.8 kg
▶ 콩의 무게: 0.4 kg

식 세우기 (쌀과 콩의 무게)
=(쌀의 무게)+(콩의 무게)
= 0.8 + 0.4 = 1.2

답 구하기 1.2 kg

76

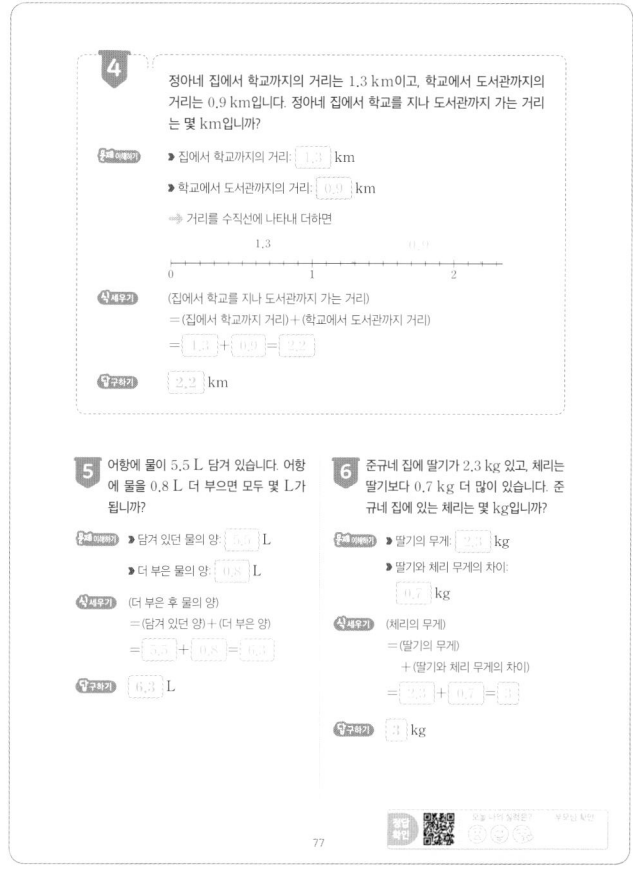

4 정아네 집에서 학교까지의 거리는 1.3 km이고, 학교에서 도서관까지의 거리는 0.9 km입니다. 정아네 집에서 학교를 지나 도서관까지 가는 거리는 몇 km입니까?

문제 이해하기
▶ 집에서 학교까지의 거리: 1.3 km
▶ 학교에서 도서관까지의 거리: 0.9 km
➡ 거리를 수직선에 나타내 더하면

식 세우기 (집에서 학교를 지나 도서관까지 가는 거리)
=(집에서 학교까지 거리)+(학교에서 도서관까지 거리)
= 1.3 + 0.9 = 2.2

답 구하기 2.2 km

5 어항에 물이 5.5 L 담겨 있습니다. 어항에 물을 0.8 L 더 부으면 모두 몇 L가 됩니까?

문제 이해하기
▶ 담겨 있던 물의 양: 5.5 L
▶ 더 부은 물의 양: 0.8 L

식 세우기 (더 부은 후 물의 양)
=(담겨 있던 양)+(더 부은 양)
= 5.5 + 0.8 = 6.3

답 구하기 6.3 L

6 준규네 집에 딸기가 2.3 kg 있고, 체리는 딸기보다 0.7 kg 더 많이 있습니다. 준규네 집에 있는 체리는 몇 kg입니까?

문제 이해하기
▶ 딸기의 무게: 2.3 kg
▶ 딸기와 체리 무게의 차이: 0.7 kg

식 세우기 (체리의 무게)
=(딸기의 무게)
+(딸기와 체리 무게의 차이)
= 2.3 + 0.7 = 3

답 구하기 3 kg

77

재미있는 수학 놀이터

배낭의 주인을 찾아라

내일은 체험 학습을 가는 날입니다. 미래와 친구들은 메모를 하며 자신에게 필요한 물품을 배낭에 넣었어요. 메모를 보고, 각 배낭에 주인의 이름을 써 보세요.

0.2 kg 0.3 kg 0.5 kg 0.3 kg
0.4 kg

0.3 kg 0.6 kg 0.7 kg 0.5 kg 0.2 kg

미래의 메모	
빵과 우유	✓
물 1병	✓
우비	✓
과자	✓
사진기	✓

대한이의 메모	
김밥 도시락	✓
물 2병	✓
모자	✓
양치 도구	✓
우산	✓

선우의 메모	
김밥 도시락	✓
물 1병	✓
사과 2개	✓
사진기	✓
우산	✓

0.6+0.5+0.2+0.3+0.5
=2.1 (kg)

0.7+1.0+0.2+0.3+0.4
=2.6 (kg)

0.7+0.5+0.6+0.5+0.4
=2.7 (kg)

대한 2.6 kg   미래 2.1 kg   선우 2.7 kg

78

17

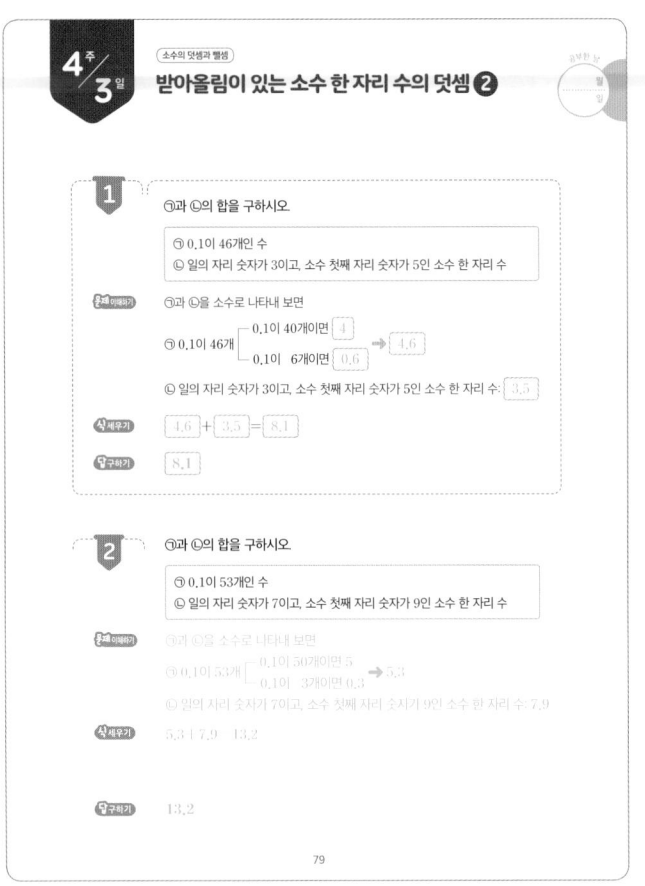

4주 3일

소수의 덧셈과 뺄셈

받아올림이 있는 소수 한 자리 수의 덧셈 ❷

1 ㉠과 ㉡의 합을 구하시오.

> ㉠ 0.1이 46개인 수
> ㉡ 일의 자리 숫자가 3이고, 소수 첫째 자리 숫자가 5인 소수 한 자리 수

문제 이해하기

㉠과 ㉡을 소수로 나타내 보면

㉠ 0.1이 46개 ┌ 0.1이 40개이면 4 ┐ → 4.6
              └ 0.1이 6개이면 0.6 ┘

㉡ 일의 자리 숫자가 3이고, 소수 첫째 자리 숫자가 5인 소수 한 자리 수: 3.5

식 세우기 4.6 + 3.5 = 8.1

답 구하기 8.1

2 ㉠과 ㉡의 합을 구하시오.

> ㉠ 0.1이 53개인 수
> ㉡ 일의 자리 숫자가 7이고, 소수 첫째 자리 숫자가 9인 소수 한 자리 수

문제 이해하기

㉠과 ㉡을 소수로 나타내 보면

㉠ 0.1이 53개 ┌ 0.1이 50개이면 5 ┐ → 5.3
              └ 0.1이 3개이면 0.3 ┘

㉡ 일의 자리 숫자가 7이고, 소수 첫째 자리 숫자가 9인 소수 한 자리 수: 7.9

식 세우기 5.3 + 7.9 = 13.2

답 구하기 13.2

79

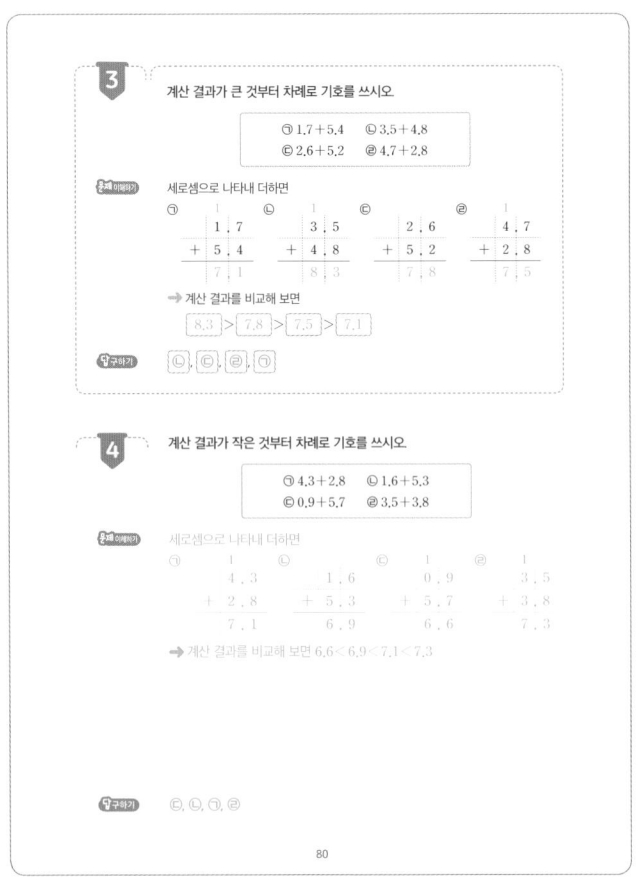

3 계산 결과가 큰 것부터 차례로 기호를 쓰시오.

> ㉠ 1.7 + 5.4　㉡ 3.5 + 4.8
> ㉢ 2.6 + 5.2　㉣ 4.7 + 2.8

문제 이해하기

세로셈으로 나타내 더하면

㉠　1.7 ㉡　3.5 ㉢　2.6 ㉣　4.7
 + 5.4 + 4.8 + 5.2 + 2.8
   7.1   8.3   7.8   7.5

→ 계산 결과를 비교해 보면

8.3 > 7.8 > 7.5 > 7.1

답 구하기 ㉡, ㉢, ㉣, ㉠

4 계산 결과가 작은 것부터 차례로 기호를 쓰시오.

> ㉠ 4.3 + 2.8　㉡ 1.6 + 5.3
> ㉢ 0.9 + 5.7　㉣ 3.5 + 3.8

문제 이해하기

세로셈으로 나타내 더하면

㉠　4.3 ㉡　1.6 ㉢　0.9 ㉣　3.5
 + 2.8 + 5.3 + 5.7 + 3.8
   7.1   6.9   6.6   7.3

→ 계산 결과를 비교해 보면 6.6 < 6.9 < 7.1 < 7.3

답 구하기 ㉢, ㉡, ㉠, ㉣

80

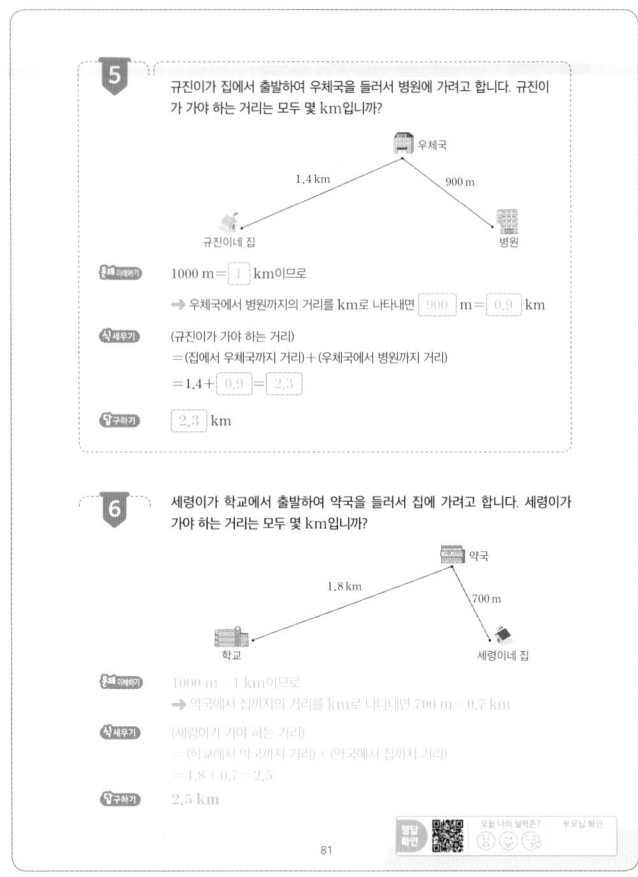

5 규진이가 집에서 출발하여 우체국을 들러서 병원에 가려고 합니다. 규진이가 가야 하는 거리는 모두 몇 km입니까?

우체국
1.4 km　　900 m
규진이네 집　　병원

문제 이해하기

1000 m = 1 km이므로

→ 우체국에서 병원까지의 거리를 km로 나타내면 900 m = 0.9 km

식 세우기

(규진이가 가야 하는 거리)
= (집에서 우체국까지 거리) + (우체국에서 병원까지 거리)
= 1.4 + 0.9 = 2.3

답 구하기 2.3 km

6 세령이가 학교에서 출발하여 약국을 들러서 집에 가려고 합니다. 세령이가 가야 하는 거리는 모두 몇 km입니까?

약국
1.8 km　　700 m
학교　　세령이네 집

문제 이해하기

1000 m = 1 km이므로

→ 약국에서 집까지의 거리를 km로 나타내면 700 m = 0.7 km

식 세우기

(세령이가 가야 하는 거리)
= (학교에서 약국까지 거리) + (약국에서 집까지 거리)
= 1.8 + 0.7 = 2.5

답 구하기 2.5 km

81

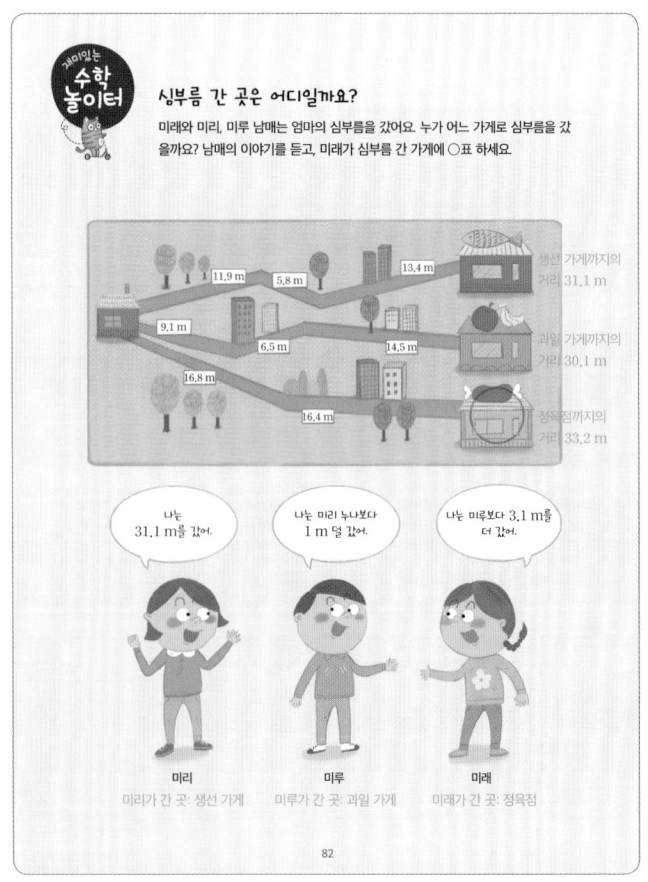

재미있는 **수학 놀이터**

심부름 간 곳은 어디일까요?

미래와 미리, 미루 남매는 엄마의 심부름을 갔어요. 누가 어느 가게로 심부름을 갔을까요? 남매의 이야기를 듣고, 미래가 심부름 간 가게에 ○표 하세요.

11.9 m　5.8 m　13.4 m
9.1 m
6.5 m　14.5 m
16.8 m
16.4 m

생선 가게까지의 거리 31.1 m
과일 가게까지의 거리 30.1 m
정육점까지의 거리 33.2 m

나는 31.1 m를 갔어.
나는 미리 누나보다 1 m 덜 갔어.
나는 미루보다 3.1 m를 더 갔어.

미리
미리가 간 곳: 생선 가게

미루
미루가 간 곳: 과일 가게

미래
미래가 간 곳: 정육점

82

18

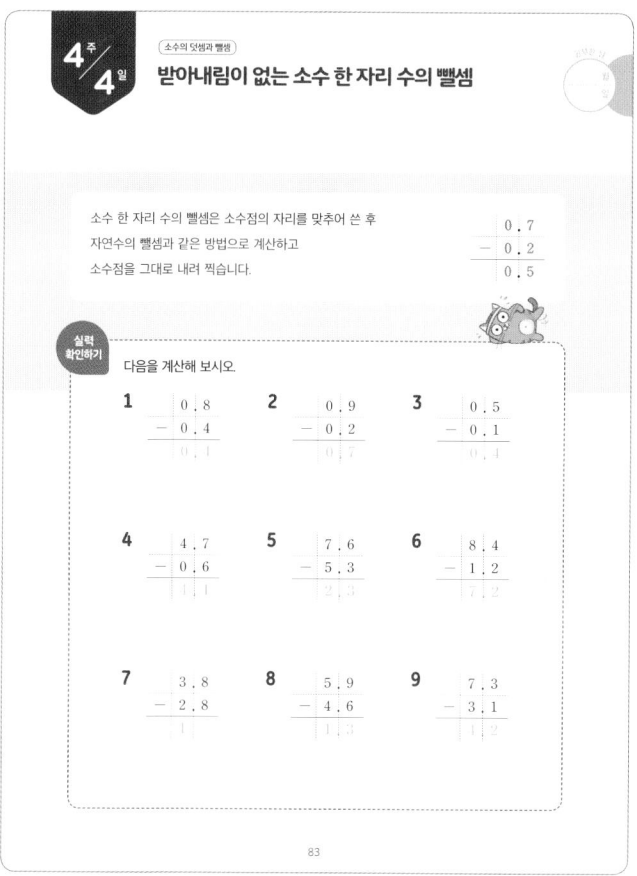

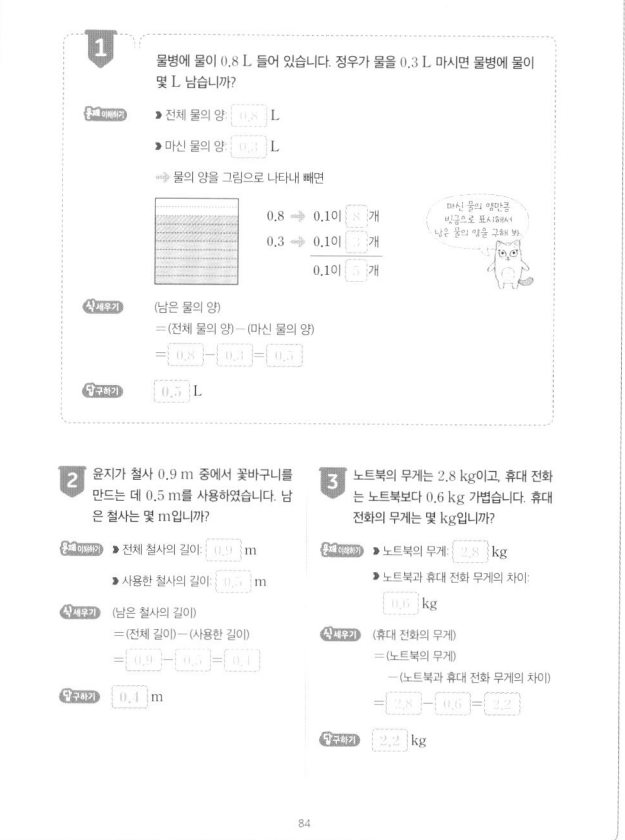

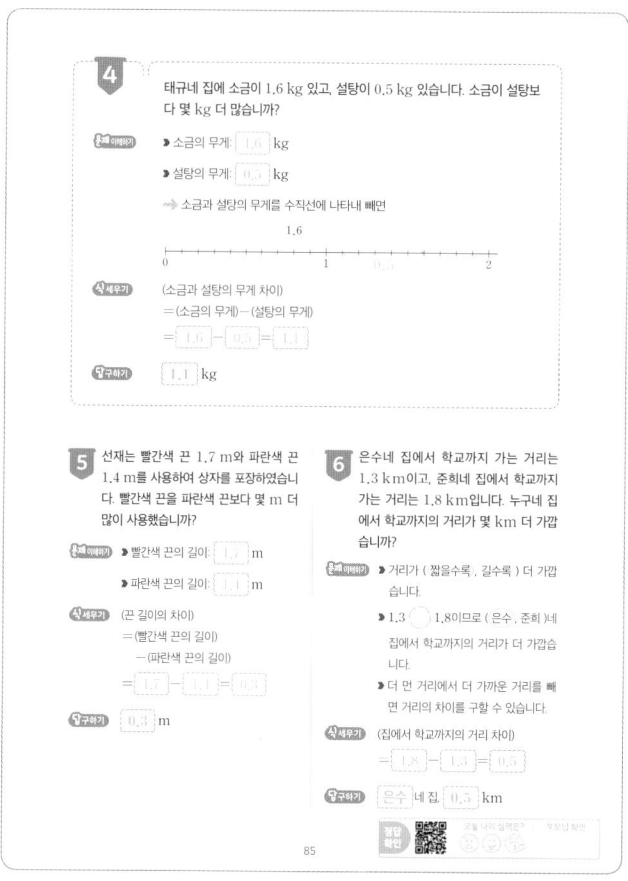

4주/4일 (소수의 덧셈과 뺄셈)
받아내림이 없는 소수 한 자리 수의 뺄셈

소수 한 자리 수의 뺄셈은 소수점의 자리를 맞추어 쓴 후
자연수의 뺄셈과 같은 방법으로 계산하고
소수점을 그대로 내려 찍습니다.

$$\begin{array}{r} 0.7 \\ -\ 0.2 \\ \hline 0.5 \end{array}$$

실력 확인하기

다음을 계산해 보시오.

1. $\begin{array}{r} 0.8 \\ -\ 0.4 \\ \hline 0.4 \end{array}$
2. $\begin{array}{r} 0.9 \\ -\ 0.2 \\ \hline 0.7 \end{array}$
3. $\begin{array}{r} 0.5 \\ -\ 0.1 \\ \hline 0.4 \end{array}$

4. $\begin{array}{r} 4.7 \\ -\ 0.6 \\ \hline 4.1 \end{array}$
5. $\begin{array}{r} 7.6 \\ -\ 5.3 \\ \hline 2.3 \end{array}$
6. $\begin{array}{r} 8.4 \\ -\ 1.2 \\ \hline 7.2 \end{array}$

7. $\begin{array}{r} 3.8 \\ -\ 2.8 \\ \hline 1 \end{array}$
8. $\begin{array}{r} 5.9 \\ -\ 4.6 \\ \hline 1.3 \end{array}$
9. $\begin{array}{r} 7.3 \\ -\ 3.1 \\ \hline 4.2 \end{array}$

83

---

1 물병에 물이 0.8 L 들어 있습니다. 정우가 물을 0.3 L 마시면 물병에 물이 몇 L 남습니까?

문제 이해하기
▶ 전체 물의 양: 0.8 L
▶ 마신 물의 양: 0.3 L

➡ 물의 양을 그림으로 나타내 빼면

0.8 은 0.1이 8 개
0.3 은 0.1이 3 개
남은 물의 양 0.1이 5 개

식 세우기
(남은 물의 양)
=(전체 물의 양)−(마신 물의 양)
= 0.8 − 0.3 = 0.5

답 구하기 0.5 L

2 윤지가 철사 0.9 m 중에서 꽃바구니를 만드는 데 0.5 m를 사용하였습니다. 남은 철사는 몇 m입니까?

문제 이해하기
▶ 전체 철사의 길이: 0.9 m
▶ 사용한 철사의 길이: 0.5 m

식 세우기
(남은 철사의 길이)
=(전체 길이)−(사용한 길이)
= 0.9 − 0.5 = 0.4

답 구하기 0.4 m

3 노트북의 무게는 2.8 kg이고, 휴대 전화는 노트북보다 0.6 kg 가볍습니다. 휴대 전화의 무게는 몇 kg입니까?

문제 이해하기
▶ 노트북의 무게: 2.8 kg
▶ 노트북과 휴대 전화 무게의 차이: 0.6 kg

식 세우기
(휴대 전화의 무게)
=(노트북의 무게)
　−(노트북과 휴대 전화 무게의 차이)
= 2.8 − 0.6 = 2.2

답 구하기 2.2 kg

84

---

4 태규네 집에 소금이 1.6 kg 있고, 설탕이 0.5 kg 있습니다. 소금이 설탕보다 몇 kg 더 많습니까?

문제 이해하기
▶ 소금의 무게: 1.6 kg
▶ 설탕의 무게: 0.5 kg

➡ 소금과 설탕의 무게를 수직선에 나타내 빼면

```
            1.6
0           1           2
```

식 세우기
(소금과 설탕의 무게 차이)
=(소금의 무게)−(설탕의 무게)
= 1.6 − 0.5 = 1.1

답 구하기 1.1 kg

5 선재는 빨간색 끈 1.7 m와 파란색 끈 1.4 m를 사용하여 상자를 포장하였습니다. 빨간색 끈을 파란색 끈보다 몇 m 더 많이 사용했습니까?

문제 이해하기
▶ 빨간색 끈의 길이: 1.7 m
▶ 파란색 끈의 길이: 1.4 m

식 세우기
(끈 길이의 차이)
=(빨간색 끈의 길이)
　−(파란색 끈의 길이)
= 1.7 − 1.4 = 0.3

답 구하기 0.3 m

6 은수네 집에서 학교까지 가는 거리는 1.3 km이고, 준희네 집에서 학교까지 가는 거리는 1.8 km입니다. 누구네 집에서 학교까지의 거리가 몇 km 더 가깝습니까?

문제 이해하기
▶ 거리가 (짧을수록 , 길수록) 더 가깝습니다.
▶ 1.3 ◯ 1.8이므로, (은수 , 준희)네 집에서 학교까지의 거리가 더 가깝습니다.
▶ 더 먼 거리에서 더 가까운 거리를 빼면 거리의 차이를 구할 수 있습니다.

식 세우기
(집에서 학교까지의 거리 차이)
= 1.8 − 1.3 = 0.5

답 구하기 은수 네 집, 0.5 km

85

재미있는 수학 놀이터
스파이를 찾아라

비밀 모임에 초대된 탐정들은 수 카드를 하나씩 받았어요. 탐정들은 둘씩 짝을 이루어 일을 하는데, 짝이 되는 탐정끼리는 카드에 적힌 수가 1.3만큼 차이 납니다. 서로의 짝을 선으로 연결하고, 짝이 없는 스파이를 찾아 ◯표 하세요.

3.6 − 2.3 = 1.3

6.7 − 5.4 = 1.3

5.6 − 4.3 = 1.3

3.6　6.7　4.8　5.4　5.6　2.3　4.3

86

19

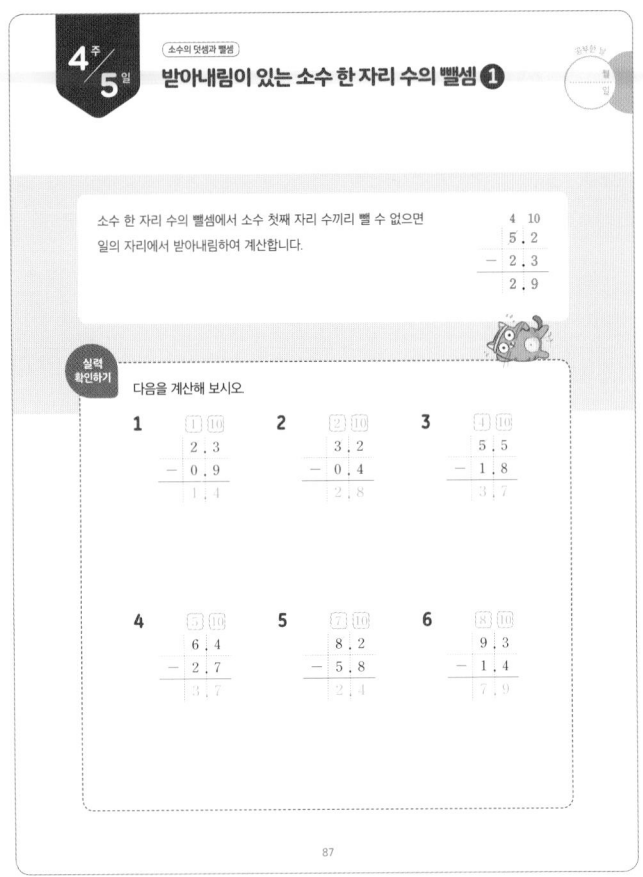

4주 5일 (소수의 덧셈과 뺄셈)

받아내림이 있는 소수 한 자리 수의 뺄셈 ❶

소수 한 자리 수의 뺄셈에서 소수 첫째 자리 수끼리 뺄 수 없으면 일의 자리에서 받아내림하여 계산합니다.

$$\begin{array}{r} {}^{4}\!\!\!\!\!{}^{10} \\ 5.2 \\ -\ 2.3 \\ \hline 2.9 \end{array}$$

실력 확인하기

다음을 계산해 보시오.

1
$$\begin{array}{r} {}^{1}\!\!\!\!\!{}^{10} \\ 2.3 \\ -\ 0.9 \\ \hline 1.4 \end{array}$$

2
$$\begin{array}{r} {}^{2}\!\!\!\!\!{}^{10} \\ 3.2 \\ -\ 0.4 \\ \hline 2.8 \end{array}$$

3
$$\begin{array}{r} {}^{4}\!\!\!\!\!{}^{10} \\ 5.5 \\ -\ 1.8 \\ \hline 3.7 \end{array}$$

4
$$\begin{array}{r} {}^{5}\!\!\!\!\!{}^{10} \\ 6.4 \\ -\ 2.7 \\ \hline 3.7 \end{array}$$

5
$$\begin{array}{r} {}^{7}\!\!\!\!\!{}^{10} \\ 8.2 \\ -\ 5.8 \\ \hline 2.4 \end{array}$$

6
$$\begin{array}{r} {}^{8}\!\!\!\!\!{}^{10} \\ 9.3 \\ -\ 1.4 \\ \hline 7.9 \end{array}$$

87

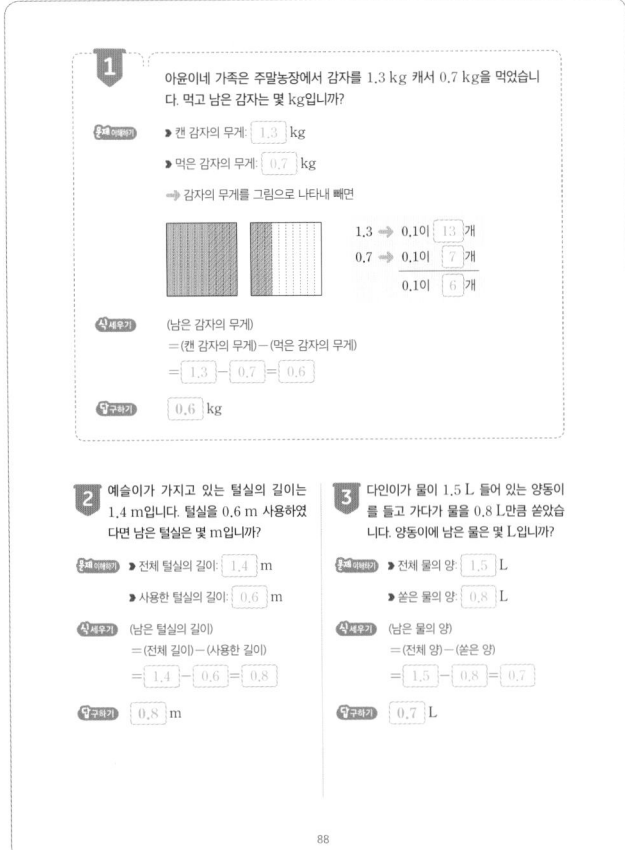

1 아윤이네 가족은 주말농장에서 감자를 1.3 kg 캐서 0.7 kg을 먹었습니다. 먹고 남은 감자는 몇 kg입니까?

문제 이해하기
▶ 캔 감자의 무게: 1.3 kg
▶ 먹은 감자의 무게: 0.7 kg

➡ 감자의 무게를 그림으로 나타내 빼면

1.3 ➡ 0.1이 13 개
0.7 ➡ 0.1이 7 개
　　　 0.1이 6 개

식 세우기
(남은 감자의 무게)
=(캔 감자의 무게)−(먹은 감자의 무게)
= 1.3 − 0.7 = 0.6

답 구하기 0.6 kg

2 예슬이가 가지고 있는 털실의 길이는 1.4 m입니다. 털실을 0.6 m 사용하였다면 남은 털실은 몇 m입니까?

문제 이해하기
▶ 전체 털실의 길이: 1.4 m
▶ 사용한 털실의 길이: 0.6 m

식 세우기
(남은 털실의 길이)
=(전체 길이)−(사용한 길이)
= 1.4 − 0.6 = 0.8

답 구하기 0.8 m

3 다인이가 물이 1.5 L 들어 있는 양동이를 들고 가다가 물을 0.8 L만큼 쏟았습니다. 양동이에 남은 물은 몇 L입니까?

문제 이해하기
▶ 전체 물의 양: 1.5 L
▶ 쏟은 물의 양: 0.8 L

식 세우기
(남은 물의 양)
=(전체 양)−(쏟은 양)
= 1.5 − 0.8 = 0.7

답 구하기 0.7 L

88

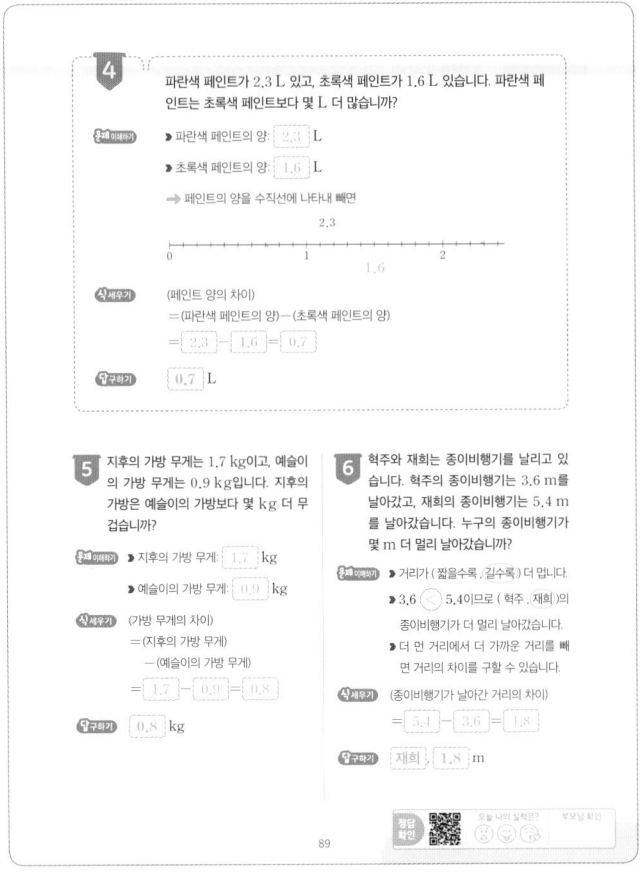

4 파란색 페인트가 2.3 L 있고, 초록색 페인트가 1.6 L 있습니다. 파란색 페인트는 초록색 페인트보다 몇 L 더 많습니까?

문제 이해하기
▶ 파란색 페인트의 양: 2.3 L
▶ 초록색 페인트의 양: 1.6 L

➡ 페인트의 양을 수직선에 나타내 빼면

식 세우기
(페인트 양의 차이)
=(파란색 페인트의 양)−(초록색 페인트의 양)
= 2.3 − 1.6 = 0.7

답 구하기 0.7 L

5 지후의 가방 무게는 1.7 kg이고, 예슬이의 가방 무게는 0.9 kg입니다. 지후의 가방은 예슬이의 가방보다 몇 kg 더 무겁습니까?

문제 이해하기
▶ 지후의 가방 무게: 1.7 kg
▶ 예슬이의 가방 무게: 0.9 kg

식 세우기
(가방 무게의 차이)
=(지후의 가방 무게)
　−(예슬이의 가방 무게)
= 1.7 − 0.9 = 0.8

답 구하기 0.8 kg

6 혁주와 재희는 종이비행기를 날리고 있습니다. 혁주의 종이비행기는 3.6 m를 날아갔고, 재희의 종이비행기는 5.4 m를 날아갔습니다. 누구의 종이비행기가 몇 m 더 멀리 날아갔습니까?

문제 이해하기
▶ 거리가 (짧을수록 , 길수록) 더 멉니다.
▶ 3.6 < 5.4이므로 (혁주 , 재희)의 종이비행기가 더 멀리 날아갔습니다.
▶ 더 먼 거리에서 더 가까운 거리를 빼면 거리의 차이를 구할 수 있습니다.

식 세우기
(종이비행기가 날아간 거리의 차이)
= 5.4 − 3.6 = 1.8

답 구하기 재희 1.8 m

89

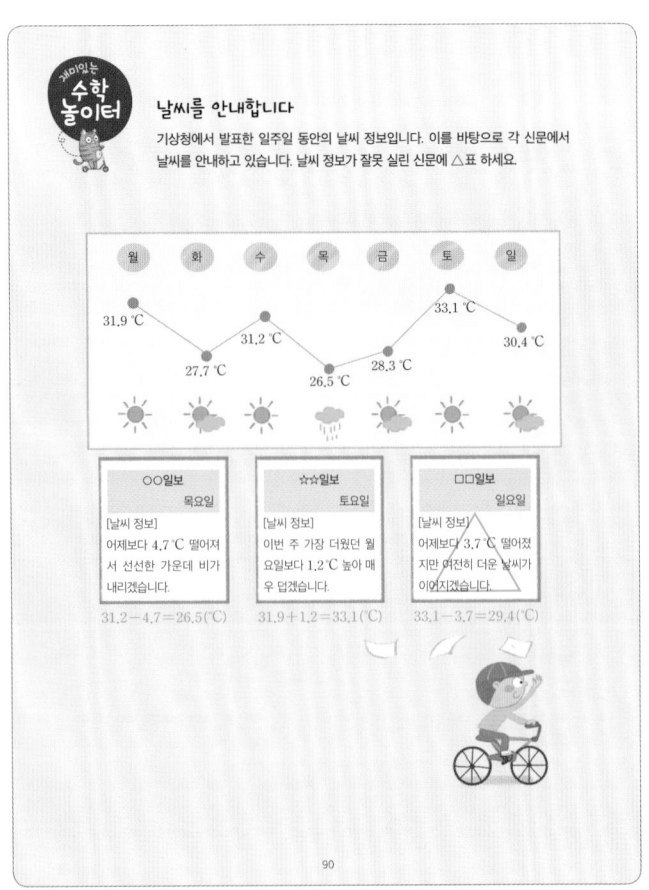

재미있는 수학 놀이터

날씨를 안내합니다

기상청에서 발표한 일주일 동안의 날씨 정보입니다. 이를 바탕으로 각 신문에서 날씨를 안내하고 있습니다. 날씨 정보가 잘못 실린 신문에 △표 하세요.

| 월 | 화 | 수 | 목 | 금 | 토 | 일 |

31.9 ℃　31.2 ℃　27.7 ℃　26.5 ℃　28.3 ℃　33.1 ℃　30.4 ℃

○○일보 목요일
[날씨 정보]
어제보다 4.7℃ 떨어져서 선선한 가운데 비가 내리겠습니다.
31.2−4.7=26.5(℃)

☆☆일보 토요일
[날씨 정보]
이번 주 가장 더웠던 월요일보다 1.2℃ 높아 매우 덥겠습니다.
31.9+1.2=33.1(℃)

□□일보 일요일
[날씨 정보]
어제보다 3.7℃ 떨어졌지만 여전히 더운 날씨가 이어지겠습니다.
33.1−3.7=29.4(℃)

90

20

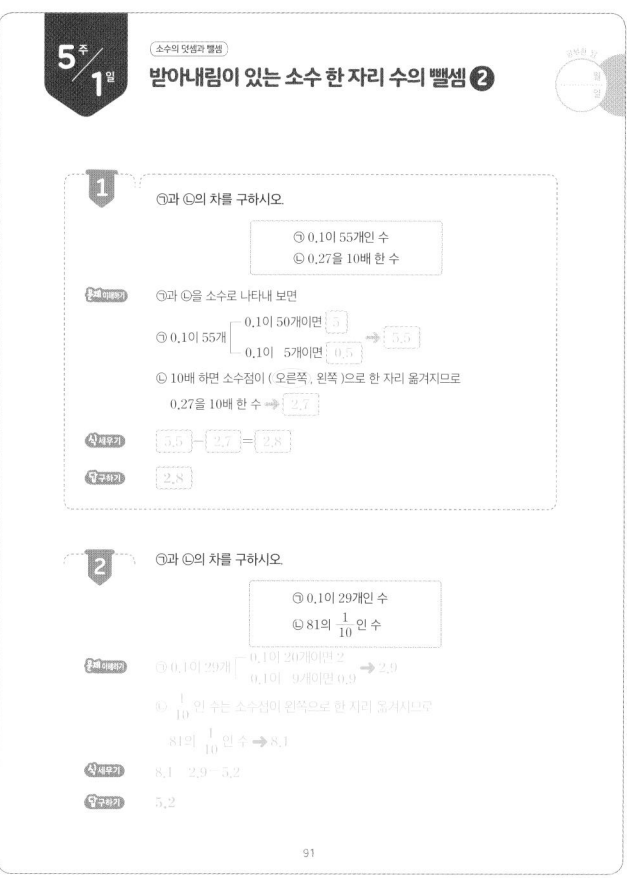

5주/1일 소수의 덧셈과 뺄셈
받아내림이 있는 소수 한 자리 수의 뺄셈 ❷

1 ㉠과 ㉡의 차를 구하시오.

> ㉠ 0.1이 55개인 수
> ㉡ 0.27을 10배 한 수

문제 이해하기 ㉠과 ㉡을 소수로 나타내 보면

㉠ 0.1이 55개 ┌ 0.1이 50개이면 5 ┐ → 5.5
　　　　　　　└ 0.1이 5개이면 0.5 ┘

㉡ 10배 하면 소수점이 (오른쪽, 왼쪽)으로 한 자리 옮겨지므로
0.27을 10배 한 수 → 2.7

식세우기 5.5 − 2.7 = 2.8
구하기 2.8

2 ㉠과 ㉡의 차를 구하시오.

> ㉠ 0.1이 29개인 수
> ㉡ 81의 $\frac{1}{10}$ 인 수

문제 이해하기 ㉠ 0.1이 29개 ┌ 0.1이 20개이면 2.9 ... 2.9
㉡ $\frac{1}{10}$ 인 수는 소수점이 왼쪽으로 한 자리 옮겨지므로
81의 $\frac{1}{10}$ 인 수 → 8.1

식세우기 8.1 − 2.9 = 5.2
구하기 5.2

91

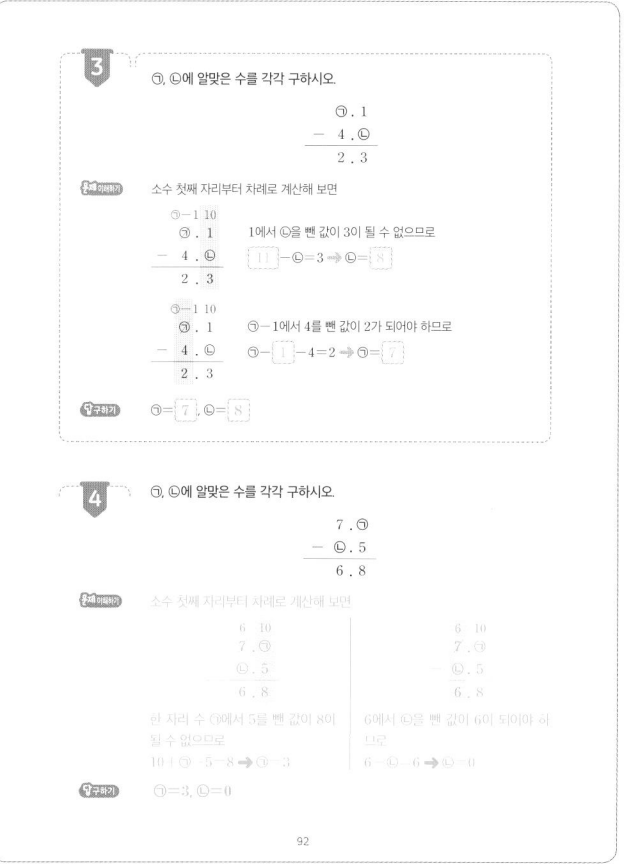

3 ㉠, ㉡에 알맞은 수를 각각 구하시오.

```
    ㉠ . 1
  −  4 . ㉡
  ─────────
    2 . 3
```

문제 이해하기 소수 첫째 자리부터 차례로 계산해 보면

```
    ㉠−1  10
    ㉠ . 1
  −  4 . ㉡
  ─────────
    2 . 3
```
1에서 ㉡을 뺀 값이 3이 될 수 없으므로
11 − ㉡ = 3 → ㉡ = 8

```
    ㉠−1  10
    ㉠ . 1
  −  4 . ㉡
  ─────────
    2 . 3
```
㉠−1에서 4를 뺀 값이 2가 되어야 하므로
㉠ − 1 − 4 = 2 → ㉠ = 7

구하기 ㉠ = 7, ㉡ = 8

4 ㉠, ㉡에 알맞은 수를 각각 구하시오.

```
    7 . ㉠
  −  ㉡ . 5
  ─────────
    6 . 8
```

문제 이해하기 소수 첫째 자리부터 차례로 계산해 보면

```
    6  10               6  10
    7 . ㉠               7 . ㉠
  −  ㉡ . 5            −  ㉡ . 5
  ─────────          ─────────
    6 . 8               6 . 8
```

한 자리 수 6에서 5를 뺀 값이 8이
될 수 없으므로
10+㉠−5=8 → ㉠=3

6에서 ㉡을 뺀 값이 6이 되어야 하
므로
6−㉡−6 → ㉡=0

구하기 ㉠=3, ㉡=0

92

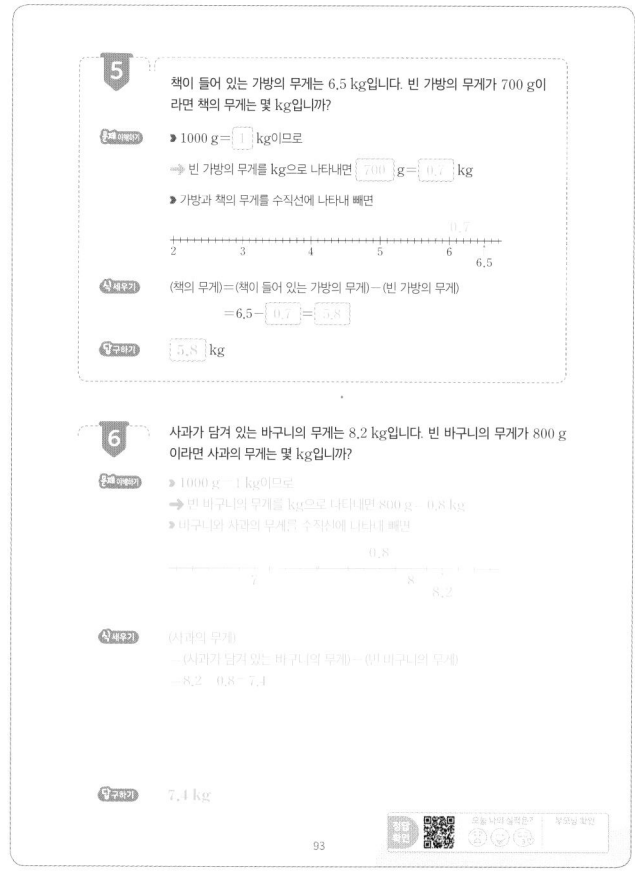

5 책이 들어 있는 가방의 무게는 6.5 kg입니다. 빈 가방의 무게가 700 g이라면 책의 무게는 몇 kg입니까?

문제 이해하기
▶ 1000 g = 1 kg이므로
→ 빈 가방의 무게를 kg으로 나타내면 700 g = 0.7 kg

▶ 가방과 책의 무게를 수직선에 나타내 빼면
```
                              0.7
  2 ─── 3 ─── 4 ─── 5 ─── 6 ─ 6.5
```

식세우기 (책의 무게)=(책이 들어 있는 가방의 무게)−(빈 가방의 무게)
= 6.5 − 0.7 = 5.8

구하기 5.8 kg

6 사과가 담겨 있는 바구니의 무게는 8.2 kg입니다. 빈 바구니의 무게가 800 g이라면 사과의 무게는 몇 kg입니까?

문제 이해하기
▶ 1000 g = 1 kg이므로
→ 빈 바구니의 무게를 kg으로 나타내면 800 g = 0.8 kg
▶ 바구니와 사과의 무게를 수직선에 나타내 빼면
```
                              0.8
  7 ─────────── × ─────── 8.2
```

식세우기 (사과의 무게)
= (사과가 담겨 있는 바구니의 무게) − (빈 바구니의 무게)
= 8.2 − 0.8 = 7.4

구하기 7.4 kg

93

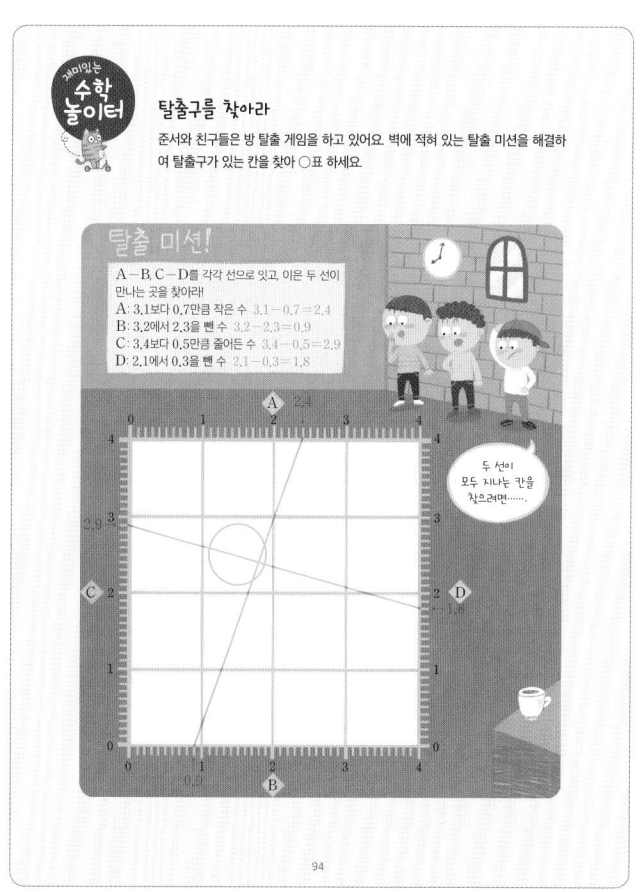

재미있는 **수학놀이터**

탈출구를 찾아라

준서와 친구들은 방 탈출 게임을 하고 있어요. 벽에 적혀 있는 탈출 미션을 해결하여 탈출구가 있는 칸을 찾아 ○표 하세요.

탈출 미션!

A − B, C − D를 각각 선으로 잇고, 이은 두 선이 만나는 곳을 찾아라!
A: 3.1보다 0.7만큼 작은 수 3.1 − 0.7 = 2.4
B: 3.2에서 2.3을 뺀 수 3.2 − 2.3 = 0.9
C: 3.4보다 0.5만큼 줄어든 수 3.4 − 0.5 = 2.9
D: 2.1에서 0.3을 뺀 수 2.1 − 0.3 = 1.8

두 선이 모두 지나는 칸을 찾으려면······

94

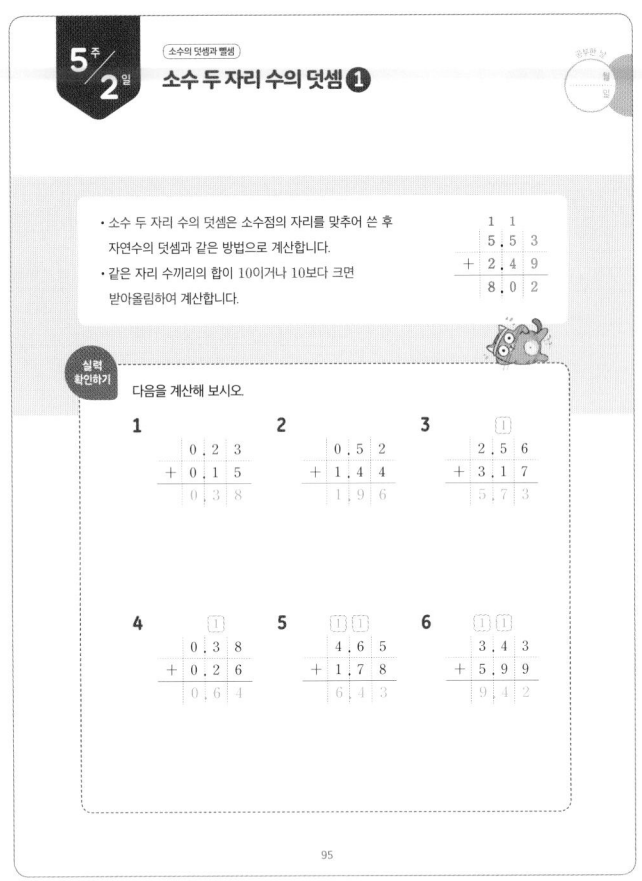

소수의 덧셈과 뺄셈

소수 두 자리 수의 덧셈 ❶

- 소수 두 자리 수의 덧셈은 소수점의 자리를 맞추어 쓴 후 자연수의 덧셈과 같은 방법으로 계산합니다.
- 같은 자리 수끼리의 합이 10이거나 10보다 크면 받아올림하여 계산합니다.

$$
\begin{array}{r}
1\,\,1 \\
5\,.\,5\,3 \\
+\ 2\,.\,4\,9 \\
\hline
8\,.\,0\,2
\end{array}
$$

실력 확인하기

다음을 계산해 보시오.

1
$$
\begin{array}{r}
0\,.\,2\,3 \\
+\ 0\,.\,1\,5 \\
\hline
0\,.\,3\,8
\end{array}
$$

2
$$
\begin{array}{r}
0\,.\,5\,2 \\
+\ 1\,.\,4\,4 \\
\hline
1\,.\,9\,6
\end{array}
$$

3
$$
\begin{array}{r}
2\,.\,5\,6 \\
+\ 3\,.\,1\,7 \\
\hline
5\,.\,7\,3
\end{array}
$$

4
$$
\begin{array}{r}
0\,.\,3\,8 \\
+\ 0\,.\,2\,6 \\
\hline
0\,.\,6\,4
\end{array}
$$

5
$$
\begin{array}{r}
4\,.\,6\,5 \\
+\ 1\,.\,7\,8 \\
\hline
6\,.\,4\,3
\end{array}
$$

6
$$
\begin{array}{r}
3\,.\,4\,3 \\
+\ 5\,.\,9\,9 \\
\hline
9\,.\,4\,2
\end{array}
$$

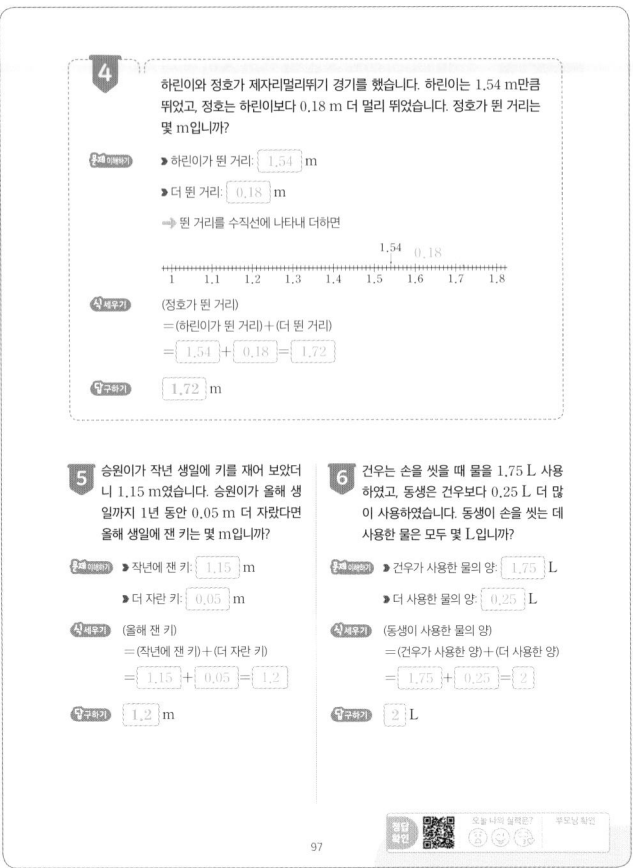

4 하린이와 정호가 제자리멀리뛰기 경기를 했습니다. 하린이는 1.54 m만큼 뛰었고, 정호는 하린이보다 0.18 m 더 멀리 뛰었습니다. 정호가 뛴 거리는 몇 m입니까?

문제 이해하기
- ▶ 하린이가 뛴 거리: [1.54] m
- ▶ 더 뛴 거리: [0.18] m
- ➡ 뛴 거리를 수직선에 나타내 더하면

1.54 0.18
1.0 1.1 1.2 1.3 1.4 1.5 1.6 1.7 1.8

식 세우기 (정호가 뛴 거리)
= (하린이가 뛴 거리) + (더 뛴 거리)
= [1.54] + [0.18] = [1.72]

답 구하기 [1.72] m

5 승원이가 작년 생일에 키를 재어 보았더니 1.15였습니다. 승원이가 올해 생일까지 1년 동안 0.05 m 더 자랐다면 올해 생일에 잰 키는 몇 m입니까?

문제 이해하기
- ▶ 작년에 잰 키: [1.15] m
- ▶ 더 자란 키: [0.05] m

식 세우기 (올해 잰 키)
= (작년에 잰 키) + (더 자란 키)
= [1.15] + [0.05] = [1.2]

답 구하기 [1.2] m

6 건우는 손을 씻을 때 물을 1.75 L 사용하였고, 동생은 건우보다 0.25 L 더 많이 사용하였습니다. 동생이 손을 씻는 데 사용한 물은 모두 몇 L입니까?

문제 이해하기
- ▶ 건우가 사용한 물의 양: [1.75] L
- ▶ 더 사용한 물의 양: [0.25] L

식 세우기 (동생이 사용한 물의 양)
= (건우가 사용한 양) + (더 사용한 양)
= [1.75] + [0.25] = [2]

답 구하기 [2] L

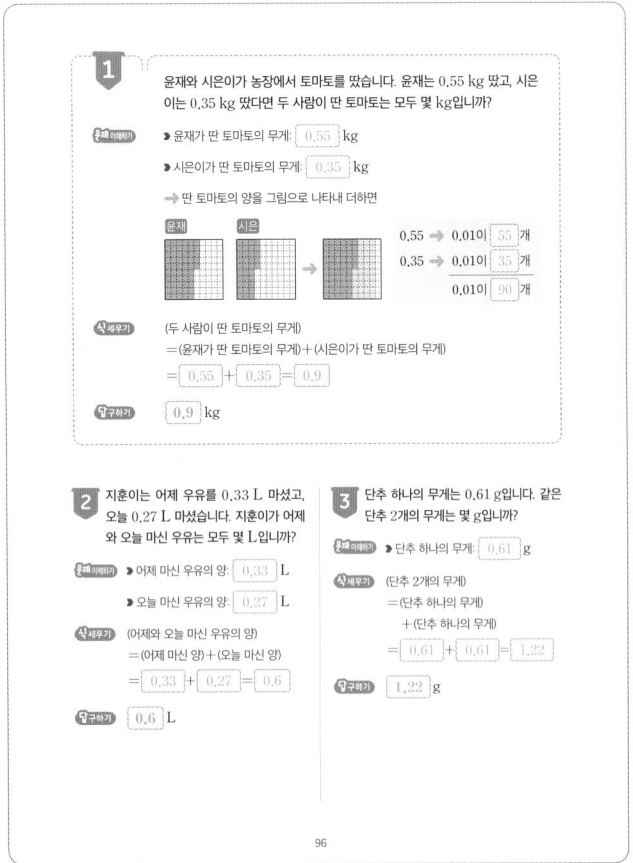

1 윤재와 시은이가 농장에서 토마토를 땄습니다. 윤재는 0.55 kg 땄고, 시은이는 0.35 kg 땄다면 두 사람이 딴 토마토는 모두 몇 kg입니까?

문제 이해하기
- ▶ 윤재가 딴 토마토의 무게: [0.55] kg
- ▶ 시은이가 딴 토마토의 무게: [0.35] kg
- ➡ 딴 토마토의 양을 그림으로 나타내 더하면

윤재 시은

0.55 ➡ 0.01이 [55]개
0.35 ➡ 0.01이 [35]개
0.01이 [90]개

식 세우기 (두 사람이 딴 토마토의 무게)
= (윤재가 딴 토마토의 무게) + (시은이가 딴 토마토의 무게)
= [0.55] + [0.35] = [0.9]

답 구하기 [0.9] kg

2 지훈이는 어제 우유를 0.33 L 마셨고, 오늘 0.27 L 마셨습니다. 지훈이가 어제와 오늘 마신 우유는 모두 몇 L입니까?

문제 이해하기
- ▶ 어제 마신 우유의 양: [0.33] L
- ▶ 오늘 마신 우유의 양: [0.27] L

식 세우기 (어제와 오늘 마신 우유의 양)
= (어제 마신 양) + (오늘 마신 양)
= [0.33] + [0.27] = [0.6]

답 구하기 [0.6] L

3 단추 하나의 무게는 0.61 g입니다. 같은 단추 2개의 무게는 몇 g입니까?

문제 이해하기
- ▶ 단추 하나의 무게: [0.61] g

식 세우기 (단추 2개의 무게)
= (단추 하나의 무게)
+ (단추 하나의 무게)
= [0.61] + [0.61] = [1.22]

답 구하기 [1.22] g

재미있는 수학놀이터

내 바구니의 공은 몇 kg?

공 나르기 경기가 열렸어요. 첫 번째 선수가 공 2개를 나르고, 그다음 선수부터는 공이 1개씩 추가돼요. 공 1개의 무게는 0.28 kg입니다. 미래와 규호가 옮기고 있는 공 개수가 되도록 바구니에 ○표 하고, 옮기고 있는 공 무게의 합을 써 보세요.

22

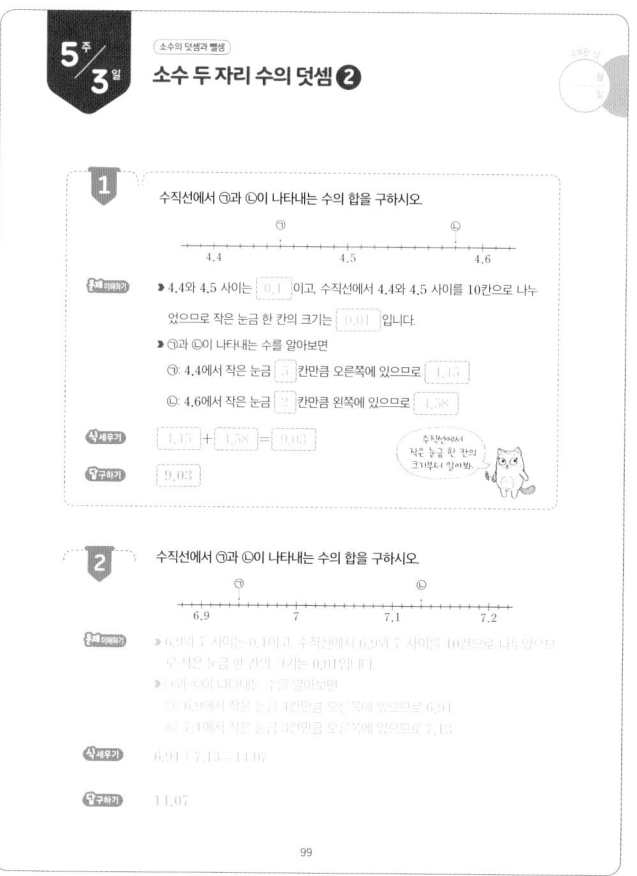

5주/3일

소수의 덧셈과 뺄셈

소수 두 자리 수의 덧셈 ❷

1 수직선에서 ㉠과 ㉡이 나타내는 수의 합을 구하시오.

㉠ ㉡

4.4　　4.5　　4.6

▶ 4.4와 4.5 사이는 0.1 이고, 수직선에서 4.4와 4.5 사이를 10칸으로 나누었으므로 작은 눈금 한 칸의 크기는 0.01 입니다.

▶ ㉠과 ㉡이 나타내는 수를 알아보면
　㉠: 4.4에서 작은 눈금 5 칸만큼 오른쪽에 있으므로 4.45
　㉡: 4.6에서 작은 눈금 2 칸만큼 왼쪽에 있으므로 4.58

식세우기 $4.45 + 4.58 = 9.03$

구하기 9.03

2 수직선에서 ㉠과 ㉡이 나타내는 수의 합을 구하시오.

㉠ ㉡

6.9　　7.1　　7.2

▶ 6.9와 7 사이는 0.1이고, 수직선에서 6.9와 7 사이를 10칸으로 나누었으므로 작은 눈금 한 칸의 크기는 0.01입니다.

▶ ㉠과 ㉡이 나타내는 수를 알아보면
　㉠: 6.9에서 작은 눈금 1칸만큼 오른쪽에 있으므로 6.91
　㉡: 7.1에서 작은 눈금 3칸만큼 오른쪽에 있으므로 7.13

식세우기 $6.91 + 7.13 = 14.07$

구하기 14.07

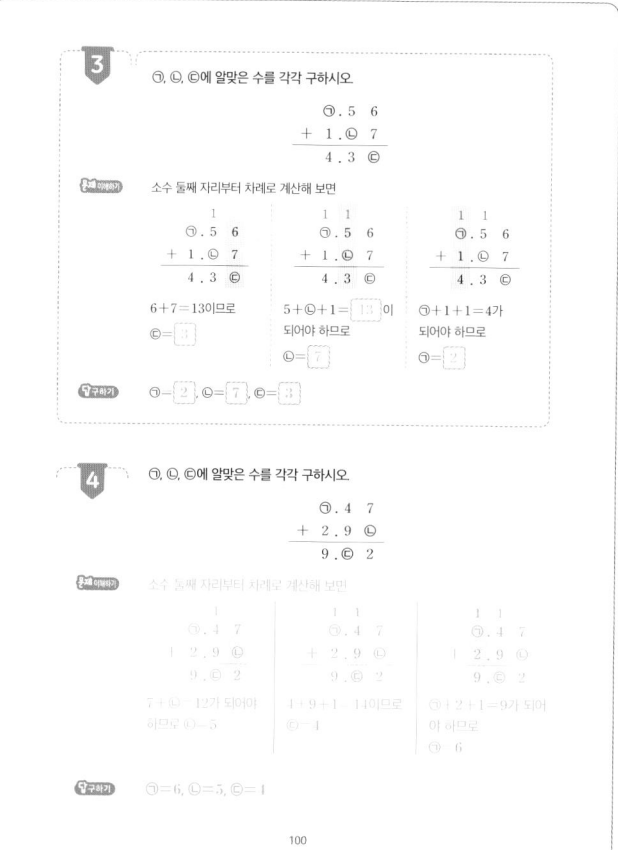

3 ㉠, ㉡, ㉢에 알맞은 수를 각각 구하시오.

$$
\begin{array}{r}
㉠.5\ 6 \\
+\ 1.㉡\ 7 \\
\hline
4.3\ ㉢
\end{array}
$$

소수 둘째 자리부터 차례로 계산해 보면

6+7=13이므로
㉢=3

5+㉡+1=13이 되어야 하므로
㉡=7

㉠+1+1=4가 되어야 하므로
㉠=2

구하기 ㉠=2, ㉡=7, ㉢=3

4 ㉠, ㉡, ㉢에 알맞은 수를 각각 구하시오.

$$
\begin{array}{r}
㉠.4\ 7 \\
+\ 2.9\ ㉡ \\
\hline
9.㉢\ 2
\end{array}
$$

소수 둘째 자리부터 차례로 계산해 보면

7+㉡=12가 되어야 하므로 ㉡=5

4+9+1=14이므로 ㉢=1

㉠+2+1=9가 되어야 하므로 ㉠=6

구하기 ㉠=6, ㉡=5, ㉢=1

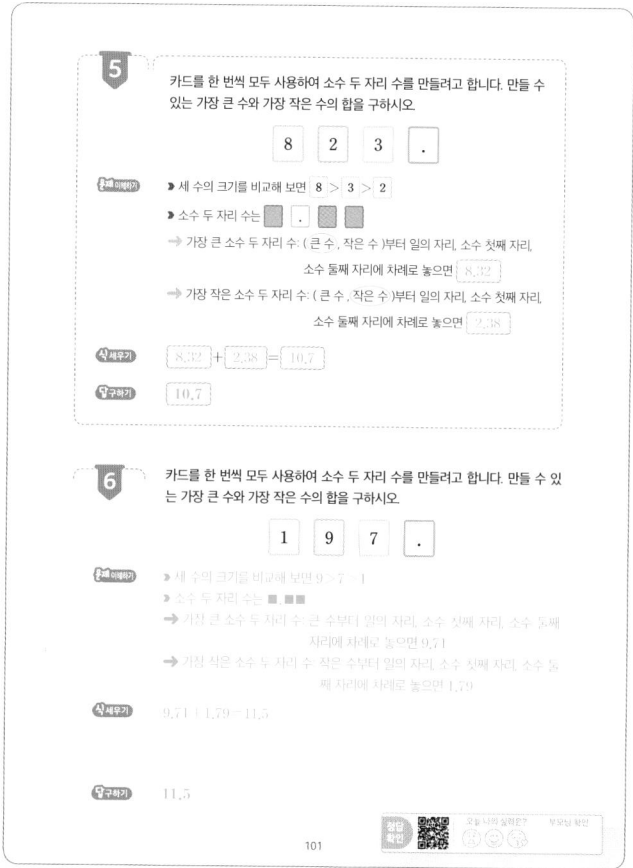

5 카드를 한 번씩 모두 사용하여 소수 두 자리 수를 만들려고 합니다. 만들 수 있는 가장 큰 수와 가장 작은 수의 합을 구하시오.

| 8 | 2 | 3 | . |

▶ 세 수의 크기를 비교해 보면 8 > 3 > 2

▶ 소수 두 자리 수는 ☐ . ☐ ☐

→ 가장 큰 소수 두 자리 수: (큰 수 , 작은 수)부터 일의 자리, 소수 첫째 자리, 소수 둘째 자리에 차례로 놓으면 8.32

→ 가장 작은 소수 두 자리 수: (큰 수 , 작은 수)부터 일의 자리, 소수 첫째 자리, 소수 둘째 자리에 차례로 놓으면 2.38

식세우기 $8.32 + 2.38 = 10.7$

구하기 10.7

6 카드를 한 번씩 모두 사용하여 소수 두 자리 수를 만들려고 합니다. 만들 수 있는 가장 큰 수와 가장 작은 수의 합을 구하시오.

| 1 | 9 | 7 | . |

▶ 세 수의 크기를 비교해 보면 9 > 7 > 1

▶ 소수 두 자리 수는 ■.■■

→ 가장 큰 소수 두 자리 수: 큰 수부터 일의 자리, 소수 첫째 자리, 소수 둘째 자리에 차례로 놓으면 9.71

→ 가장 작은 소수 두 자리 수: 작은 수부터 일의 자리, 소수 첫째 자리, 소수 둘째 자리에 차례로 놓으면 1.79

식세우기 9.71 + 1.79 = 11.5

구하기 11.5

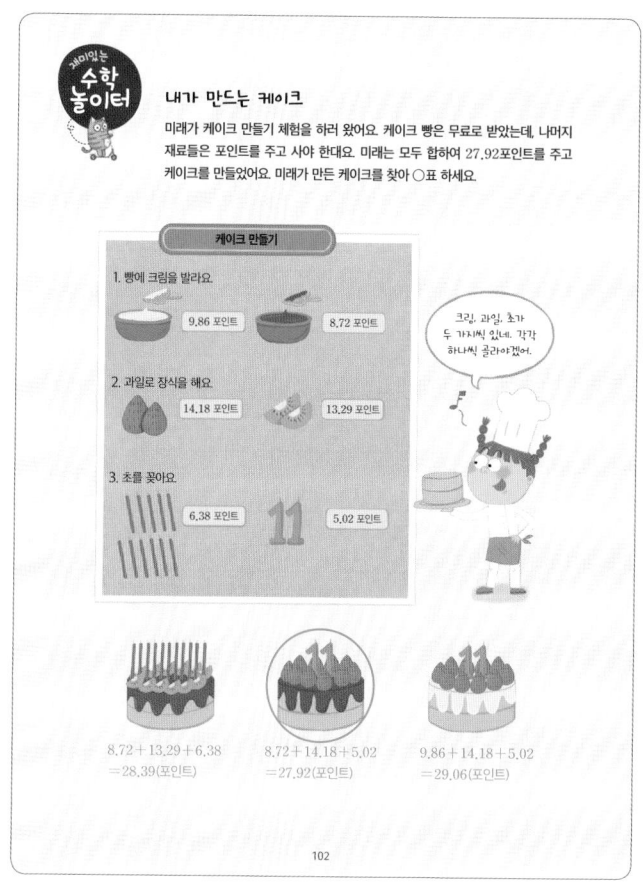

재미있는 수학 놀이터

내가 만드는 케이크

미래가 케이크 만들기 체험을 하러 왔어요. 케이크 빵은 무료로 받았는데, 나머지 재료들은 포인트를 주고 사야 한대요. 미래는 모두 합하여 27.92포인트를 주고 케이크를 만들었어요. 미래가 만든 케이크를 찾아 ○표 하세요.

케이크 만들기

1. 빵에 크림을 발라요.
　9.86 포인트　　8.72 포인트

2. 과일로 장식을 해요.
　14.18 포인트　　13.29 포인트

3. 초를 꽂아요.
　6.38 포인트　　5.02 포인트

크림, 과일, 초가 두 가지씩 있네. 각각 하나씩 골라야겠어.

$8.72 + 13.29 + 6.38$
$= 28.39$(포인트)

$8.72 + 14.18 + 5.02$
$= 27.92$(포인트)

$9.86 + 14.18 + 5.02$
$= 29.06$(포인트)

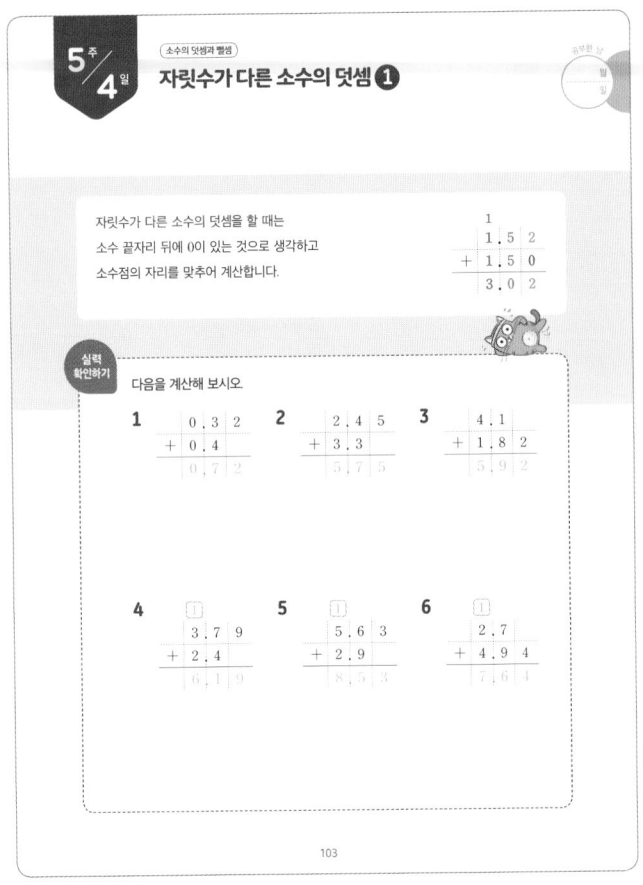

5주 4일 소수의 덧셈과 뺄셈

자릿수가 다른 소수의 덧셈 ❶

자릿수가 다른 소수의 덧셈을 할 때는
소수 끝자리 뒤에 0이 있는 것으로 생각하고
소수점의 자리를 맞추어 계산합니다.

```
    1
  1 . 5 2
+ 1 . 5 0
  3 . 0 2
```

실력 확인하기 다음을 계산해 보시오.

1
```
  0 . 3 2
+ 0 . 4
  0 . 7 2
```

2
```
  2 . 4 5
+ 3 . 3
  5 . 7 5
```

3
```
  4 . 1
+ 1 . 8 2
  5 . 9 2
```

4
```
  3 . 7 9
+ 2 . 4
  6 . 1 9
```

5
```
  5 . 6 3
+ 2 . 9
  8 . 5 3
```

6
```
  2 . 7
+ 4 . 9 4
  7 . 6 4
```

103

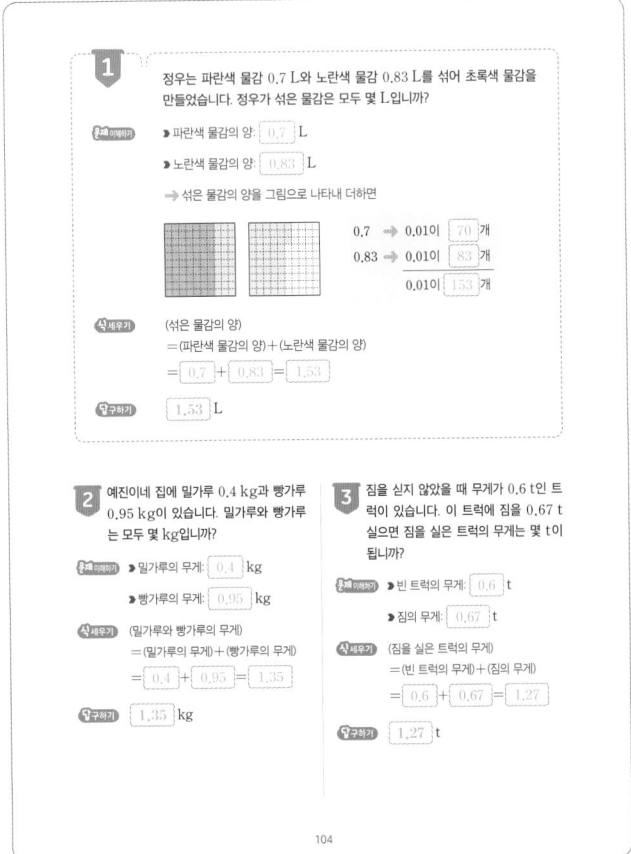

1 정우는 파란색 물감 0.7 L와 노란색 물감 0.83 L를 섞어 초록색 물감을 만들었습니다. 정우가 섞은 물감은 모두 몇 L입니까?

문제 이해하기 ▶ 파란색 물감의 양: 0.7 L

▶ 노란색 물감의 양: 0.83 L

➡ 섞은 물감의 양을 그림으로 나타내 더하면

0.7 ➡ 0.01이 70 개
0.83 ➡ 0.01이 83 개
0.01이 153 개

식 세우기 (섞은 물감의 양)
= (파란색 물감의 양) + (노란색 물감의 양)
= 0.7 + 0.83 = 1.53

구하기 1.53 L

2 예진이네 집에 밀가루 0.4 kg과 빵가루 0.95 kg이 있습니다. 밀가루와 빵가루는 모두 몇 kg입니까?

문제 이해하기 ▶ 밀가루의 무게: 0.4 kg

▶ 빵가루의 무게: 0.95 kg

식 세우기 (밀가루와 빵가루의 무게)
= (밀가루의 무게) + (빵가루의 무게)
= 0.4 + 0.95 = 1.35

구하기 1.35 kg

3 짐을 싣지 않았을 때 무게가 0.6 t인 트럭이 있습니다. 이 트럭에 짐을 0.67 t 실으면 짐을 실은 트럭의 무게는 몇 t이 됩니까?

문제 이해하기 ▶ 빈 트럭의 무게: 0.6 t

▶ 짐의 무게: 0.67 t

식 세우기 (짐을 실은 트럭의 무게)
= (빈 트럭의 무게) + (짐의 무게)
= 0.6 + 0.67 = 1.27

구하기 1.27 t

104

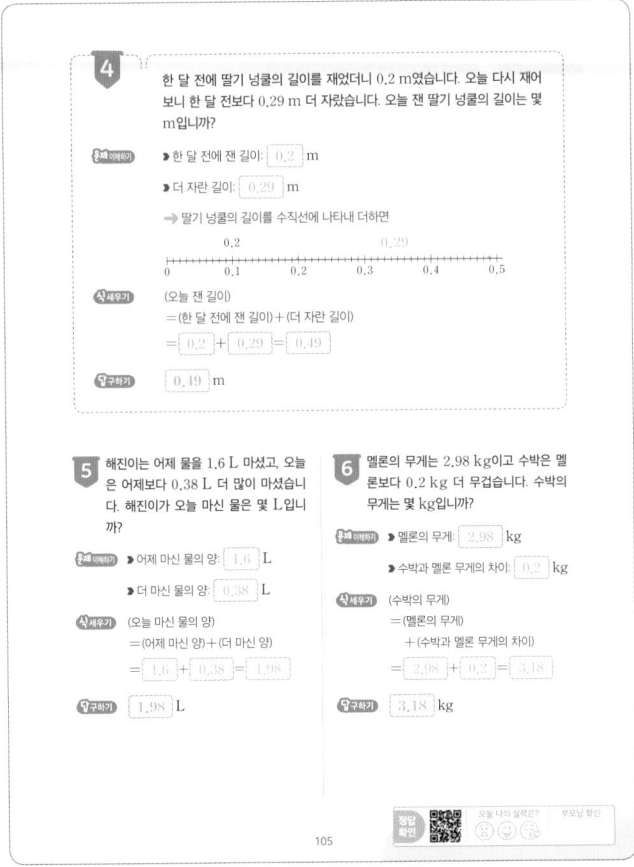

4 한 달 전에 딸기 넝쿨의 길이를 재었더니 0.2 m였습니다. 오늘 다시 재어 보니 한 달 전보다 0.29 m 더 자랐습니다. 오늘 잰 딸기 넝쿨의 길이는 몇 m입니까?

문제 이해하기 ▶ 한 달 전에 잰 길이: 0.2 m

▶ 더 자란 길이: 0.29 m

➡ 딸기 넝쿨의 길이를 수직선에 나타내 더하면

```
0.2              0.29
├──────────────┼──────────┤
0   0.1  0.2  0.3  0.4  0.5
```

식 세우기 (오늘 잰 길이)
= (한 달 전에 잰 길이) + (더 자란 길이)
= 0.2 + 0.29 = 0.49

구하기 0.49 m

5 해진이는 어제 물을 1.6 L 마셨고, 오늘은 어제보다 0.38 L 더 많이 마셨습니다. 해진이가 오늘 마신 물은 몇 L입니까?

문제 이해하기 ▶ 어제 마신 물의 양: 1.6 L

▶ 더 마신 물의 양: 0.38 L

식 세우기 (오늘 마신 물의 양)
= (어제 마신 양) + (더 마신 양)
= 1.6 + 0.38 = 1.98

구하기 1.98 L

6 멜론의 무게는 2.98 kg이고 수박은 멜론보다 0.2 kg 더 무겁습니다. 수박의 무게는 몇 kg입니까?

문제 이해하기 ▶ 멜론의 무게: 2.98 kg

▶ 수박과 멜론 무게의 차이: 0.2 kg

식 세우기 (수박의 무게)
= (멜론의 무게) + (수박과 멜론 무게의 차이)
= 2.98 + 0.2 = 3.18

구하기 3.18 kg

105

재미있는 **수학 놀이터**

키가 커지는 신비한 물약

아주 작은 요정인 미미와 토토는 어느 날 신비한 물약을 발견했어요. 먹으면 약병에 적혀 있는 만큼 키가 크는 약이었어요. 미미와 토토가 한 방울도 남기지 않고 물약을 다 마셨다면 둘의 키는 몇 cm가 되었을까요? 알맞은 것에 ○표 하세요.

미미의 키: 4.05 + 57.4 = 61.45 (cm)
토토의 키: 6.05 + 44.2 = 50.25 (cm)

106

24

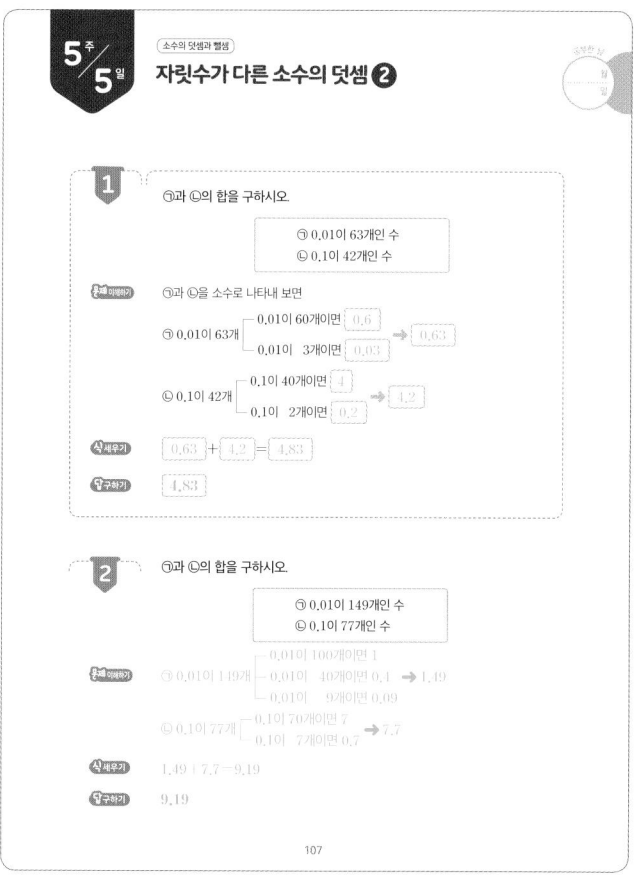

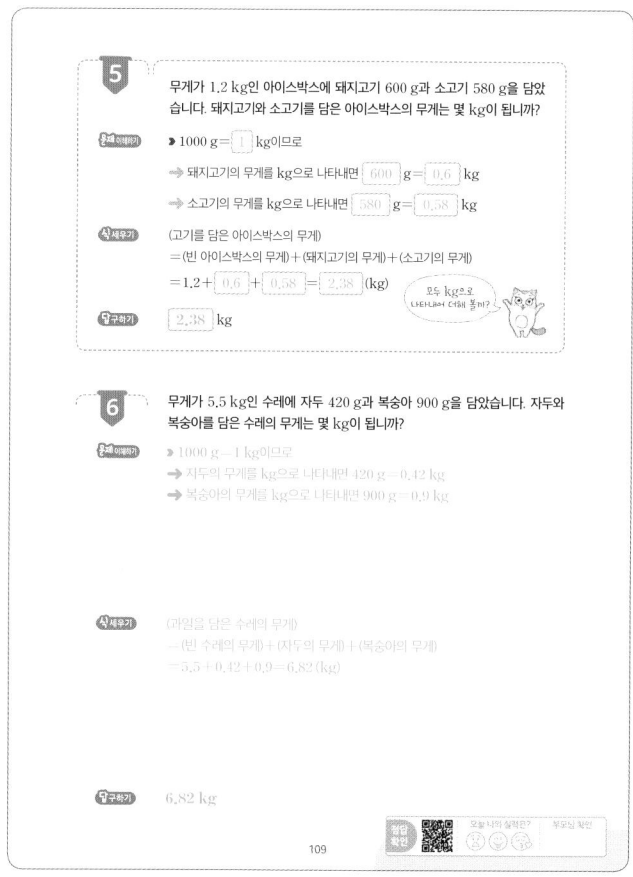

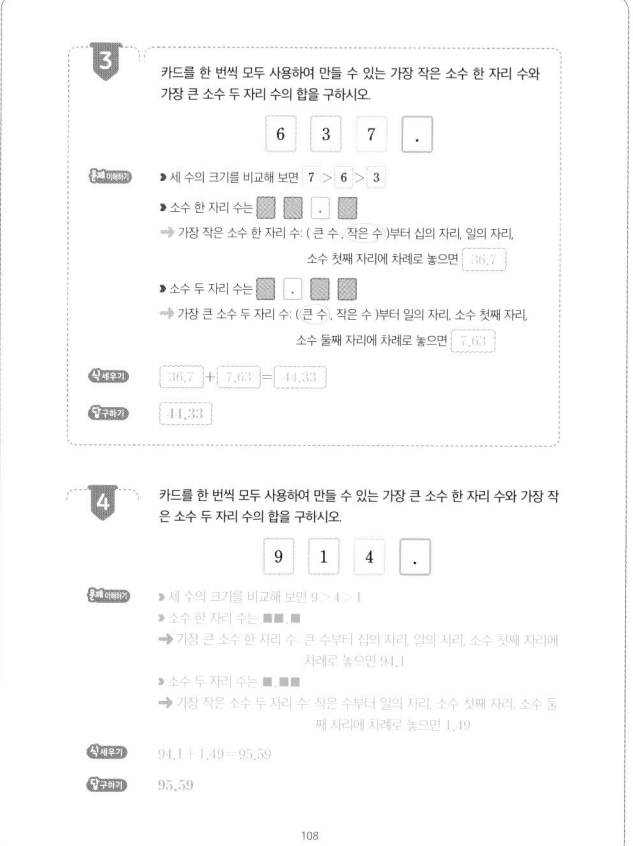

25

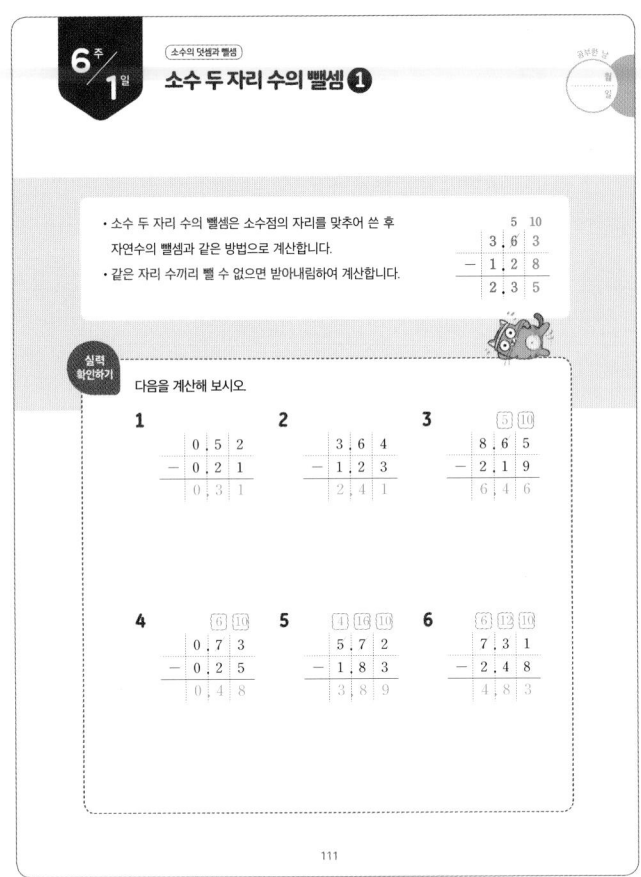

6주 1일

소수의 덧셈과 뺄셈

소수 두 자리 수의 뺄셈 ❶

• 소수 두 자리 수의 뺄셈은 소수점의 자리를 맞추어 쓴 후 자연수의 뺄셈과 같은 방법으로 계산합니다.
• 같은 자리 수끼리 뺄 수 없으면 받아내림하여 계산합니다.

```
    5  10
  3 . 6  3
- 1 . 2  8
  2 . 3  5
```

실력 확인하기

다음을 계산해 보시오.

1.
```
  0 . 5  2
- 0 . 2  1
  0 . 3  1
```

2.
```
  3 . 6  4
- 1 . 2  3
  2 . 4  1
```

3.
```
    5  10
  8 . 6  5
- 2 . 1  9
  6 . 4  6
```

4.
```
    6  10
  0 . 7  3
- 0 . 2  5
  0 . 4  8
```

5.
```
  4  16  10
  5 . 7  2
- 1 . 8  3
  3 . 8  9
```

6.
```
  6  12  10
  7 . 3  1
- 2 . 4  8
  4 . 8  3
```

111

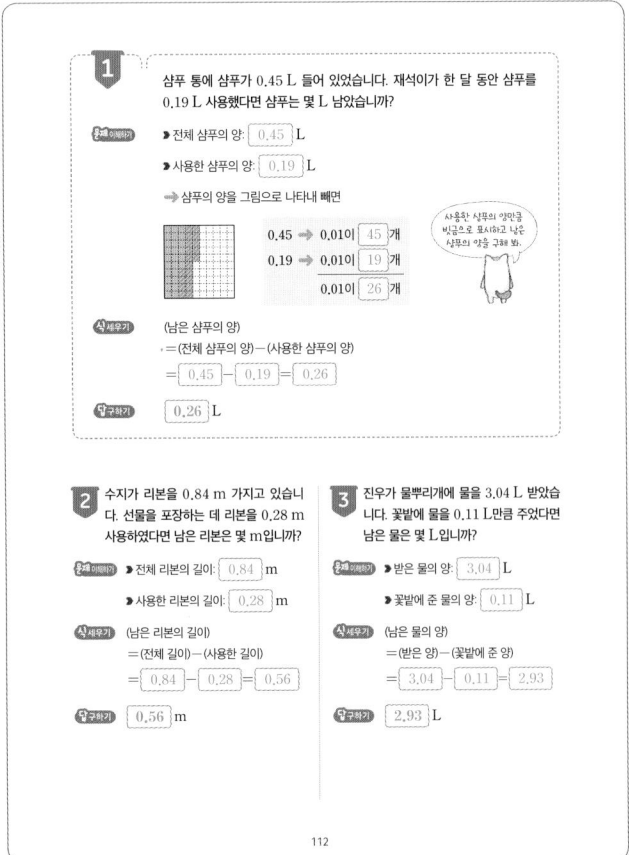

1
삼푸 통에 삼푸가 0.45 L 들어 있었습니다. 재석이가 한 달 동안 삼푸를 0.19 L 사용했다면 삼푸는 몇 L 남았습니까?

문제 이해하기
▶ 전체 삼푸의 양: 0.45 L
▶ 사용한 삼푸의 양: 0.19 L
➡ 삼푸의 양을 그림으로 나타내 빼면

0.45 ➡ 0.01이 45 개
0.19 ➡ 0.01이 19 개
        0.01이 26 개

(사용한 삼푸의 양만큼 빈칸으로 표시하고 남은 삼푸의 양을 구해 봐.)

식 세우기
(남은 삼푸의 양)
= (전체 삼푸의 양) - (사용한 삼푸의 양)
= 0.45 - 0.19 = 0.26

답 구하기 0.26 L

2
수지가 리본을 0.84 m 가지고 있습니다. 선물을 포장하는 데 리본을 0.28 m 사용하였다면 남은 리본은 몇 m입니까?

문제 이해하기
▶ 전체 리본의 길이: 0.84 m
▶ 사용한 리본의 길이: 0.28 m

식 세우기
(남은 리본의 길이)
= (전체 길이) - (사용한 길이)
= 0.84 - 0.28 = 0.56

답 구하기 0.56 m

3
진우가 물뿌리개에 물을 3.04 L 받았습니다. 꽃밭에 물을 0.11 L만큼 주었다면 남은 물은 몇 L입니까?

문제 이해하기
▶ 받은 물의 양: 3.04 L
▶ 꽃밭에 준 물의 양: 0.11 L

식 세우기
(남은 물의 양)
= (받은 양) - (꽃밭에 준 양)
= 3.04 - 0.11 = 2.93

답 구하기 2.93 L

112

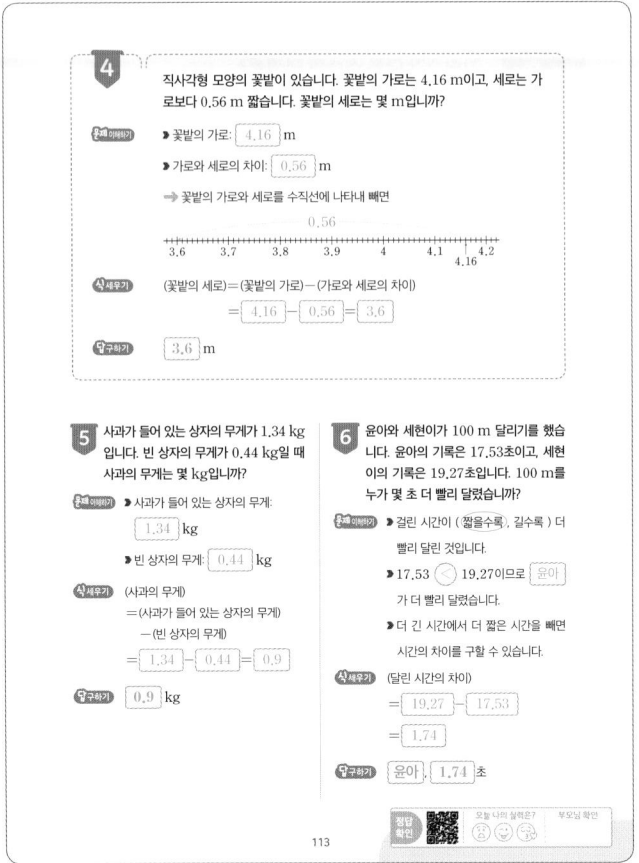

4
직사각형 모양의 꽃밭이 있습니다. 꽃밭의 가로는 4.16 m이고, 세로는 가로보다 0.56 m 짧습니다. 꽃밭의 세로는 몇 m입니까?

문제 이해하기
▶ 꽃밭의 가로: 4.16 m
▶ 가로와 세로의 차이: 0.56 m
➡ 꽃밭의 가로와 세로를 수직선에 나타내 빼면

```
          0.56
+-+-+-+-+-+-+-+-+-+-+-+-+-+-+
3.6  3.7  3.8  3.9   4   4.1  4.2
                              4.16
```

식 세우기
(꽃밭의 세로) = (꽃밭의 가로) - (가로와 세로의 차이)
= 4.16 - 0.56 = 3.6

답 구하기 3.6 m

5
사과가 들어 있는 상자의 무게가 1.34 kg입니다. 빈 상자의 무게가 0.44 kg일 때 사과의 무게는 몇 kg입니까?

문제 이해하기
▶ 사과가 들어 있는 상자의 무게: 1.34 kg
▶ 빈 상자의 무게: 0.44 kg

식 세우기
(사과의 무게)
= (사과가 들어 있는 상자의 무게)
 - (빈 상자의 무게)
= 1.34 - 0.44 = 0.9

답 구하기 0.9 kg

6
윤아와 세현이가 100 m 달리기를 했습니다. 윤아의 기록은 17.53초이고, 세현이의 기록은 19.27초입니다. 100 m를 누가 몇 초 더 빨리 달렸습니까?

문제 이해하기
▶ 걸린 시간이 (짧을수록, 길수록) 더 빨리 달린 것입니다.
▶ 17.53 < 19.27이므로 윤아 가 더 빨리 달렸습니다.
▶ 더 긴 시간에서 더 짧은 시간을 빼면 시간의 차이를 구할 수 있습니다.

식 세우기
(달린 시간의 차이)
= 19.27 - 17.53
= 1.74

답 구하기 윤아, 1.74 초

113

재미있는 수학 놀이터

빨래를 해요

영훈이 아빠가 빨래를 하고 있어요 세탁기를 돌릴 때는 세탁 세제와 섬유유연제를 넣어야 하고, 옷은 한 번에 3 kg씩만 빨 수 있어요. 쌓인 빨래를 모두 하고 나면 세탁 세제와 섬유유연제 중 어느 것이 얼마큼 더 많이 남을까요?

빨래의 양: 6+3=9 (kg)   세탁 횟수: 9÷3=3 (번)

6 kg 겉옷 빨래   3 kg 속옷 빨래

깔끔 세탁 세제 200.25 mL   향기나 섬유유연제 225.35 mL

3 kg당 세탁 세제 사용량 20.11 mL   3 kg당 섬유유연제 사용량 27.28 mL

섬유유연제 가 3.59 mL 더 많이 남습니다.

남은 세탁 세제의 양: 200.25-20.11-20.11-20.11=139.92 (mL)
남은 섬유유연제의 양: 225.35-27.28-27.28-27.28=143.51 (mL)
➡ 143.51-139.92=3.59 (mL)

114

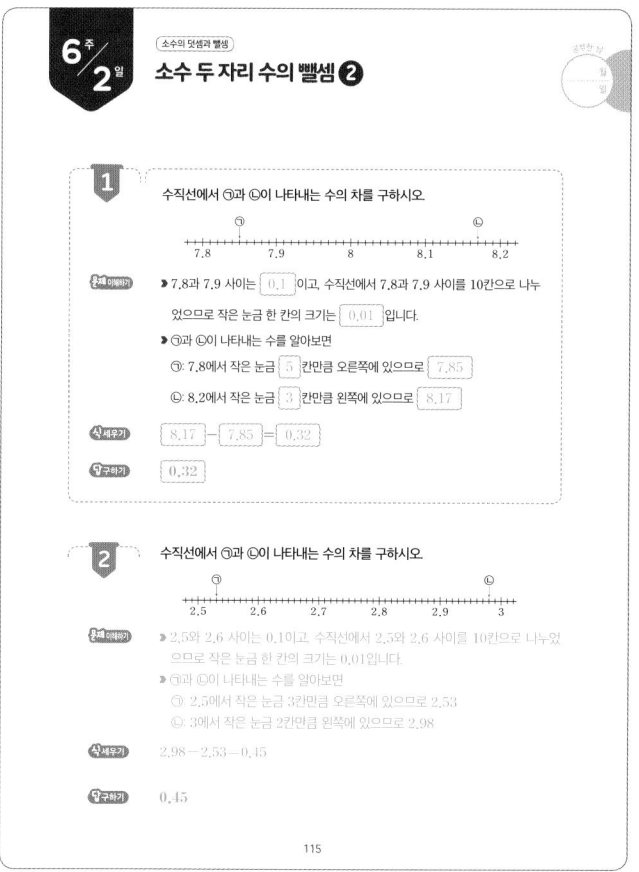

6주 2일 소수의 덧셈과 뺄셈

소수 두 자리 수의 뺄셈 ❷

1 수직선에서 ㉠과 ㉡이 나타내는 수의 차를 구하시오.

```
        ㉠                                    ㉡
7.8     7.9      8       8.1     8.2
```

▶ 7.8과 7.9 사이는 [0.1]이고, 수직선에서 7.8과 7.9 사이를 10칸으로 나누었으므로 작은 눈금 한 칸의 크기는 [0.01]입니다.

▶ ㉠과 ㉡이 나타내는 수를 알아보면
  ㉠: 7.8에서 작은 눈금 [5]칸만큼 오른쪽에 있으므로 [7.85]
  ㉡: 8.2에서 작은 눈금 [3]칸만큼 왼쪽에 있으므로 [8.17]

식세우기 [8.17] − [7.85] = [0.32]

답구하기 [0.32]

2 수직선에서 ㉠과 ㉡이 나타내는 수의 차를 구하시오.

```
        ㉠                                    ㉡
2.5     2.6      2.7     2.8     2.9      3
```

▶ 2.5와 2.6 사이는 0.1이고 수직선에서 2.5와 2.6 사이를 10칸으로 나누었으므로 작은 눈금 한 칸의 크기는 0.01입니다.

▶ ㉠과 ㉡이 나타내는 수를 알아보면
  ㉠: 2.5에서 작은 눈금 3칸만큼 오른쪽에 있으므로 2.53
  ㉡: 3에서 작은 눈금 2칸만큼 왼쪽에 있으므로 2.98

식세우기 2.98 − 2.53 = 0.45

답구하기 0.45

115

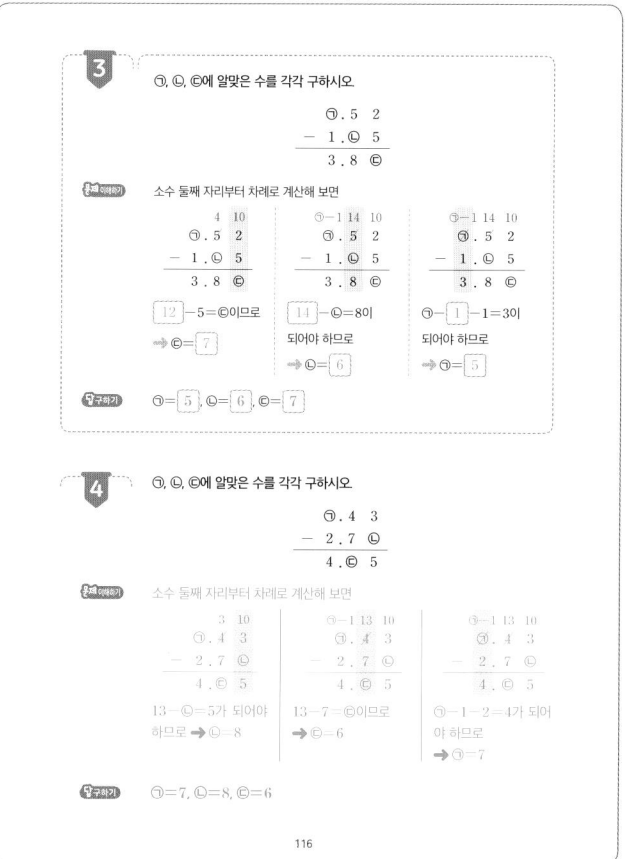

3 ㉠, ㉡, ㉢에 알맞은 수를 각각 구하시오.

```
    ㉠ . 5  2
  − 1 . ㉡  5
    3 . 8  ㉢
```

소수 둘째 자리부터 차례로 계산해 보면

```
        4  10            ㉠−1  14  10        ㉠−1  14  10
    ㉠ . 5  2            ㉠ . 5  2            ㉠ . 5  2
  − 1 . ㉡  5          − 1 . ㉡  5          − 1 . ㉡  5
    3 . 8  ㉢            3 . 8  ㉢            3 . 8  ㉢
```

[12]−5=㉢이므로   [14]−㉡=8이   ㉠−[1]−1=3이
→ ㉢=[7]   되어야 하므로   되어야 하므로
                    →㉡=[6]   →㉠=[5]

답구하기 ㉠=[5], ㉡=[6], ㉢=[7]

4 ㉠, ㉡, ㉢에 알맞은 수를 각각 구하시오.

```
    ㉠ . 4  3
  − 2 . 7  ㉡
    4 . ㉢  5
```

소수 둘째 자리부터 차례로 계산해 보면

```
        3  10            ㉠−1  13  10        ㉠−1  13  10
    ㉠ . 4  3            ㉠ . 4  3            ㉠ . 4  3
  − 2 . 7  ㉡          − 2 . 7  ㉡          − 2 . 7  ㉡
    4 . ㉢  5            4 . ㉢  5            4 . ㉢  5
```

13−㉡=5가 되어야   13−7=㉢이므로   ㉠−1−2=4가 되어
하므로 ㉡=8   →㉢=6   야 하므로
                                    →㉠=7

답구하기 ㉠=7, ㉡=8, ㉢=6

116

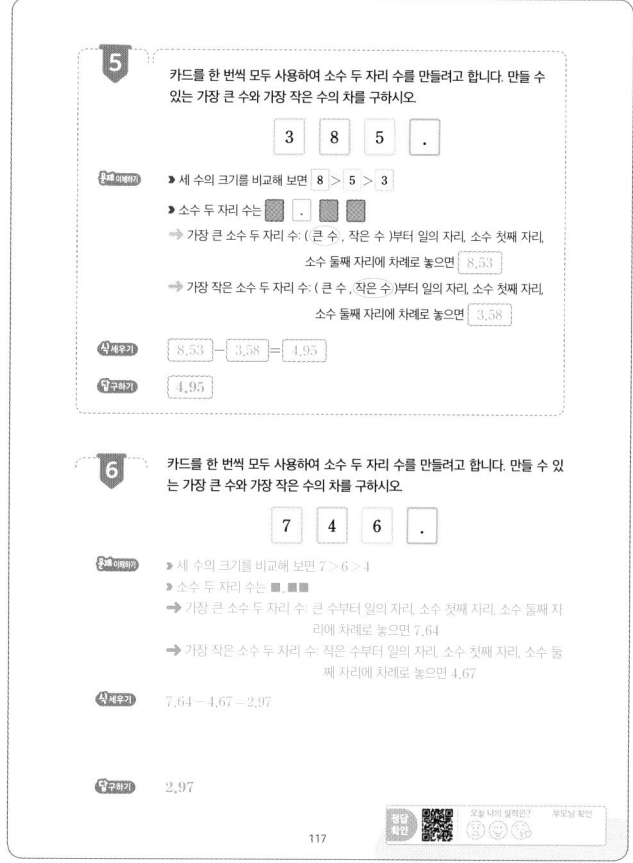

5 카드를 한 번씩 모두 사용하여 소수 두 자리 수를 만들려고 합니다. 만들 수 있는 가장 큰 수와 가장 작은 수의 차를 구하시오.

```
3   8   5   .
```

▶ 세 수의 크기를 비교하면 [8] > [5] > [3]

▶ 소수 두 자리 수는 ■ . ■■

→ 가장 큰 소수 두 자리 수: (큰 수 , 작은 수)부터 일의 자리, 소수 첫째 자리, 소수 둘째 자리에 차례로 놓으면 [8.53]

→ 가장 작은 소수 두 자리 수: (큰 수 , 작은 수)부터 일의 자리, 소수 첫째 자리, 소수 둘째 자리에 차례로 놓으면 [3.58]

식세우기 [8.53] − [3.58] = [4.95]

답구하기 [4.95]

6 카드를 한 번씩 모두 사용하여 소수 두 자리 수를 만들려고 합니다. 만들 수 있는 가장 큰 수와 가장 작은 수의 차를 구하시오.

```
7   4   6   .
```

▶ 세 수의 크기를 비교해 보면 7>6>4

▶ 소수 두 자리 수는 ■.■■
→ 가장 큰 소수 두 자리 수: 큰 수부터 일의 자리, 소수 첫째 자리, 소수 둘째 자리에 차례로 놓으면 7.64
→ 가장 작은 소수 두 자리 수: 작은 수부터 일의 자리, 소수 첫째 자리, 소수 둘째 자리에 차례로 놓으면 4.67

식세우기 7.64 − 4.67 = 2.97

답구하기 2.97

117

재미있는 **수학놀이터**

인간이 되고 싶은 여우

인간이 되고 싶은 여우가 산신령을 찾아갔어요. 산신령은 여우가 착한 일을 하면 꼬리가 줄어들고, 나쁜 일을 하면 꼬리가 다시 길어지도록 했어요. 이때 여우의 꼬리 길이는 43.34 cm였어요. 일주일 후 여우의 꼬리는 몇 cm가 되었을까요?

산신령님, 저는 꼬리를 없애고 인간이 되고 싶어요.

기억하렴. 착한 일을 하면 꼬리가 3.07 cm씩 줄어들고, 나쁜 일을 하면 다시 2.39 cm씩 길어진단다.

여우의 일주일 생활표

착한 일을 했어요!

나쁜 일을 했어요.

나쁜 일을 2번 해서 꼬리가 4.78 cm만큼 늘어남.

착한 일을 4번 해서 꼬리가 12.28 cm만큼 줄어듦.

그래서 지금 내 꼬리는 [35.84] cm야. 더 노력해야 해!

43.34 + 4.78 = 48.12 (cm)
48.12 − 12.28 = 35.84 (cm)

118

27

6주 3일

소수의 덧셈과 뺄셈

자릿수가 다른 소수의 뺄셈 ❶

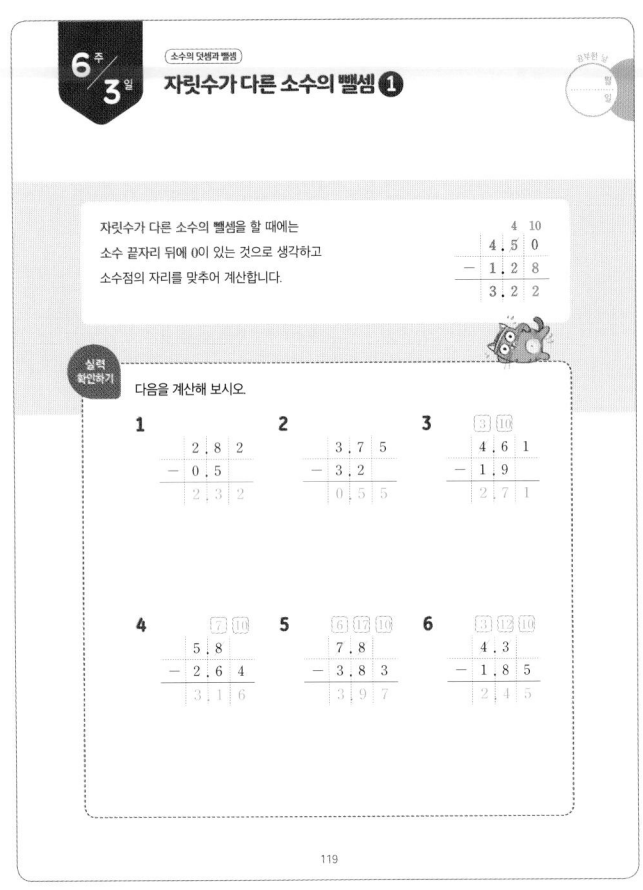

자릿수가 다른 소수의 뺄셈을 할 때에는
소수 끝자리 뒤에 0이 있는 것으로 생각하고
소수점의 자리를 맞추어 계산합니다.

```
      4 10
    4 . 5 0
 -  1 . 2 8
    3 . 2 2
```

실력 확인하기

다음을 계산해 보시오.

1
```
    2 . 8 2
 -  0 . 5
    2 . 3 2
```

2
```
    3 . 7 5
 -  3 . 2
    0 . 5 5
```

3
```
    3 10
    4 . 6 1
 -  1 . 9
    2 . 7 1
```

4
```
    7 10
    5 . 8
 -  2 . 6 4
    3 . 1 6
```

5
```
    6 17 10
    7 . 8
 -  3 . 8 3
    3 . 9 7
```

6
```
    3 12 10
    4 . 3
 -  1 . 8 5
    2 . 4 5
```

119

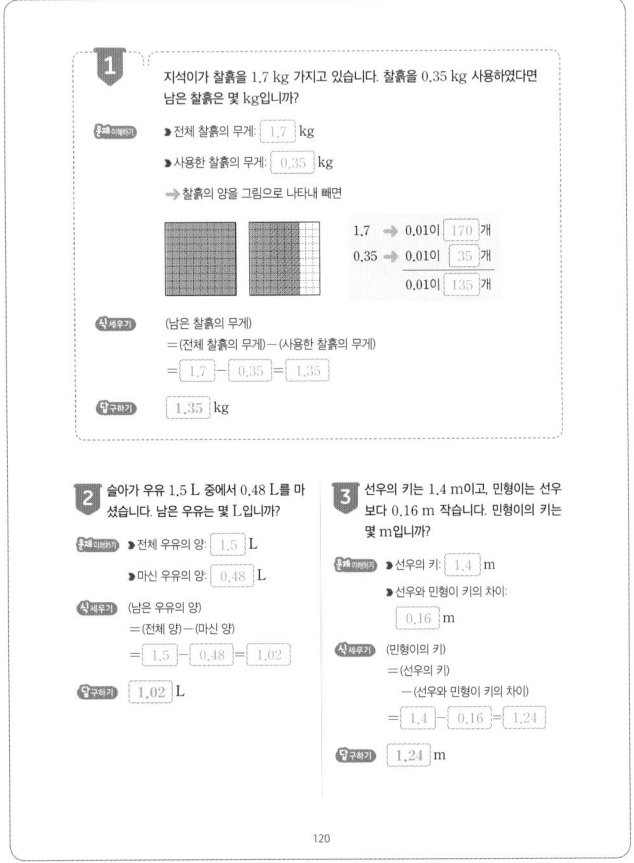

1 지석이가 찰흙을 1.7 kg 가지고 있습니다. 찰흙을 0.35 kg 사용하였다면 남은 찰흙은 몇 kg입니까?

문제 이해하기
▶ 전체 찰흙의 무게: 1.7 kg
▶ 사용한 찰흙의 무게: 0.35 kg
➡ 찰흙의 양을 그림으로 나타내 빼면

1.7 ➡ 0.01이 170 개
0.35 ➡ 0.01이 35 개
0.01이 135 개

식 세우기
(남은 찰흙의 무게)
=(전체 찰흙의 무게)−(사용한 찰흙의 무게)
= 1.7 − 0.35 = 1.35

답 구하기 1.35 kg

2 슬아가 우유 1.5 L 중에서 0.48 L를 마셨습니다. 남은 우유는 몇 L입니까?

문제 이해하기 ▶ 전체 우유의 양: 1.5 L
▶ 마신 우유의 양: 0.48 L

식 세우기 (남은 우유의 양)
=(전체 양)−(마신 양)
= 1.5 − 0.48 = 1.02

답 구하기 1.02 L

3 선우의 키는 1.4 m이고, 민형이는 선우보다 0.16 m 작습니다. 민형이의 키는 몇 m입니까?

문제 이해하기 ▶ 선우의 키: 1.4 m
▶ 선우와 민형이 키의 차이: 0.16 m

식 세우기 (민형이의 키)
=(선우의 키)
−(선우와 민형이 키의 차이)
= 1.4 − 0.16 = 1.24

답 구하기 1.24 m

120

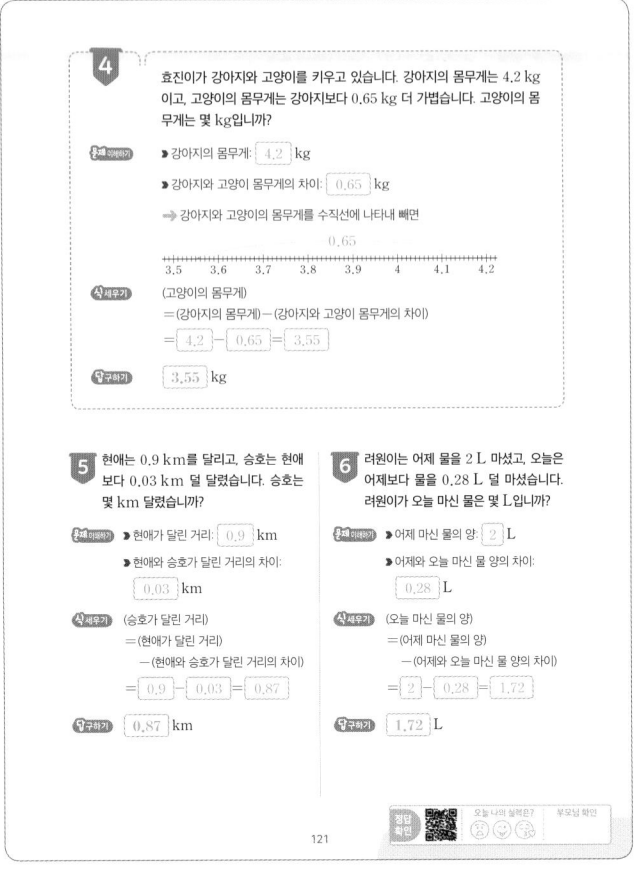

4 효진이가 강아지와 고양이를 키우고 있습니다. 강아지의 몸무게는 4.2 kg이고, 고양이의 몸무게는 강아지보다 0.65 kg 더 가볍습니다. 고양이의 몸무게는 몇 kg입니까?

문제 이해하기 ▶ 강아지의 몸무게: 4.2 kg
▶ 강아지와 고양이 몸무게의 차이: 0.65 kg
➡ 강아지와 고양이의 몸무게를 수직선에 나타내 빼면

```
              0.65
+--+--+--+--+--+--+--+--+
3.5 3.6 3.7 3.8 3.9  4  4.1 4.2
```

식 세우기 (고양이의 몸무게)
=(강아지의 몸무게)−(강아지와 고양이 몸무게의 차이)
= 4.2 − 0.65 = 3.55

답 구하기 3.55 kg

5 현애는 0.9 km를 달리고, 승호는 현애보다 0.03 km 덜 달렸습니다. 승호는 몇 km 달렸습니까?

문제 이해하기 ▶ 현애가 달린 거리: 0.9 km
▶ 현애와 승호가 달린 거리의 차이: 0.03 km

식 세우기 (승호가 달린 거리)
=(현애가 달린 거리)
−(현애와 승호가 달린 거리의 차이)
= 0.9 − 0.03 = 0.87

답 구하기 0.87 km

6 려원이는 어제 물을 2 L 마셨고, 오늘은 어제보다 물을 0.28 L 덜 마셨습니다. 려원이가 오늘 마신 물은 몇 L입니까?

문제 이해하기 ▶ 어제 마신 물의 양: 2 L
▶ 어제와 오늘 마신 물 양의 차이: 0.28 L

식 세우기 (오늘 마신 물의 양)
=(어제 마신 물의 양)
−(어제와 오늘 마신 물 양의 차이)
= 2 − 0.28 = 1.72

답 구하기 1.72 L

121

재미있는 수학 놀이터

운동을 해요

음식을 섭취하면 열량을 얻어요. 미래와 대한이가 점심을 먹고 난 후 운동을 하고 있어요. 음식으로 얻은 열량 중 운동으로 소모하고 남은 열량은 각각 몇 kcal일까요?

음식별 섭취 열량
떡볶이 1그릇: 367.1 kcal
단팥빵 1개: 220.3 kcal
김치볶음밥 1그릇: 369.5 kcal

운동별 소모 열량
자전거 타기 15분: 147.45 kcal
줄넘기 15분: 184.15 kcal

먹은 음식
김치볶음밥 1그릇
단팥빵 1개
운동한 시간 자전거 타기 15분
미래

먹은 음식
떡볶이 1그릇
김치볶음밥 1그릇
운동한 시간 줄넘기 15분
대한

442.35 kcal 552.45 kcal

미래의 섭취 열량: 589.8 kcal
소모 열량: 147.45 kcal
남은 열량: 442.35 kcal

대한이의 섭취 열량: 736.6 kcal
소모 열량: 184.15 kcal
남은 열량: 552.45 kcal

122

6주/4일

소수의 덧셈과 뺄셈

자릿수가 다른 소수의 뺄셈 ❷

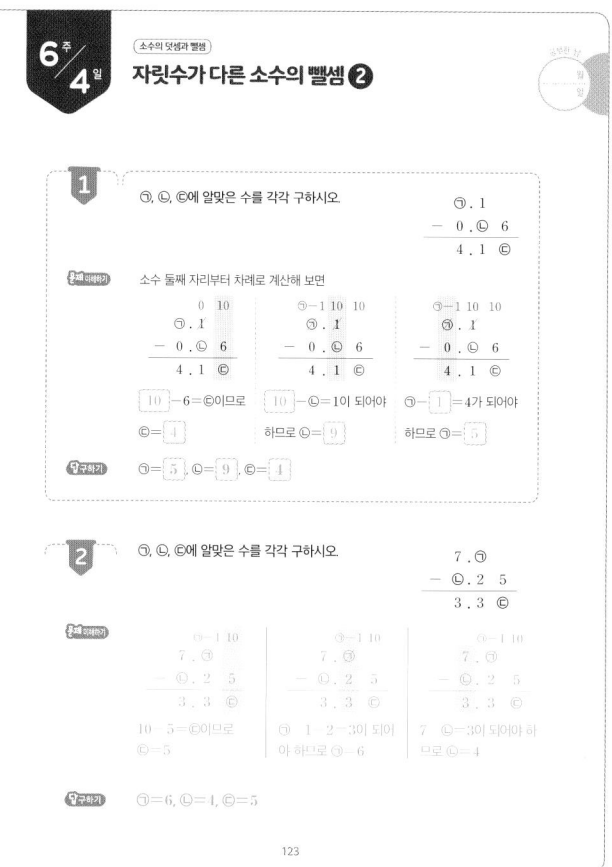

1 ㉠, ㉡, ㉢에 알맞은 수를 각각 구하시오.

$$
\begin{array}{r}
㉠ . 1 \\
-\ 0 . ㉡\ 6 \\
\hline
4 . 1\ ㉢
\end{array}
$$

문제 이해하기

소수 둘째 자리부터 차례로 계산해 보면

㉣=4, 하므로 ㉡=9, 하므로 ㉠=5

$10-6=㉢$이므로 ㉢=4
$10-㉡=1$이 되어야 ㉡=9
㉠$-1=4$가 되어야 ㉠=5

답구하기 ㉠= 5, ㉡= 9, ㉢= 4

2 ㉠, ㉡, ㉢에 알맞은 수를 각각 구하시오.

$$
\begin{array}{r}
7 . ㉠ \\
-\ ㉡ . 2\ 5 \\
\hline
3 . 3\ ㉢
\end{array}
$$

문제 이해하기

$10-5=㉢$이므로 ㉢=5
㉠$-1-2=3$이 되어야 하므로 ㉠=6
$7-㉡-3=3$이 되어야 하므로 ㉡=4

답구하기 ㉠=6, ㉡=4, ㉢=5

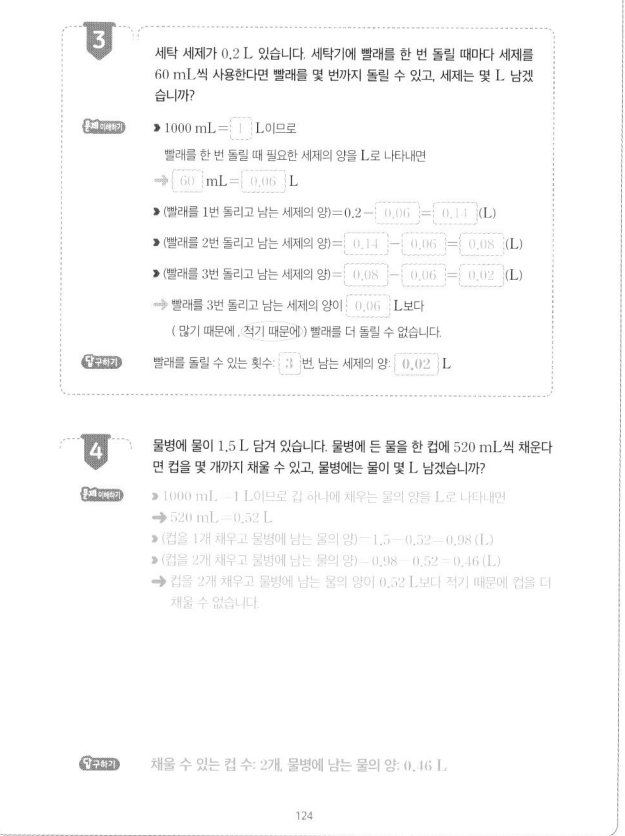

3 세탁 세제가 0.2 L 있습니다. 세탁기에 빨래를 한 번 돌릴 때마다 세제를 60 mL씩 사용한다면 빨래를 몇 번까지 돌릴 수 있고, 세제는 몇 L 남겠습니까?

문제 이해하기

▶ 1000 mL = 1 L이므로
빨래를 한 번 돌릴 때 필요한 세제의 양을 L로 나타내면
→ 60 mL = 0.06 L

▶ (빨래를 1번 돌리고 남는 세제의 양)=$0.2-0.06=0.14$ (L)
▶ (빨래를 2번 돌리고 남는 세제의 양)=$0.14-0.06=0.08$ (L)
▶ (빨래를 3번 돌리고 남는 세제의 양)=$0.08-0.06=0.02$ (L)

→ 빨래를 3번 돌리고 남는 세제의 양이 0.06 L보다
(많기 때문에 , 적기 때문에) 빨래를 더 돌릴 수 없습니다.

답구하기 빨래를 돌릴 수 있는 횟수: 3 번, 남는 세제의 양: 0.02 L

4 물병에 물이 1.5 L 담겨 있습니다. 물병에 든 물을 한 컵에 520 mL씩 채운다면 컵을 몇 개까지 채울 수 있고, 물병에는 물이 몇 L 남겠습니까?

문제 이해하기

▶ 1000 mL = 1 L이므로 컵 하나에 채우는 물의 양을 L로 나타내면
→ 520 mL = 0.52 L
▶ (컵을 1개 채우고 물병에 남는 물의 양)=$1.5-0.52=0.98$ (L)
▶ (컵을 2개 채우고 물병에 남는 물의 양)=$0.98-0.52=0.46$ (L)
→ 컵을 2개 채우고 물병에 남는 물의 양이 0.52 L보다 적기 때문에 컵을 더 채울 수 없습니다.

답구하기 채울 수 있는 컵 수: 2개, 물병에 남는 물의 양: 0.46 L

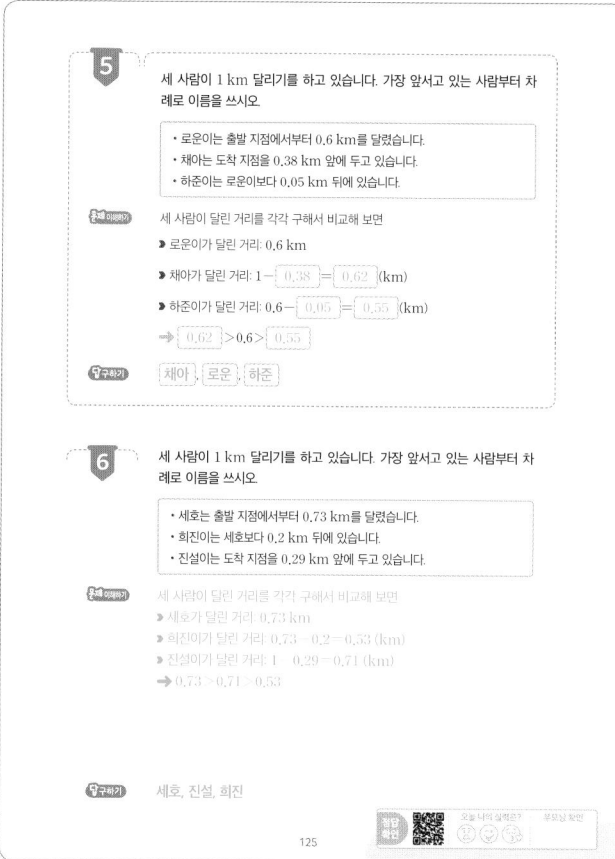

5 세 사람이 1 km 달리기를 하고 있습니다. 가장 앞서고 있는 사람부터 차례로 이름을 쓰시오.

· 로운이는 출발 지점에서부터 0.6 km를 달렸습니다.
· 채아는 도착 지점을 0.38 km 앞에 두고 있습니다.
· 하준이는 로운이보다 0.05 km 뒤에 있습니다.

문제 이해하기

세 사람이 달린 거리를 각각 구해서 비교해 보면

▶ 로운이가 달린 거리: 0.6 km
▶ 채아가 달린 거리: $1-0.38=0.62$ (km)
▶ 하준이가 달린 거리: $0.6-0.05=0.55$ (km)
→ 0.62 > 0.6 > 0.55

답구하기 채아 , 로운 , 하준

6 세 사람이 1 km 달리기를 하고 있습니다. 가장 앞서고 있는 사람부터 차례로 이름을 쓰시오.

· 세호는 출발 지점에서부터 0.73 km를 달렸습니다.
· 희진이는 세호보다 0.2 km 뒤에 있습니다.
· 진설이는 도착 지점을 0.29 km 앞에 두고 있습니다.

문제 이해하기

세 사람이 달린 거리를 각각 구해서 비교해 보면
▶ 세호가 달린 거리: 0.73 km
▶ 희진이가 달린 거리: $0.73-0.2=0.53$ (km)
▶ 진설이가 달린 거리: $1-0.29=0.71$ (km)
→ 0.73 > 0.71 > 0.53

답구하기 세호, 진설, 희진

재미있는 **수학 놀이터**

사막의 오아시스

세 친구가 사막에 놀러 가서 찍은 사진이에요. 친구들은 사진을 찍은 후에 최종 승자 한 명이 나올 때까지 가위바위보 게임을 했어요. 두 사람이 최종 승자에게 각각 물을 0.25 L씩 주기로 하고 이 게임을 모두 두 판 했다면, 게임 후에 선우의 물은 몇 L 남았을까요?

미래 — 1.7 L
준서 — 1.6 L
선우 — 2.1 L

첫째 판의 최종 승자는 나였어.
둘째 판의 최종 승자는 나였어.
결국 내 물이 1.6 L로 가장 적게 남았어.

미래에게 남은 물의 양: $1.7+0.25+0.25-0.25=1.95$ (L)
준서에게 남은 물의 양: $1.6-0.25+0.25+0.25=1.85$ (L)
선우에게 남은 물의 양: $2.1-0.25-0.25=1.6$ (L)

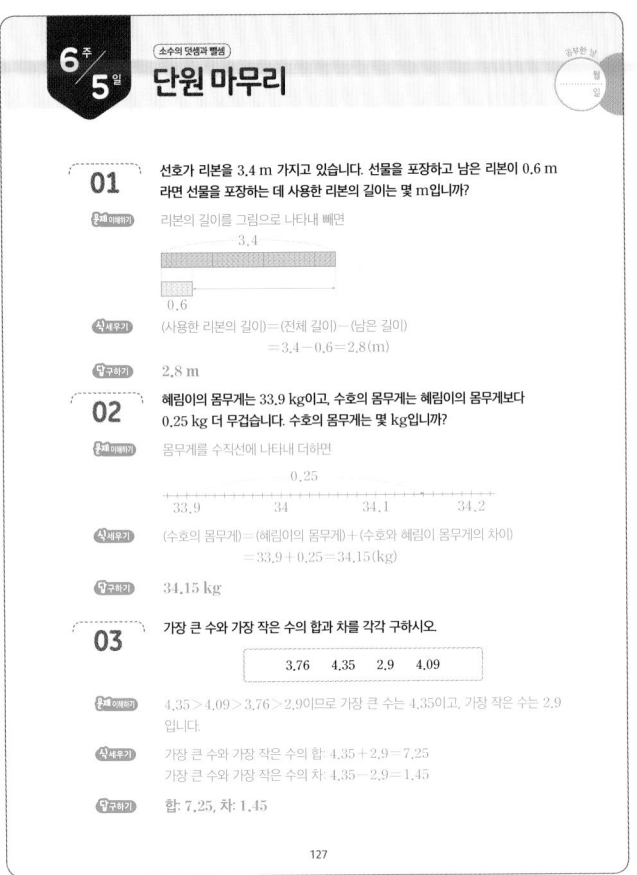

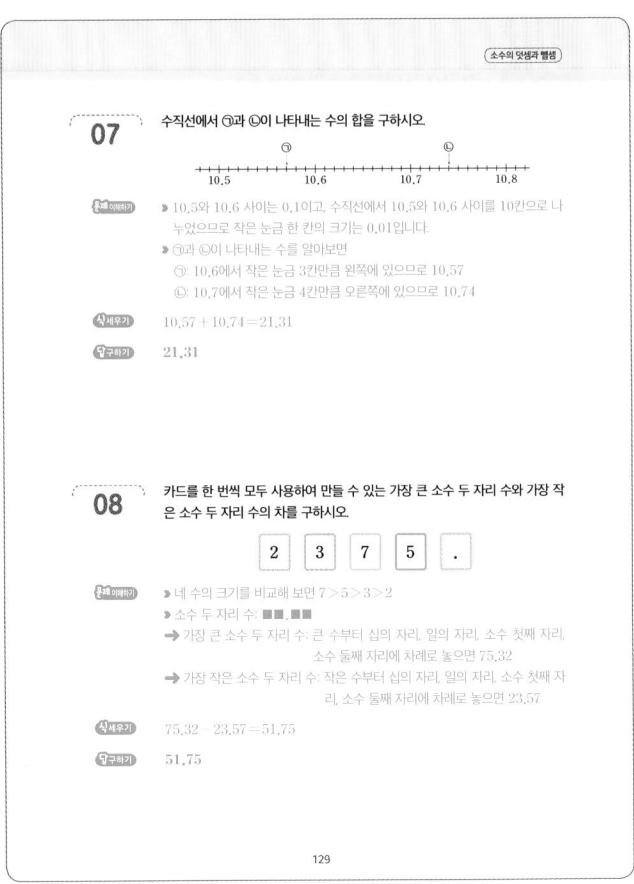

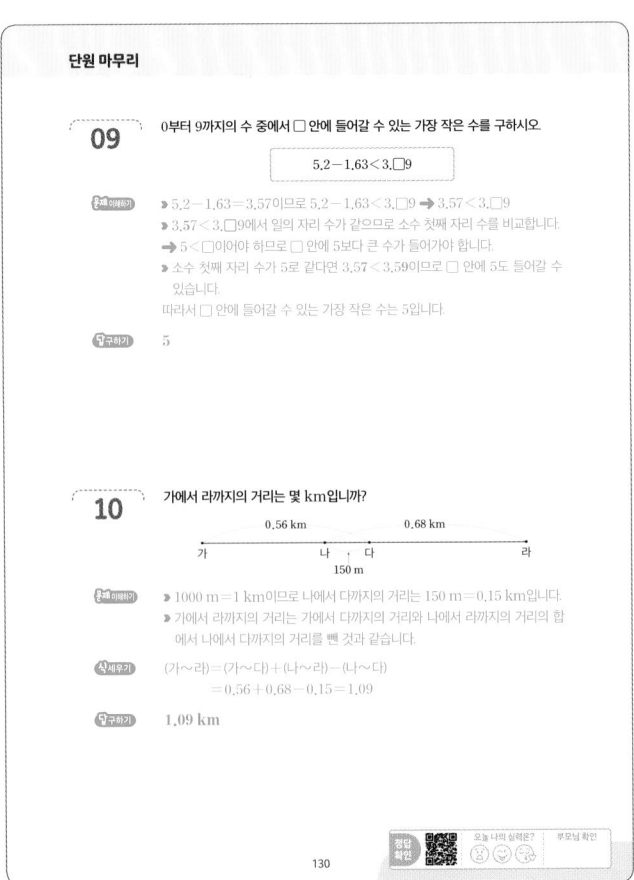

6주 5일 (소수의 덧셈과 뺄셈) 단원 마무리

01 선호가 리본을 3.4 m 가지고 있습니다. 선물을 포장하고 남은 리본이 0.6 m 라면 선물을 포장하는 데 사용한 리본의 길이는 몇 m입니까?

문제 이해하기 리본의 길이를 그림으로 나타내 빼면
3.4
0.6

식 세우기 (사용한 리본의 길이)=(전체 길이)-(남은 길이)
=3.4-0.6=2.8(m)

답 구하기 2.8 m

02 혜림이의 몸무게는 33.9 kg이고, 수호의 몸무게는 혜림이의 몸무게보다 0.25 kg 더 무겁습니다. 수호의 몸무게는 몇 kg입니까?

문제 이해하기 몸무게를 수직선에 나타내 더하면
0.25
33.9 34 34.1 34.2

식 세우기 (수호의 몸무게)=(혜림이의 몸무게)+(수호와 혜림이 몸무게의 차이)
=33.9+0.25=34.15(kg)

답 구하기 34.15 kg

03 가장 큰 수와 가장 작은 수의 합과 차를 각각 구하시오.

3.76 4.35 2.9 4.09

문제 이해하기 4.35>4.09>3.76>2.9이므로 가장 큰 수는 4.35이고, 가장 작은 수는 2.9 입니다.

식 세우기 가장 큰 수와 가장 작은 수의 합: 4.35+2.9=7.25
가장 큰 수와 가장 작은 수의 차: 4.35-2.9=1.45

답 구하기 합: 7.25, 차: 1.45

127

단원 마무리

04 ㉠과 ㉡의 합을 구하시오.

㉠ 0.01이 375개인 수
㉡ 53의 $\frac{1}{100}$인 수

문제 이해하기 ㉠ 0.01이 375개 ┌ 0.01이 300개이면 3
├ 0.01이 70개이면 0.7 → 3.75
└ 0.01이 5개이면 0.05

㉡ $\frac{1}{100}$인 수는 소수점이 왼쪽으로 두 자리 옮겨지므로 53의 $\frac{1}{100}$인 수: 0.53

식 세우기 3.75+0.53=4.28

답 구하기 4.28

05 □ 안에 알맞은 수를 구하시오.

□+1.75=4.62

문제 이해하기 덧셈과 뺄셈의 관계를 이용하면
□+1.75=4.62 → 4.62-1.75=□, □=2.87

답 구하기 2.87

06 ㉠, ㉡, ㉢에 알맞은 수를 각각 구하시오.

```
    ㉠ . 4  1
 -  1 . ㉡  7
    7 . 6  ㉢
```

```
     3  10
   ㉠ . 4  1
 - 1 . ㉡  7
   7 . 6  ㉢
11-7=㉢ → ㉢=4
```

```
       13  10
   ㉠ . 4  1
 - 1 . ㉡  7
   7 . 6  ㉢
13-㉡=6 → ㉡=7
```

```
     -1  13  10
   ㉠ . 4  1
 - 1 . ㉡  7
   7 . 6  ㉢
㉠-1-1=7 → ㉠=9
```

답 구하기 ㉠=9, ㉡=7, ㉢=4

128

07 수직선에서 ㉠과 ㉡이 나타내는 수의 합을 구하시오.

```
    ㉠                    ㉡
10.5   10.6   10.7   10.8
```

문제 이해하기 ▶ 10.5와 10.6 사이는 0.1이고, 수직선에서 10.5와 10.6 사이를 10칸으로 나누었으므로 작은 눈금 한 칸의 크기는 0.01입니다.
▶ ㉠과 ㉡이 나타내는 수를 알아보면
㉠: 10.6에서 작은 눈금 3칸만큼 왼쪽에 있으므로 10.57
㉡: 10.7에서 작은 눈금 4칸만큼 오른쪽에 있으므로 10.74

식 세우기 10.57+10.74=21.31

답 구하기 21.31

08 카드를 한 번씩 모두 사용하여 만들 수 있는 가장 큰 소수 두 자리 수와 가장 작은 소수 두 자리 수의 차를 구하시오.

[2] [3] [7] [5] [.]

문제 이해하기 ▶ 네 수의 크기를 비교해 보면 7>5>3>2
▶ 소수 두 자리 수: ■■.■■
→ 가장 큰 소수 두 자리 수: 큰 수부터 십의 자리, 일의 자리, 소수 첫째 자리, 소수 둘째 자리에 차례로 놓으면 75.32
→ 가장 작은 소수 두 자리 수: 작은 수부터 십의 자리, 일의 자리, 소수 첫째 자리, 소수 둘째 자리에 차례로 놓으면 23.57

식 세우기 75.32-23.57=51.75

답 구하기 51.75

129

단원 마무리

09 0부터 9까지의 수 중에서 □ 안에 들어갈 수 있는 가장 작은 수를 구하시오.

5.2-1.63<3.□9

문제 이해하기 ▶ 5.2-1.63=3.57이므로 5.2-1.63<3.□9 → 3.57<3.□9
▶ 3.57<3.□9에서 일의 자리 수가 같으므로 소수 첫째 자리 수를 비교합니다.
▶ 5<□이어야 하므로 □ 안에 5보다 큰 수가 들어가야 합니다.
▶ 소수 첫째 자리 수가 5로 같다면 3.57<3.59이므로 □ 안에 5도 들어갈 수 있습니다.
따라서 □ 안에 들어갈 수 있는 가장 작은 수는 5입니다.

답 구하기 5

10 가에서 라까지의 거리는 몇 km입니까?

```
       0.56 km         0.68 km
 가          나 , 다          라
              150 m
```

문제 이해하기 ▶ 1000 m=1 km이므로 나에서 다까지의 거리는 150 m=0.15 km입니다.
▶ 가에서 라까지의 거리는 가에서 다까지의 거리와 나에서 라까지의 거리의 합에서 나에서 다까지의 거리를 뺀 것과 같습니다.

식 세우기 (가~라)=(가~다)+(나~라)-(나~다)
=0.56+0.68-0.15=1.09

답 구하기 1.09 km

130

30

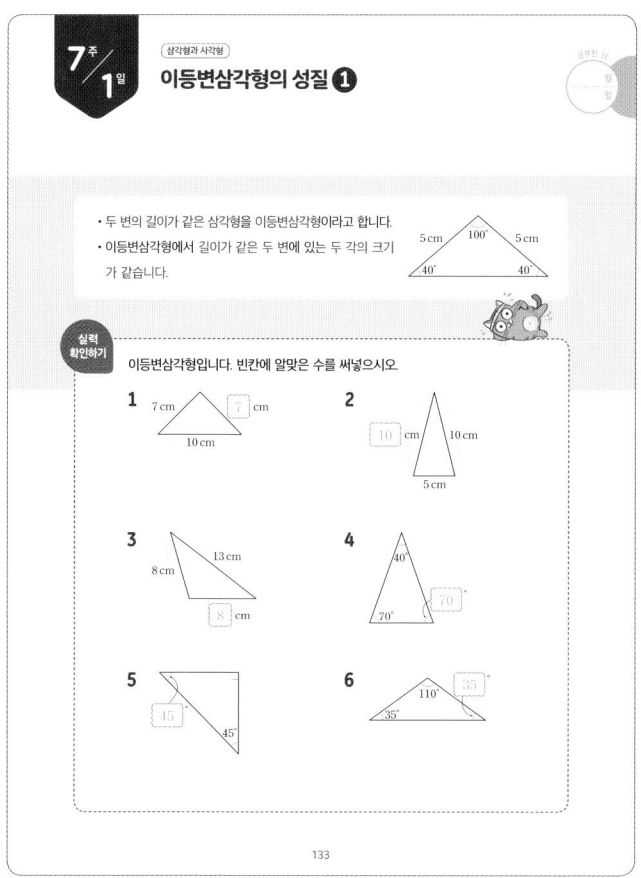

삼각형과 사각형

이등변삼각형의 성질 ❶

- 두 변의 길이가 같은 삼각형을 이등변삼각형이라고 합니다.
- 이등변삼각형에서 길이가 같은 두 변에 있는 두 각의 크기가 같습니다.

실력 확인하기

이등변삼각형입니다. 빈칸에 알맞은 수를 써넣으시오.

1 7 cm, 7 cm, 10 cm

2 10 cm, 10 cm, 5 cm

3 13 cm, 8 cm, 8 cm

4 40°, 70°, 70°

5 45°, 45°

6 110°, 35°, 35°

133

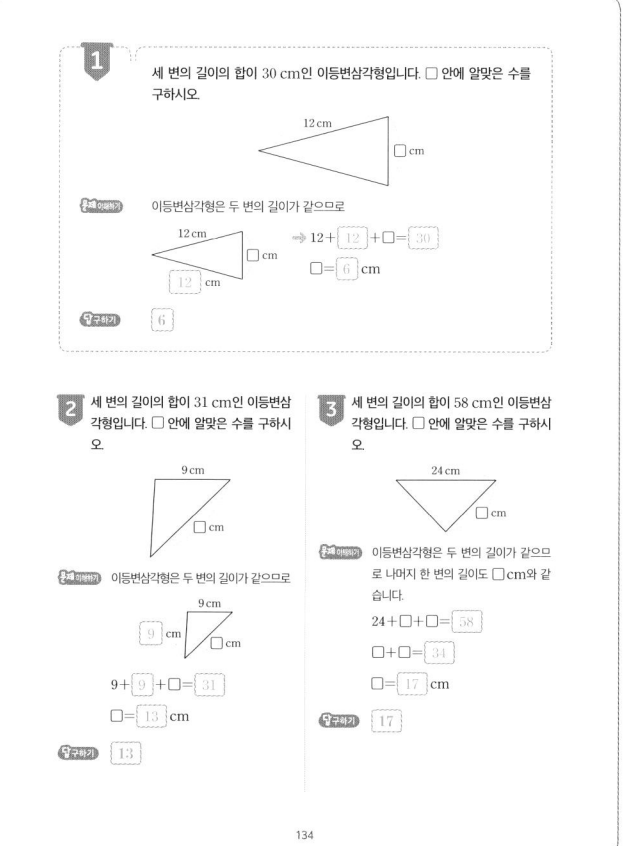

1 세 변의 길이의 합이 30 cm인 이등변삼각형입니다. □ 안에 알맞은 수를 구하시오.

12 cm, □ cm

이등변삼각형은 두 변의 길이가 같으므로

12 cm, □ cm, 12 cm → 12 + 12 + □ = 30

□ = 6 cm

구하기 6

2 세 변의 길이의 합이 31 cm인 이등변삼각형입니다. □ 안에 알맞은 수를 구하시오.

9 cm, □ cm

이등변삼각형은 두 변의 길이가 같으므로

9 cm, □ cm

9 + 9 + □ = 31

□ = 13 cm

구하기 13

3 세 변의 길이의 합이 58 cm인 이등변삼각형입니다. □ 안에 알맞은 수를 구하시오.

24 cm, □ cm

이등변삼각형은 두 변의 길이가 같으므로 나머지 한 변의 길이도 □ cm와 같습니다.

24 + □ + □ = 58

□ + □ = 34

□ = 17 cm

구하기 17

134

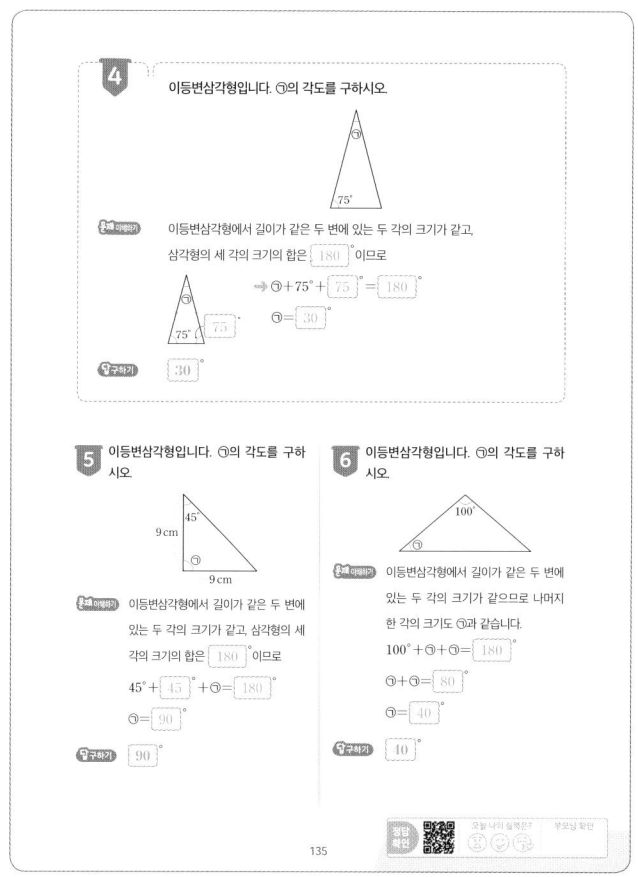

4 이등변삼각형입니다. ㉠의 각도를 구하시오.

75°

이등변삼각형에서 길이가 같은 두 변에 있는 두 각의 크기가 같고, 삼각형의 세 각의 크기의 합은 180°이므로

75° 75° → ㉠ + 75° + 75° = 180°

㉠ = 30°

구하기 30°

5 이등변삼각형입니다. ㉠의 각도를 구하시오.

45°, 9 cm, 9 cm

이등변삼각형에서 길이가 같은 두 변에 있는 두 각의 크기가 같고, 삼각형의 세 각의 크기의 합은 180°이므로

45° + 45° + ㉠ = 180°

㉠ = 90°

구하기 90°

6 이등변삼각형입니다. ㉠의 각도를 구하시오.

100°

이등변삼각형에서 길이가 같은 두 변에 있는 두 각의 크기가 같으므로 나머지 한 각의 크기도 ㉠과 같습니다.

100° + ㉠ + ㉠ = 180°

㉠ + ㉠ = 80°

㉠ = 40°

구하기 40°

135

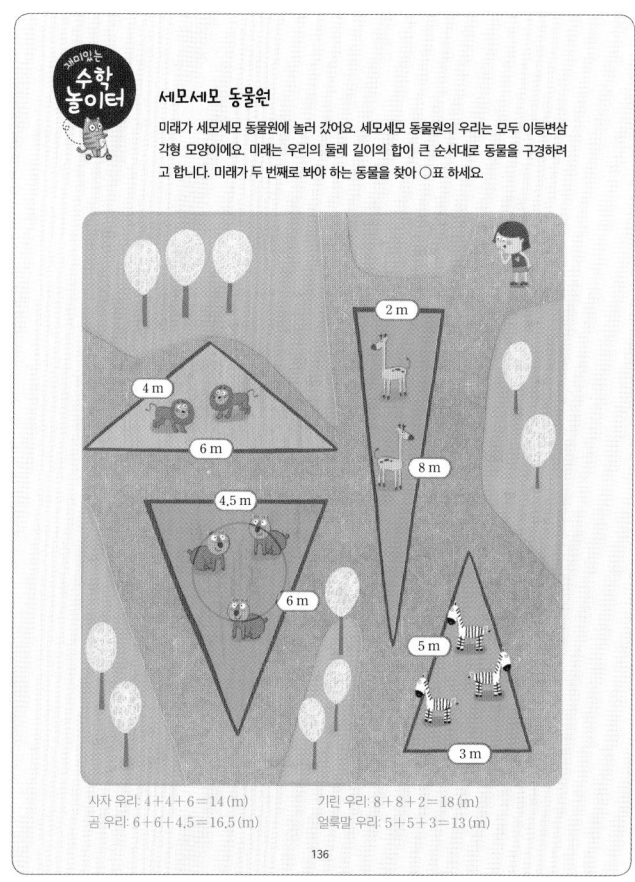

수학 놀이터

세모세모 동물원

미래가 세모세모 동물원에 놀러 갔어요. 세모세모 동물원의 우리는 모두 이등변삼각형 모양이에요. 미래는 우리의 둘레 길이의 합이 큰 순서대로 동물을 구경하려고 합니다. 미래가 두 번째로 봐야 하는 동물을 찾아 ○표 하세요.

2 m, 4 m, 6 m, 8 m, 4.5 m, 6 m, 5 m, 3 m

사자 우리: 4 + 4 + 6 = 14 (m)

곰 우리: 6 + 6 + 4.5 = 16.5 (m)

기린 우리: 8 + 8 + 2 = 18 (m)

얼룩말 우리: 5 + 5 + 3 = 13 (m)

136

31

7주 / 2일 삼각형과 사각형

공부한 날 월 일

이등변삼각형의 성질 ❷

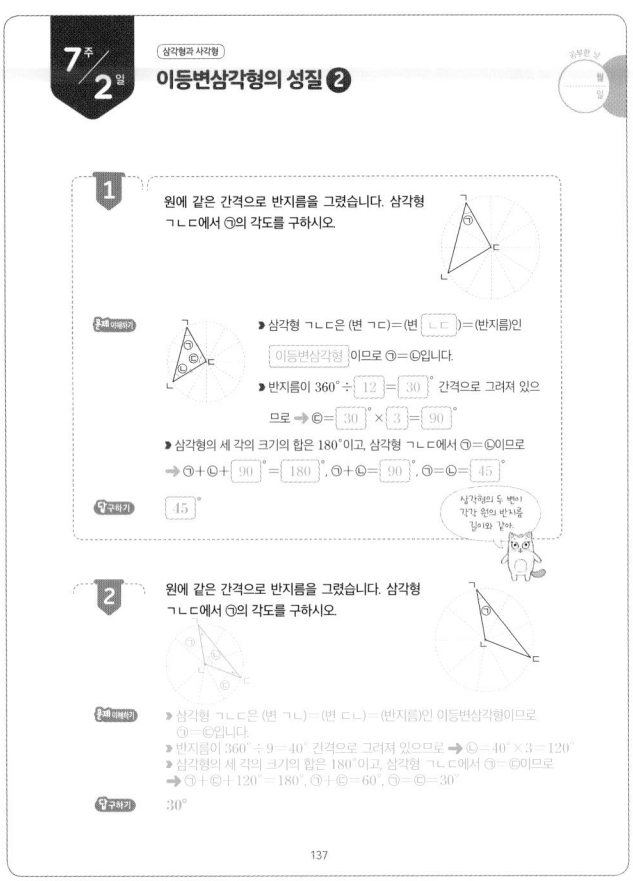

1 원에 같은 간격으로 반지름을 그렸습니다. 삼각형 ㄱㄴㄷ에서 ㉠의 각도를 구하시오.

문제 이해하기
▸ 삼각형 ㄱㄴㄷ은 (변 ㄱㄷ)=(변 ㄴㄷ)=(반지름)인 이등변삼각형 이므로 ㉠=㉡입니다.
▸ 반지름이 360° ÷ 12 = 30° 간격으로 그려져 있으므로 ➡ ㉢= 30 × 3 = 90°
▸ 삼각형의 세 각의 크기의 합은 180°이고, 삼각형 ㄱㄴㄷ에서 ㉠=㉡이므로
➡ ㉠+㉡+ 90 = 180, ㉠+㉡= 90, ㉠=㉡= 45

답 구하기
45

삼각형의 두 변이 각각 원의 반지름 길이와 같아.

2 원에 같은 간격으로 반지름을 그렸습니다. 삼각형 ㄱㄴㄷ에서 ㉠의 각도를 구하시오.

문제 이해하기
▸ 삼각형 ㄱㄴㄷ은 (변 ㄱㄴ)=(변 ㄷㄴ)=(반지름)인 이등변삼각형이므로 ㉠=㉢입니다.
▸ 반지름이 360° ÷ 9 = 40° 간격으로 그려져 있으므로 ➡ ㉢=40° × 3 = 120°
▸ 삼각형의 세 각의 크기의 합은 180°이고, 삼각형 ㄱㄴㄷ에서 ㉠=㉢이므로
➡ ㉠+120°=180°, ㉠+㉢=60°, ㉠=㉢=30°

답 구하기
30°

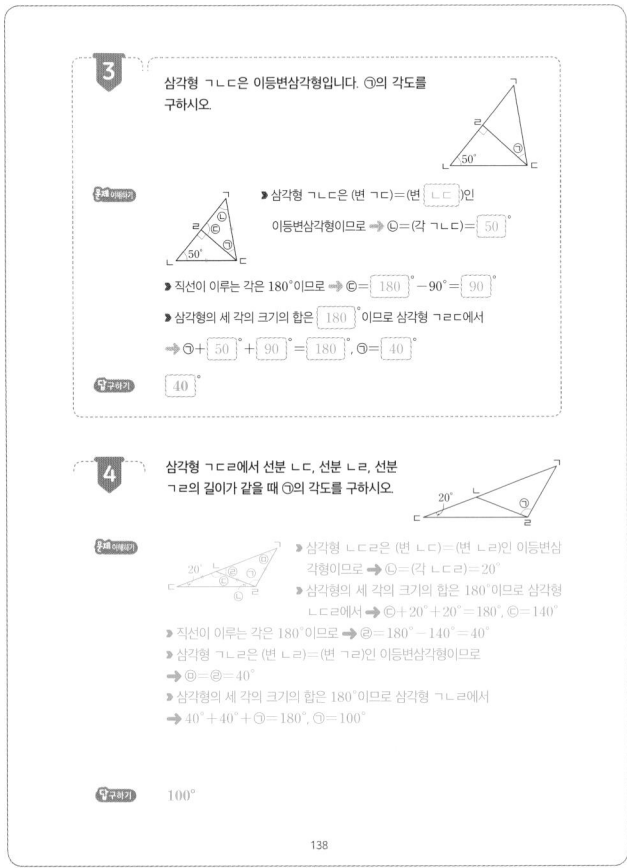

3 삼각형 ㄱㄴㄷ은 이등변삼각형입니다. ㉠의 각도를 구하시오.

문제 이해하기
▸ 삼각형 ㄱㄴㄷ은 (변 ㄱㄷ)=(변 ㄴㄷ)인 이등변삼각형이므로 ➡ ㉡=(각 ㄱㄴㄷ)= 50 °
▸ 직선이 이루는 각은 180°이므로 ➡ ㉢= 180 ° − 90°= 90 °
▸ 삼각형의 세 각의 크기의 합은 180 °이므로 삼각형 ㄱㄹㄷ에서
➡ ㉠+ 50 °+ 90 °= 180 °, ㉠= 40 °

답 구하기
40 °

4 삼각형 ㄱㄷㄹ에서 선분 ㄴㄷ, 선분 ㄴㄹ, 선분 ㄱㄹ의 길이가 같을 때 ㉠의 각도를 구하시오.

문제 이해하기
▸ 삼각형 ㄴㄷㄹ은 (변 ㄴㄷ)=(변 ㄴㄹ)인 이등변삼각형이므로 ➡ (각 ㄴㄹㄷ)=20°
▸ 삼각형의 세 각의 크기의 합은 180°이므로 삼각형 ㄴㄷㄹ에서 ➡ ㉢+20°+20°=180°, ㉢=140°
▸ 직선이 이루는 각은 180°이므로 ➡ ㉢=180°−140°=40°
▸ 삼각형 ㄱㄴㄹ은 (변 ㄴㄹ)=(변 ㄱㄹ)인 이등변삼각형이므로
➡ ㉠=㉢=40°
▸ 삼각형의 세 각의 크기의 합은 180°이므로 삼각형 ㄱㄴㄹ에서
➡ 40°+40°+㉠=180°, ㉠=100°

답 구하기
100°

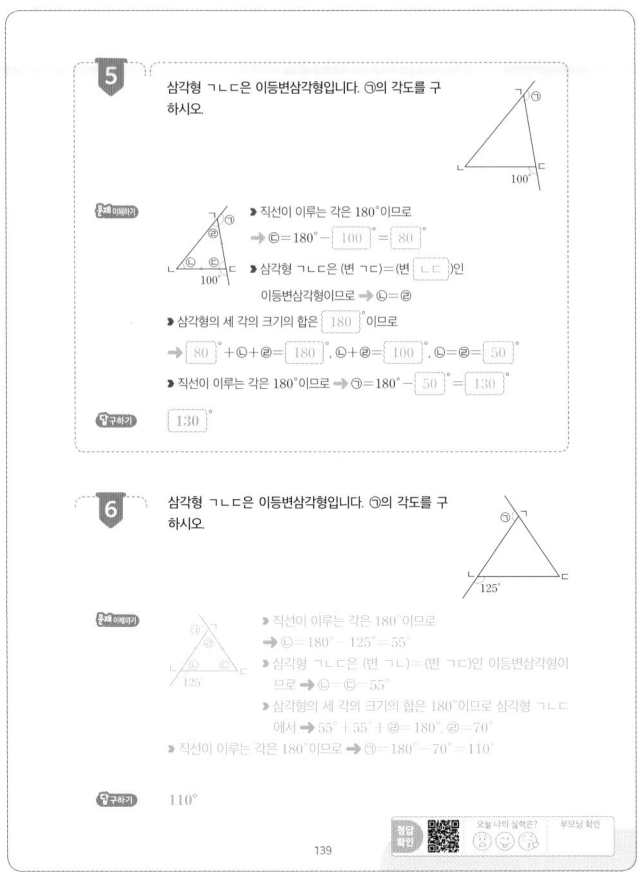

5 삼각형 ㄱㄴㄷ은 이등변삼각형입니다. ㉠의 각도를 구하시오.

문제 이해하기
▸ 직선이 이루는 각은 180°이므로
➡ ㉢=180°− 100 = 80 °
▸ 삼각형 ㄱㄴㄷ은 (변 ㄱㄷ)=(변 ㄴㄷ)인 이등변삼각형이므로 ➡ ㉡=㉢
▸ 삼각형의 세 각의 크기의 합은 180 °이므로
➡ 80 °+㉡+㉢= 180 , ㉡+㉢= 100 , ㉡=㉢= 50
▸ 직선이 이루는 각은 180°이므로 ➡ ㉠=180°− 50 = 130

답 구하기
130

6 삼각형 ㄱㄴㄷ은 이등변삼각형입니다. ㉠의 각도를 구하시오.

문제 이해하기
▸ 직선이 이루는 각은 180°이므로
➡ ㉡=180°−125°=55°
▸ 삼각형 ㄱㄴㄷ은 (변 ㄱㄷ)=(변 ㄱㄴ)인 이등변삼각형이므로 ➡ ㉢=㉡=55°
▸ 삼각형의 세 각의 크기의 합은 180°이므로 삼각형 ㄱㄴㄷ에서 ➡ 55°+55°+㉢=180°, ㉢=70°
▸ 직선이 이루는 각은 180°이므로 ➡ ㉠=180°−70°=110°

답 구하기
110°

재미있는
수학 놀이터

옷을 걸어요

옷걸이에 옷을 걸려고 해요. 빈칸에 들어갈 수가 쓰여 있는 티셔츠를 그 옷걸이에 걸면 됩니다. 이때 옷걸이에 걸 수 없는 티셔츠를 찾아 ○표 하세요.

어느 옷걸이에 걸어야 하지?

32

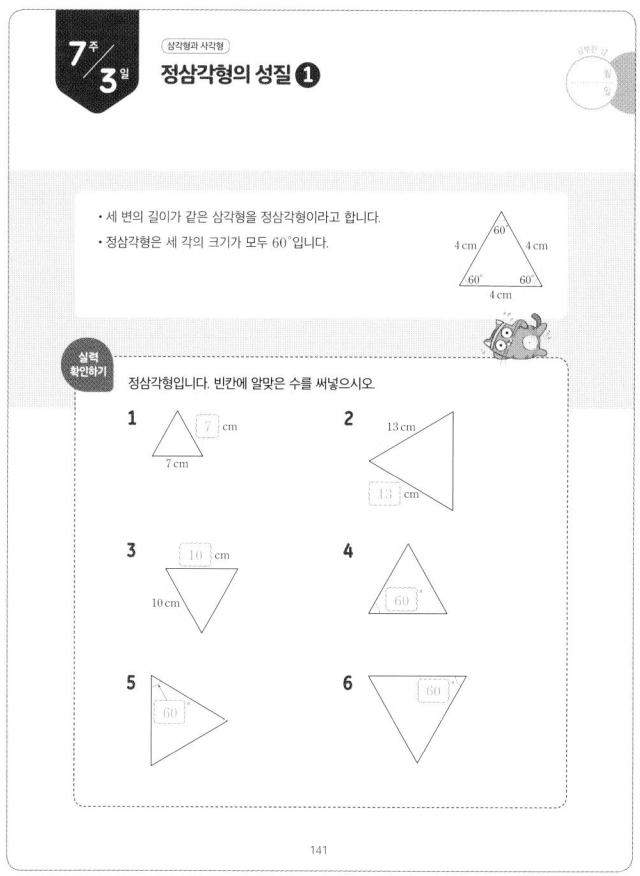

7주/3일 (삼각형과 사각형)
정삼각형의 성질 ①

- 세 변의 길이가 같은 삼각형을 정삼각형이라고 합니다.
- 정삼각형은 세 각의 크기가 모두 60°입니다.

실력 확인하기

정삼각형입니다. 빈칸에 알맞은 수를 써넣으시오.

1 7 cm , 7 cm
2 13 cm , 13 cm
3 10 cm , 10 cm
4 60°
5 60°
6 60°

141

1 세 변의 길이의 합이 48 cm인 정삼각형입니다. 한 변의 길이는 몇 cm입니까?

정삼각형은 세 변의 길이가 모두 같으므로
(정삼각형의 한 변의 길이)
＝(세 변의 길이의 합)÷3
＝ 48 ÷ 3 ＝ 16 (cm)

구하기 16 cm

2 정삼각형입니다. 세 변의 길이의 합은 몇 cm입니까? (12 cm)

정삼각형은 세 변의 길이가 모두 같으므로
(정삼각형의 세 변의 길이의 합)
＝(한 변의 길이)× 3
＝ 12 × 3 ＝ 36 (cm)

구하기 36 cm

3 세 변의 길이의 합이 54 cm인 정삼각형입니다. 한 변의 길이는 몇 cm입니까?

정삼각형은 세 변의 길이가 모두 같으므로
(정삼각형의 한 변의 길이)
＝(세 변의 길이의 합)÷ 3
＝ 54 ÷ 3 ＝ 18 (cm)

구하기 18 cm

142

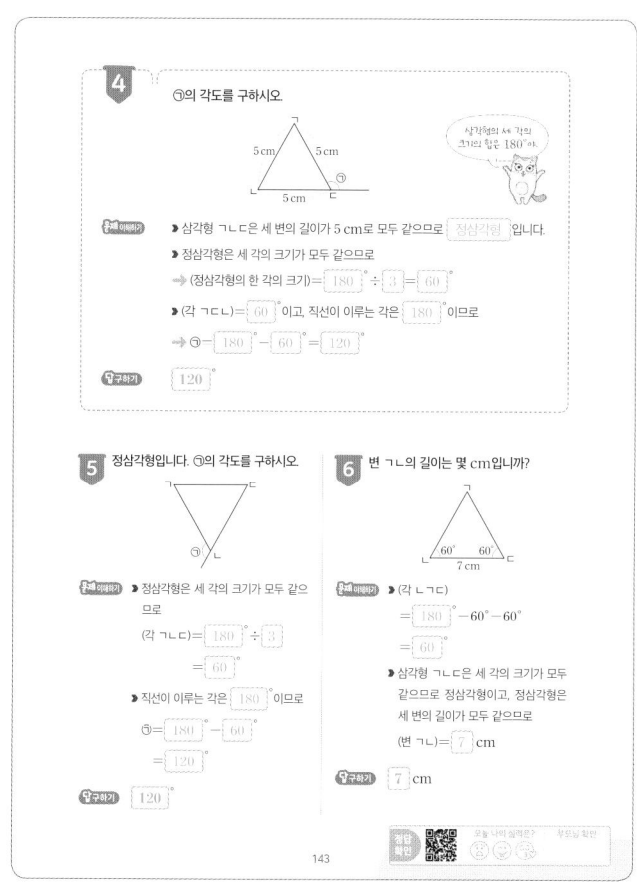

4 ㉠의 각도를 구하시오.
(5 cm, 5 cm, 5 cm, ㉠) 삼각형의 세 각의 크기의 합은 180°야.

이해하기 ▶ 삼각형 ㄱㄴㄷ은 세 변의 길이가 5 cm로 모두 같으므로 정삼각형 입니다.
▶ 정삼각형은 세 각의 크기가 모두 같으므로
→ (정삼각형의 한 각의 크기)＝ 180 ÷ 3 ＝ 60 °
▶ (각 ㄱㄷㄴ)＝ 60 °이고, 직선이 이루는 각은 180 °이므로
→ ㉠＝ 180 － 60 ＝ 120 °

구하기 120 °

5 정삼각형입니다. ㉠의 각도를 구하시오.

이해하기 ▶ 정삼각형은 세 각의 크기가 모두 같으므로
(각 ㄱㄴㄷ)＝ 180 ÷ 3
＝ 60 °
▶ 직선이 이루는 각은 180 °이므로
㉠＝ 180 － 60
＝ 120 °

구하기 120 °

6 변 ㄱㄴ의 길이는 몇 cm입니까?
(60° 60° 7 cm)

이해하기 ▶ (각 ㄴㄱㄷ)
＝ 180 －60°－60°
＝ 60 °
▶ 삼각형 ㄱㄴㄷ은 세 각의 크기가 모두 같으므로 정삼각형이고, 정삼각형은 세 변의 길이가 모두 같으므로
(변 ㄱㄴ)＝ 7 cm

구하기 7 cm

143

재미있는 수학 놀이터

내 땅은 어디?

다섯 명의 친구들이 운동장에 한 변의 길이가 3 m인 정삼각형을 그려 자기 땅을 표시했는데, 작은 정삼각형 모양으로 겹치는 부분이 생겼어요. 겹치는 땅을 모두 미래에게 준다면 가진 땅을 둘러싼 변의 길이의 합이 가장 긴 사람은 누구일까요?

144

33

7주 4일

삼각형과 사각형

정삼각형의 성질 ❷

공부한 날
월 일

1 다음과 같이 정사각형 모양 색종이를 이용하여 삼각형을 그렸습니다. 그린 삼각형을 변의 길이에 따라 분류했을 때 이름을 모두 쓰시오.

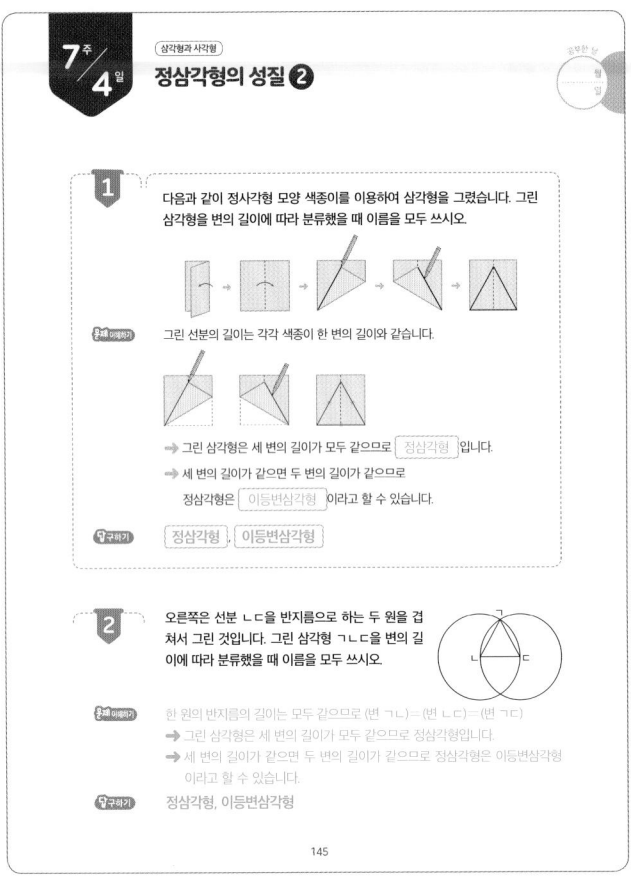

문제 이해하기 그린 선분의 길이는 각각 색종이 한 변의 길이와 같습니다.

→ 그린 삼각형은 세 변의 길이가 모두 같으므로 정삼각형 입니다.

→ 세 변의 길이가 같면 두 변의 길이가 같으므로
정삼각형은 이등변삼각형 이라고 할 수 있습니다.

답구하기 정삼각형 , 이등변삼각형

2 오른쪽은 선분 ㄴㄷ을 반지름으로 하는 두 원을 겹쳐서 그린 것입니다. 그린 삼각형 ㄱㄴㄷ을 변의 길이에 따라 분류했을 때 이름을 모두 쓰시오.

문제 이해하기 한 원의 반지름의 길이는 모두 같으므로 (변 ㄱㄴ)=(변 ㄴㄷ)=(변 ㄱㄷ)

→ 그린 삼각형은 세 변의 길이가 모두 같으므로 정삼각형입니다.

→ 세 변의 길이가 같으면 두 변의 길이가 같으므로 정삼각형은 이등변삼각형 이라고 할 수 있습니다.

답구하기 정삼각형, 이등변삼각형

145

3 세 변의 길이의 합이 27 cm인 정삼각형 6개를 겹치지 않게 이어 붙여 육각형을 만들었습니다. 만든 육각형의 여섯 변의 길이의 합은 몇 cm입니까?

문제 이해하기 ▶ 정삼각형은 세 변의 길이가 같으므로

→ (정삼각형의 한 변의 길이)=(세 변의 길이의 합)÷ 3

= 27 ÷ 3 = 9 (cm)

▶ 만든 육각형의 한 변의 길이는 9 cm이므로

→ (육각형의 여섯 변의 길이의 합)=(한 변의 길이)× 6

= 9 × 6 = 54 (cm)

답구하기 54 cm

4 똑같은 정삼각형 7개를 겹치지 않게 이어 붙여 사각형을 만들었습니다. 만든 사각형의 네 변의 길이의 합은 몇 cm입니까?

5cm

문제 이해하기 ▶ 정삼각형은 세 변의 길이가 같으므로 만든 사각형의 네 변은 길이가 5 cm인 선분 9개로 이루어져 있습니다. → 5×9=45 (cm)

5cm 5cm → 5cm 5cm 5cm 5cm
5cm   5cm 5cm 5cm 5cm

답구하기 45 cm

146

5 삼각형 ㄱㄴㄷ은 이등변삼각형이고, 삼각형 ㄱㄷㄹ은 정삼각형입니다. ㈀의 각도를 구하시오.

정삼각형은 세 각의 크기가 모두 60°야.

문제 이해하기

▶ 삼각형 ㄱㄷㄹ은 정삼각형이므로 ㉣= 60

▶ 직선이 이루는 각은 180 °이므로

→ ㉢= 180 °− 60 °= 120 °

▶ 이등변삼각형 ㄱㄴㄷ에서 (변 ㄴㄷ)=(변 ㄱㄷ)이므로 → ㉠=ㄴ

▶ 삼각형의 세 각의 크기의 합은 180 °이고, 삼각형 ㄱㄴㄷ에서 ㉠=ㄴ이므로

→ ㉠+ㄴ+ 120 °= 180 °, ㉠+ㄴ= 60 °, ㉠=ㄴ= 30 °

답구하기 30°

6 삼각형 ㄱㄴㄷ은 정삼각형이고, 삼각형 ㄹㄴㄷ은 이등변삼각형입니다. ㈀의 각도를 구하시오.

100°

문제 이해하기

▶ 이등변삼각형 ㄹㄴㄷ에서 (변 ㄴㄹ)=(변 ㄷㄹ)이므로

→ ㉡=ㄷ

▶ 삼각형의 세 각의 크기의 합은 180°이고, 삼각형 ㄹㄴㄷ에서 ㉡=ㄷ이므로

→ 100°+ㄴ+ㄷ=180°, ㄴ+ㄷ=80°, ㄴ=ㄷ=40°

▶ 정삼각형 ㄱㄴㄷ에서 한 각의 크기는 60°이므로

→ ㉠=60°−ㄴ=60°−40°=20°

답구하기 20°

147

재미있는 수학 놀이터

색종이 놀이를 해요

규리는 빨간 색종이로 크기가 같은 정삼각형을 만들고, 선호는 초록 색종이로 크기가 같은 이등변삼각형을 만들었어요. 정삼각형 하나와 이등변삼각형 하나의 세 변의 길이의 합은 같아요. 두 삼각형의 각 변의 길이를 구하여 두 사람이 만든 작품을 둘러싼 변의 길이의 합을 구해 보세요.

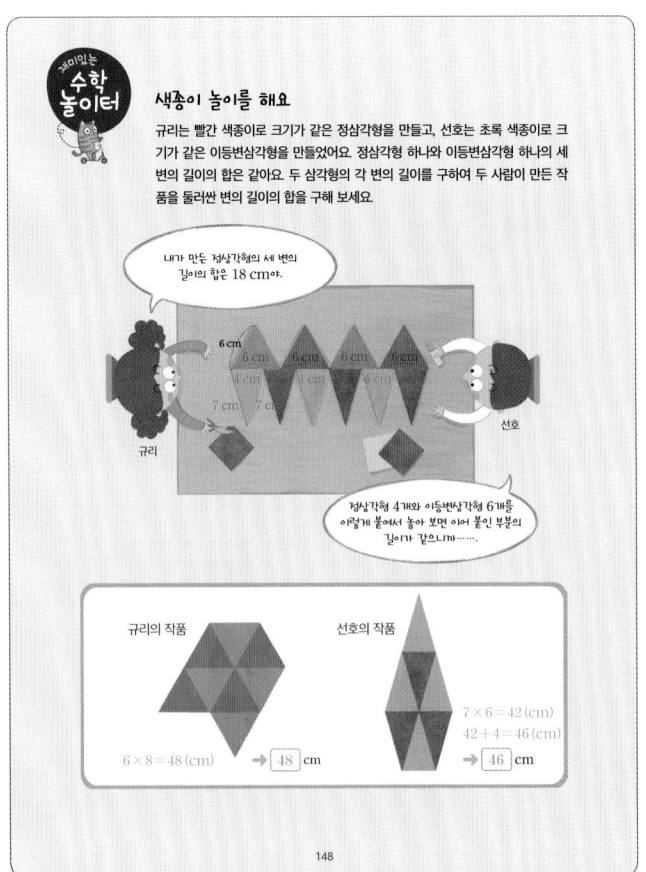

내가 만든 정삼각형의 세 변의 길이의 합은 18 cm야.

6 cm
6 cm 6 cm 6 cm 6 cm
7 cm 7 cm

규리   선호

정삼각형 4개와 이등변삼각형 6개를 이렇게 붙여서 놓아 보면 이어 붙인 부분의 길이가 같으니까…….

규리의 작품   선호의 작품

7×6=42 (cm)
42+4=46 (cm)

6×8=48 (cm) → 48 cm   → 46 cm

148

7주 5일

[삼각형과 사각형]

사다리꼴 알아보기

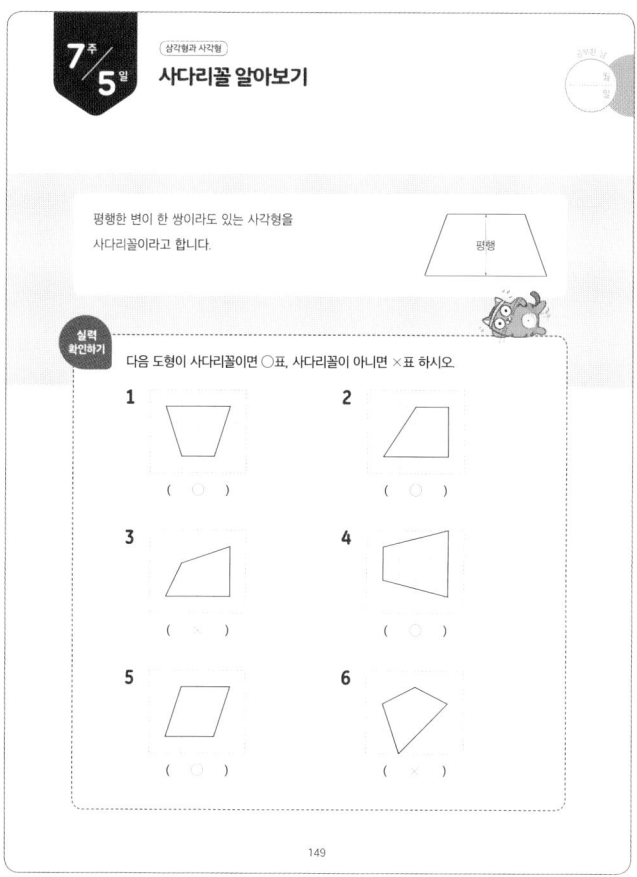

평행한 변이 한 쌍이라도 있는 사각형을
사다리꼴이라고 합니다.

평행

실력 확인하기

다음 도형이 사다리꼴이면 ○표, 사다리꼴이 아니면 ✕표 하시오.

1 (○)

2 (○)

3 (✕)

4 (○)

5 (○)

6 (✕)

149

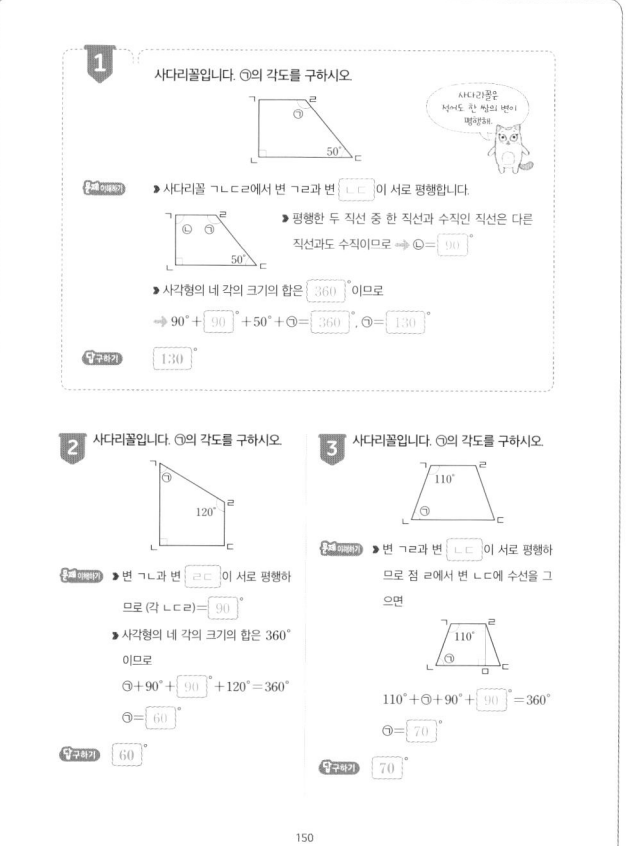

1 사다리꼴입니다. ㉠의 각도를 구하시오.

사다리꼴은 적어도 한 쌍의 변이 평행해.

50°

문제 이해하기
▶ 사다리꼴 ㄱㄴㄷㄹ에서 변 ㄱㄹ과 변 ㄴㄷ 이 서로 평행합니다.

50°

• 평행한 두 직선 중 한 직선과 수직인 직선은 다른 직선과도 수직이므로 ➡ ㉡= 90 °

▶ 사각형의 네 각의 크기의 합은 360 °이므로
➡ 90°+ 90 °+50°+㉠= 360 °, ㉠= 130 °

문구하기 130 °

2 사다리꼴입니다. ㉠의 각도를 구하시오.

120°

문제 이해하기
▶ 변 ㄱㄴ과 변 ㄹㄷ 이 서로 평행하므로 (각 ㄴㄷㄹ)= 90 °

▶ 사각형의 네 각의 크기의 합은 360°이므로
㉠+90°+ 90 °+120°=360°
㉠= 60 °

문구하기 60 °

3 사다리꼴입니다. ㉠의 각도를 구하시오.

110°

문제 이해하기
▶ 변 ㄱㄹ과 변 ㄴㄷ 이 서로 평행하므로 점 ㄹ에서 변 ㄴㄷ에 수선을 그으면

110°

110°+㉠+90°+ 90 °=360°
㉠= 70 °

문구하기 70 °

150

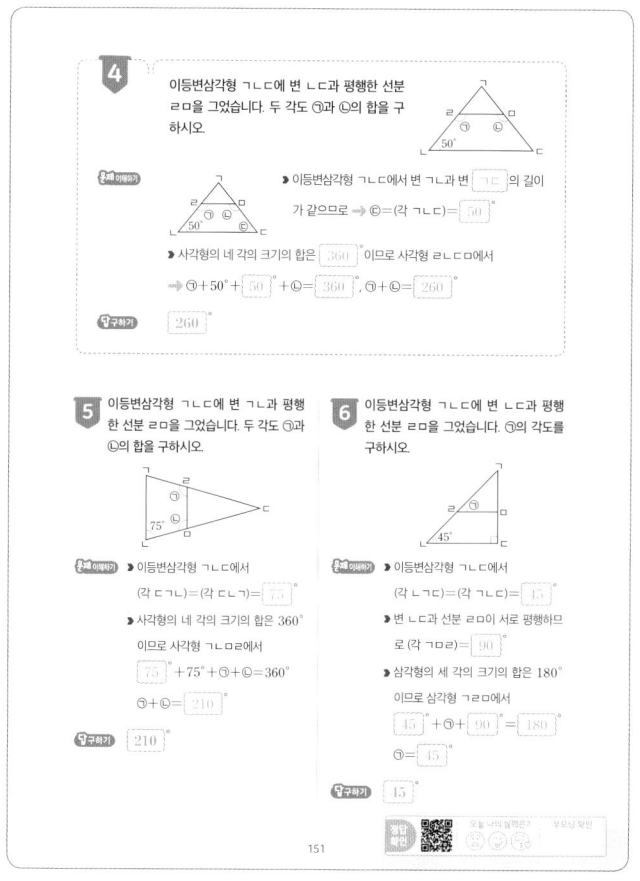

4 이등변삼각형 ㄱㄴㄷ에 변 ㄴㄷ과 평행한 선분 ㄹㅁ을 그었습니다. 두 각도 ㉠과 ㉡의 합을 구하시오.

50°

문제 이해하기
▶ 이등변삼각형 ㄱㄴㄷ에서 변 ㄴㄷ과 변 ㄱㄷ 의 길이 가 같으므로 ➡ ㉡=(각 ㄱㄴㄷ)= 50 °

▶ 사각형의 네 각의 크기의 합은 360 °이므로 사각형 ㄹㄴㄷㅁ에서
➡ ㉠+50°+ 50 °+㉡= 360 °, ㉠+㉡= 260 °

문구하기 260 °

5 이등변삼각형 ㄱㄴㄷ에 변 ㄱㄴ과 평행한 선분 ㄹㅁ을 그었습니다. 두 각도 ㉠과 ㉡의 합을 구하시오.

75°

문제 이해하기
▶ 이등변삼각형 ㄱㄴㄷ에서
(각 ㄴㄷㄱ)=(각 ㄴㄱㄷ)= 75 °

▶ 사각형의 네 각의 크기의 합은 360°이므로 사각형 ㄱㄴㄷ에서
75 °+75°+㉠+㉡=360°
㉠+㉡= 210 °

문구하기 210 °

6 이등변삼각형 ㄱㄴㄷ에 변 ㄴㄷ과 평행한 선분 ㄹㅁ을 그었습니다. ㉠의 각도를 구하시오.

45°

문제 이해하기
▶ 이등변삼각형 ㄱㄴㄷ에서
(각 ㄴㄷㄱ)=(각 ㄱㄴㄷ)= 45 °

▶ 변 ㄴㄷ과 선분 ㄹㅁ이 서로 평행하므로 (각 ㄱㅁㄹ)= 90 °

▶ 삼각형의 세 각의 크기의 합은 180°이므로 삼각형 ㄱㅁㄹ에서
45 °+㉠+ 90 °= 180 °
㉠= 45 °

문구하기 45 °

151

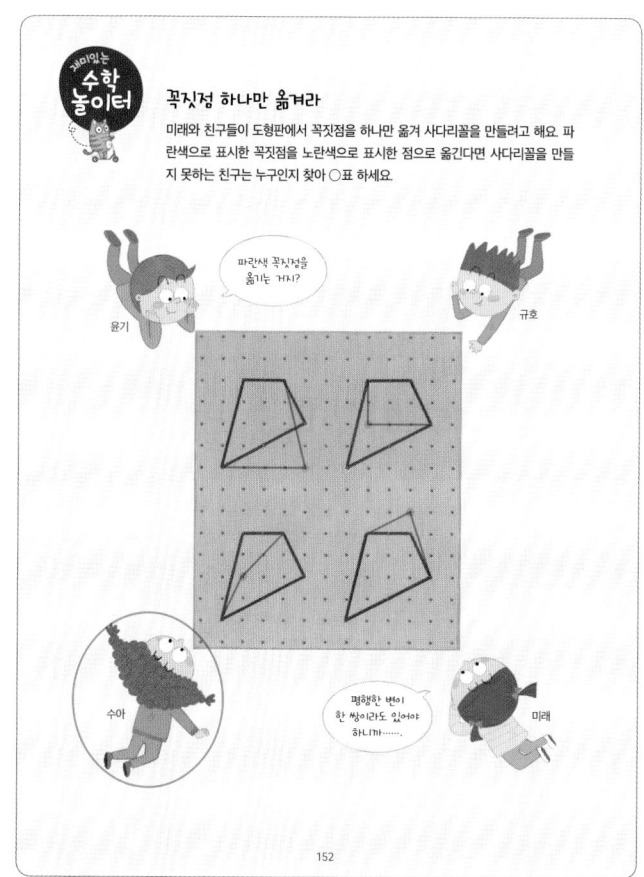

재미있는 수학 놀이터

꼭짓점 하나만 옮겨라

미래와 친구들이 도형판에서 꼭짓점을 하나만 옮겨 사다리꼴을 만들려고 해요. 파란색으로 표시한 꼭짓점을 노란색으로 표시한 점으로 옮긴다면 사다리꼴을 만들지 못하는 친구는 누구인지 찾아 ○표 하세요.

파란색 꼭짓점을 옮기는 거지?

윤기

규호

수아

평행한 변이 한 쌍이라도 있어야 하니까……

미래

152

8주/1일 평행사변형 알아보기 ❶

삼각형과 사각형

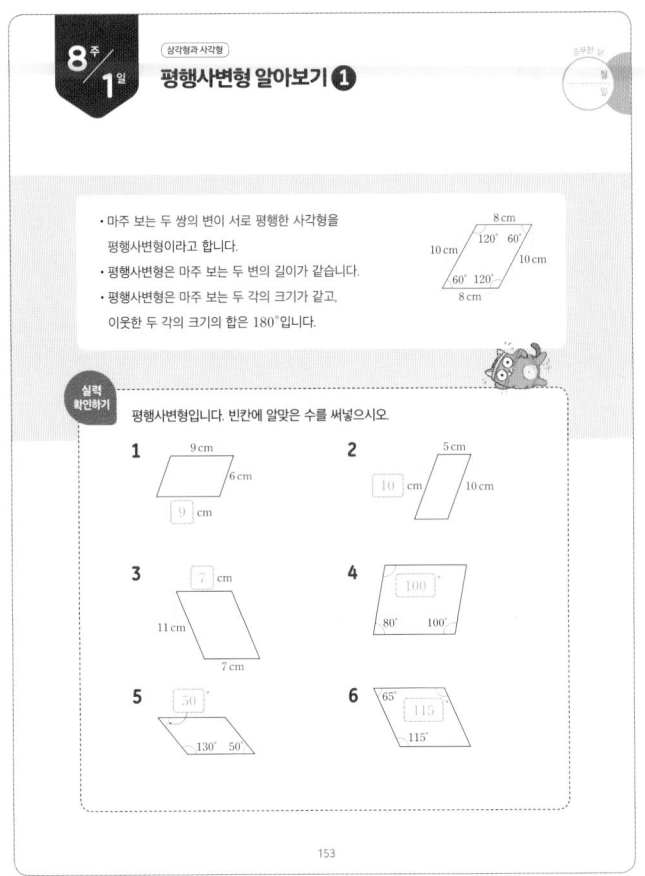

- 마주 보는 두 쌍의 변이 서로 평행한 사각형을 평행사변형이라고 합니다.
- 평행사변형은 마주 보는 두 변의 길이가 같습니다.
- 평행사변형은 마주 보는 두 각의 크기가 같고, 이웃한 두 각의 크기의 합은 180°입니다.

실력 확인하기 평행사변형입니다. 빈칸에 알맞은 수를 써넣으시오.

1. 9 cm, 6 cm, 9 cm

2. 5 cm, 10, 10 cm

3. 7 cm, 11 cm, 7 cm

4. 100, 80°, 100°

5. 50, 130°, 50°

6. 65°, 115, 115°

153

---

1 평행사변형입니다. 네 변의 길이의 합은 몇 cm입니까?

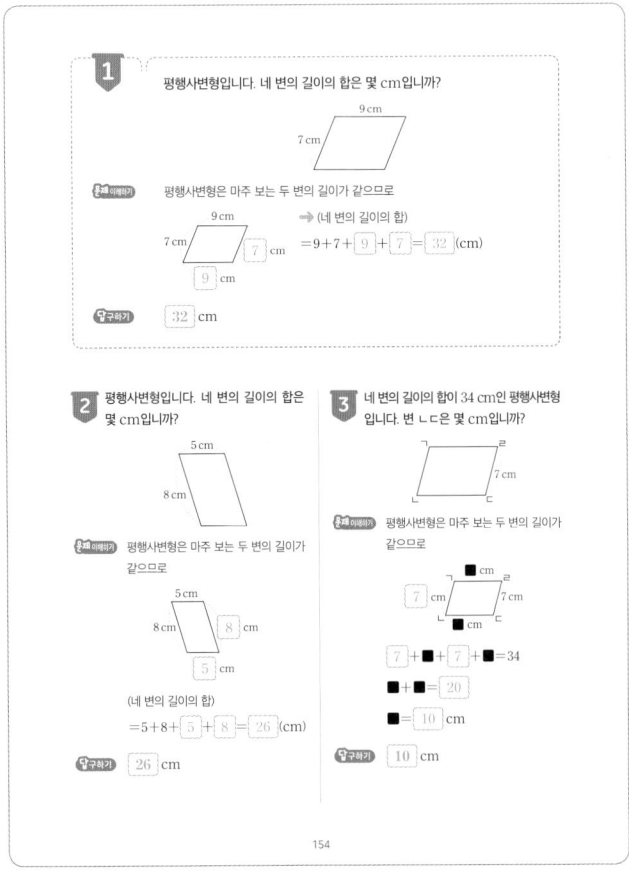

평행사변형은 마주 보는 두 변의 길이가 같으므로

➡ (네 변의 길이의 합)
=9+7+ 9 + 7 = 32 (cm)

구하기 32 cm

2 평행사변형입니다. 네 변의 길이의 합은 몇 cm입니까?

평행사변형은 마주 보는 두 변의 길이가 같으므로

(네 변의 길이의 합)
=5+8+ 5 + 8 = 26 (cm)

구하기 26 cm

3 네 변의 길이의 합이 34 cm인 평행사변형입니다. 변 ㄴㄷ은 몇 cm입니까?

평행사변형은 마주 보는 두 변의 길이가 같으므로

7 + ■ + 7 + ■ = 34
■ + ■ = 20
■ = 10 cm

구하기 10 cm

154

---

4 평행사변형입니다. ㉠의 각도를 구하시오.

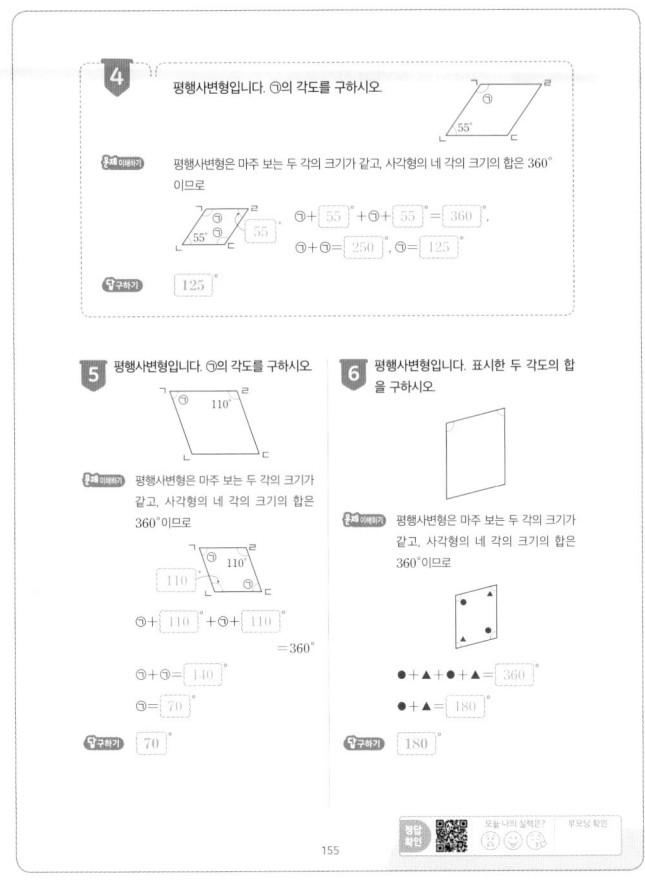

평행사변형은 마주 보는 두 각의 크기가 같고, 사각형의 네 각의 크기의 합은 360°이므로

㉠+ 55 +㉠+ 55 = 360,
㉠+㉠= 250 , ㉠= 125

답구하기 125 °

5 평행사변형입니다. ㉠의 각도를 구하시오.

평행사변형은 마주 보는 두 각의 크기가 같고, 사각형의 네 각의 크기의 합은 360°이므로

㉠+ 110 +㉠+ 110 = 360
㉠+㉠= 140
㉠= 70

구하기 70 °

6 평행사변형입니다. 표시한 두 각도의 합을 구하시오.

평행사변형은 마주 보는 두 각의 크기가 같고, 사각형의 네 각의 크기의 합은 360°이므로

●+▲+●+▲= 360
●+▲= 180

구하기 180 °

155

재미있는 수학 놀이터

보물 상자를 열어라

무인도에 도착한 탐험대는 모래사장에서 보물 상자 하나를 발견했어요. 보물 상자 옆에는 숫자에 대한 힌트를 알려 주는 쪽지가 있었어요. 잘 보고 보물 상자를 열 수 있는 숫자를 써 보세요.

보물 상자 여는 법

왼쪽 도형에 표시된 각의 크기를 구하여 자물쇠 번호를 입력하시오.

105°, 75

두 직사각형이 겹쳐진 모양이야.

겹쳐진 부분은 마주 보는 두 쌍의 변이 서로 평행하니까 평행사변형 이구나!

156

36

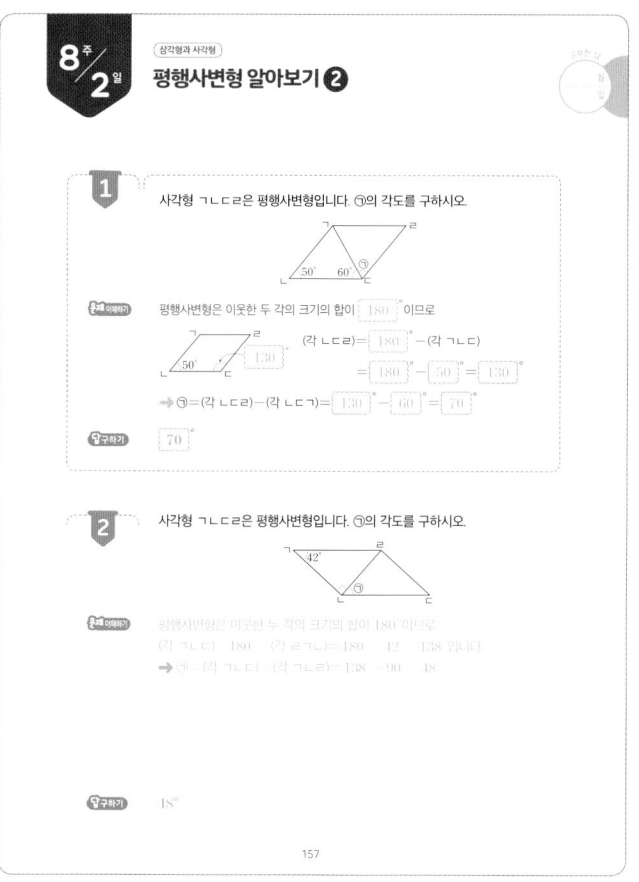

8주 2일

삼각형과 사각형

평행사변형 알아보기 ❷

1 사각형 ㄱㄴㄷㄹ은 평행사변형입니다. ㉠의 각도를 구하시오.

평행사변형은 이웃한 두 각의 크기의 합이 $180°$ 이므로

(각 ㄴㄷㄹ)$=180°-$(각 ㄱㄴㄷ)

$=180°-50°=130°$

➡ ㉠$=$(각 ㄴㄷㄹ)$-$(각 ㄴㄷㄱ)$=130°-60°=70°$

구하기 $70°$

2 사각형 ㄱㄴㄷㄹ은 평행사변형입니다. ㉠의 각도를 구하시오.

평행사변형은 이웃한 두 각의 크기의 합이 180°이므로
(각 ㄱㄴㄷ)=180°-(각 ㄴㄷㄹ)=180°-42°=138°입니다.
➡ ㉠=(각 ㄱㄴㄷ)-(각 ㄱㄴㄹ)=138°-90°=48°

구하기 $48°$

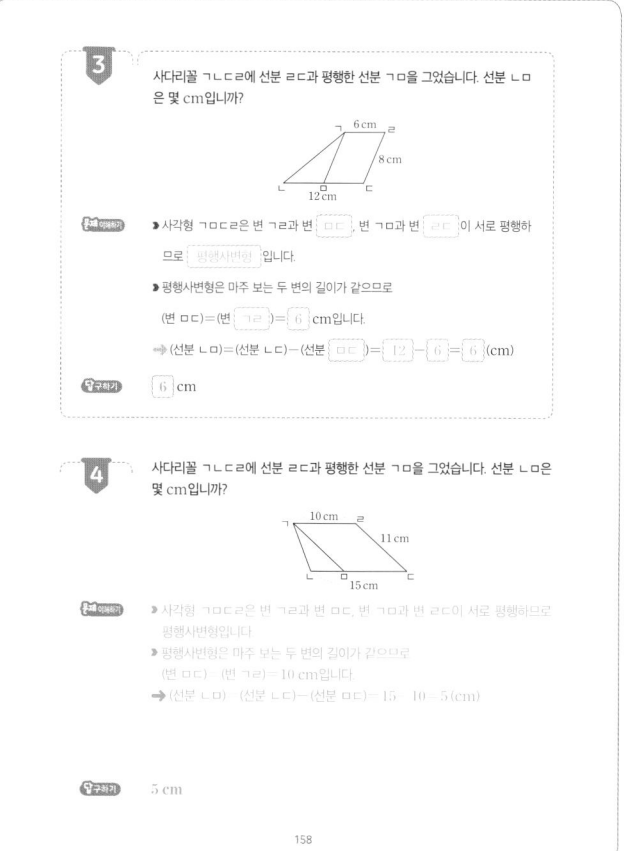

3 사다리꼴 ㄱㄴㄷㄹ에 선분 ㄹㄷ과 평행한 선분 ㄱㅁ을 그었습니다. 선분 ㄴㅁ은 몇 cm입니까?

➤ 사각형 ㄱㅁㄷㄹ은 변 ㄱㄹ과 변 ㅁㄷ, 변 ㄱㅁ과 변 ㄹㄷ 이 서로 평행하므로 평행사변형 입니다.

➤ 평행사변형은 마주 보는 두 변의 길이가 같으므로
(변 ㅁㄷ)=(변 ㄱㄹ)=6 cm입니다.

➡ (선분 ㄴㅁ)=(선분 ㄴㄷ)-(선분 ㅁㄷ)=12-6=6 (cm)

구하기 6 cm

4 사다리꼴 ㄱㄴㄷㄹ에 선분 ㄹㄷ과 평행한 선분 ㄱㅁ을 그었습니다. 선분 ㄴㅁ은 몇 cm입니까?

➤ 사각형 ㄱㅁㄷㄹ은 변 ㄱㄹ과 변 ㅁㄷ, 변 ㄱㅁ과 변 ㄹㄷ이 서로 평행하므로 평행사변형입니다.

➤ 평행사변형은 마주 보는 두 변의 길이가 같으므로
(변 ㅁㄷ)=(변 ㄱㄹ)=10 cm입니다.

➡ (선분 ㄴㅁ)=(선분 ㄴㄷ)-(선분 ㅁㄷ)=15-10=5 (cm)

구하기 5 cm

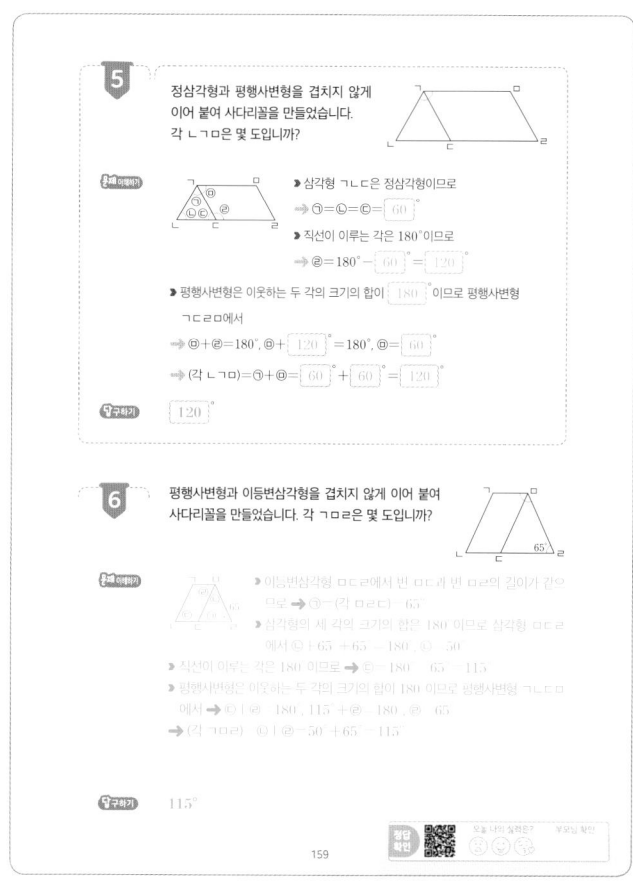

5 정삼각형과 평행사변형을 겹치지 않게 이어 붙여 사다리꼴을 만들었습니다. 각 ㄴㄱㅁ은 몇 도입니까?

➤ 삼각형 ㄱㄴㄷ은 정삼각형이므로
➡ ㉠=㉡=㉢= $60°$

➤ 직선이 이루는 각은 180°이므로
➡ ㉣$=180°-60°=120°$

➤ 평행사변형은 이웃하는 두 각의 크기의 합이 $180°$ 이므로 평행사변형 ㄱㄷㄹㅁ에서
➡ ㉣$+$㉤$=180°$, ㉤$+120°=180°$, ㉤$=60°$
➡ (각 ㄴㄱㅁ)$=$㉠$+$㉤$=60°+60°=120°$

구하기 $120°$

6 평행사변형과 이등변삼각형을 겹치지 않게 이어 붙여 사다리꼴을 만들었습니다. 각 ㄱㅁㄹ은 몇 도입니까?

➤ 이등변삼각형 ㅁㄷㄹ에서 변 ㅁㄷ과 변 ㅁㄹ의 길이가 같으므로 ➡ ㉠=(각 ㅁㄷㄹ)=65°
➤ 삼각형의 세 각의 크기의 합은 180°이므로 삼각형 ㅁㄷㄹ에서 ㉡+65°+65°=180°, ㉡=50°
➤ 직선이 이루는 각은 180°이므로 ➡ ㉢=180°-65°=115°
➤ 평행사변형은 이웃하는 두 각의 크기의 합이 180°이므로 평행사변형 ㄱㄴㄷㅁ에서 ➡ ㉢+㉣=180°, 115°+㉣=180°, ㉣=65°
➡ (각 ㄱㅁㄹ)=㉣+㉠=50°+65°=115°

구하기 $115°$

재미있는 **수학놀이터**

평행사변형을 찾아라

친구들이 여러 가지 색종이 모양을 붙여 집을 만들고 있어요. 친구들의 말을 듣고, 지붕으로 사용된 사각형의 변의 길이를 구해 보세요.

8 cm

5 cm   5 cm

60° 60°

13 cm

내가 만든 초록색 사각형은 평행사변형이야.

내가 만든 노란색 삼각형은 정삼각형이야.

세 장의 색종이로 만든 지붕 아래 부분은 직사각형이야.

8주/3일 (삼각형과 사각형) 마름모 알아보기 ❶

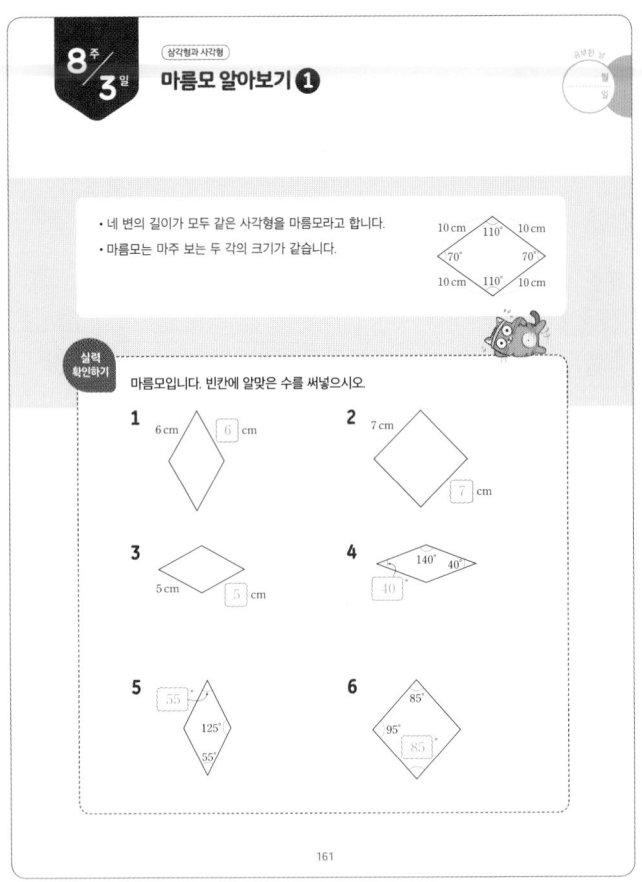

- 네 변의 길이가 모두 같은 사각형을 마름모라고 합니다.
- 마름모는 마주 보는 두 각의 크기가 같습니다.

10 cm 110° 10 cm
70° 70°
10 cm 110° 10 cm

실력 확인하기

마름모입니다. 빈칸에 알맞은 수를 써넣으시오.

1 6 cm / 6 cm

2 7 cm / 7 cm

3 5 cm / 5 cm

4 140° 40° / 40

5 55° 125° 55°

6 85° 95° 85°

161

---

1 마름모입니다. 네 변의 길이의 합은 몇 cm입니까?

9 cm

문제 이해하기 마름모는 네 변의 길이가 모두 같으므로

9 cm / 9 cm / 9 cm / 9 cm

(마름모의 네 변의 길이의 합)=(한 변의 길이)× 4
= 9 × 4 = 36 (cm)

답구하기 36 cm

2 마름모입니다. 네 변의 길이의 합은 몇 cm입니까?

11 cm

문제 이해하기 마름모는 네 변의 길이가 모두 같으므로

11 cm / 11 cm / 11 cm / 11 cm

(마름모의 네 변의 길이의 합)
=(한 변의 길이)× 4
= 11 × 4 = 44 (cm)

답구하기 44 cm

3 네 변의 길이의 합이 60 cm인 마름모입니다. 한 변의 길이는 몇 cm입니까?

문제 이해하기 마름모는 네 변의 길이가 모두 같으므로

(마름모의 한 변의 길이)
=(네 변의 길이의 합)÷4
= 60 ÷ 4 = 15 (cm)

답구하기 15 cm

162

---

4 마름모입니다. ㉠과 ㉡의 각도를 각각 구하시오.

80°

문제 이해하기 ▶ 마름모는 마주 보는 두 각의 크기가 같으므로 ㉠= 80 °이고, ㉡과 마주 보는 나머지 한 각의 크기도 ㉡입니다.

▶ 사각형의 네 각의 크기의 합은 360°이므로
80°+㉡+ 80 +㉡= 360
㉡+㉡= 200 , ㉡= 100

답구하기 ㉠= 80 °, ㉡= 100

5 마름모입니다. ㉠, ㉡, ㉢의 각도를 각각 구하시오.

㉠ 125° ㉡ ㉢

문제 이해하기 ▶ 마름모는 마주 보는 두 각의 크기가 같으므로 ㉠= 125 °, ㉡=㉢

▶ 사각형의 네 각의 크기의 합은 360°이므로
125 +㉡+125°+㉢=360
㉡+㉢= 110
㉡=㉢= 55

답구하기 ㉠= 125 °, ㉡= 55 °
㉢= 55 °

6 사각형 ㄱㄴㄷㄹ은 마름모입니다. ㉠의 각도를 구하시오.

ㄱ ㄹ
75° ㄷ
ㄴ

문제 이해하기 ▶ 마름모에서 이웃한 두 각의 크기의 합은 180°이므로
75°+(각 ㄴㄷㄹ)= 180
(각 ㄴㄷㄹ)= 105

▶ 직선이 이루는 각은 180°이므로
㉠=180°− 105 = 75 °

답구하기 75 °

163

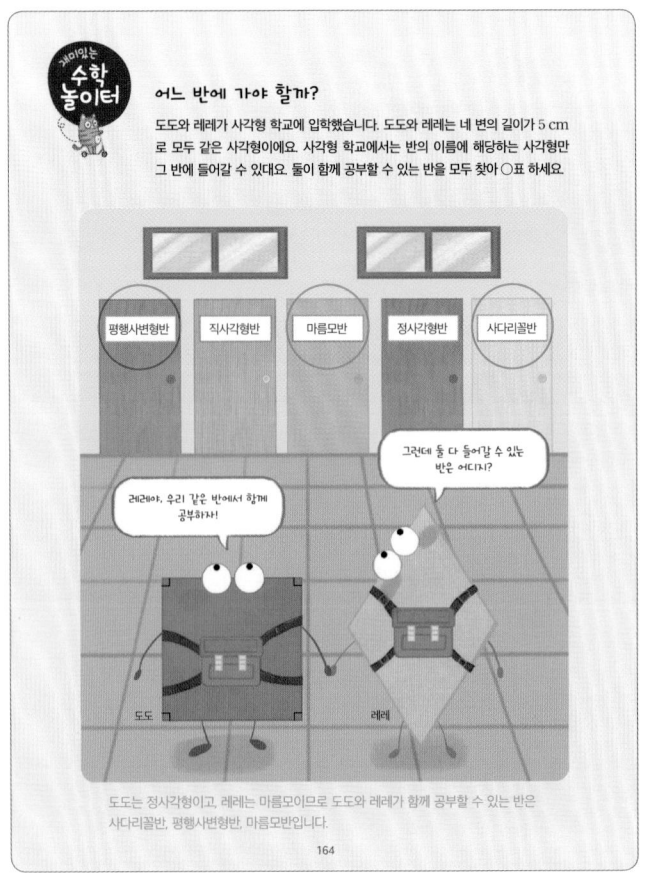

재미있는 **수학놀이터**

어느 반에 가야 할까?

도도와 레레가 사각형 학교에 입학했습니다. 도도와 레레는 네 변의 길이가 5 cm로 모두 같은 사각형이에요. 사각형 학교에서는 반의 이름에 해당하는 사각형만 그 반에 들어갈 수 있대요. 둘이 함께 공부할 수 있는 반을 모두 찾아 ○표 하세요.

평행사변형반 직사각형반 마름모반 정사각형반 사다리꼴반

레레야, 우리 같은 반에서 함께 공부하자!

그런데 둘 다 들어갈 수 있는 반은 어디지?

도도 레레

도도는 정사각형이고, 레레는 마름모이므로 도도와 레레가 함께 공부할 수 있는 반은 사다리꼴반, 평행사변형반, 마름모반입니다.

164

38

8주 4일 삼각형과 사각형

마름모 알아보기 ❷

1 사각형 ㄱㄴㄷㄹ은 마름모입니다. ㉠의 각도를 구하시오.

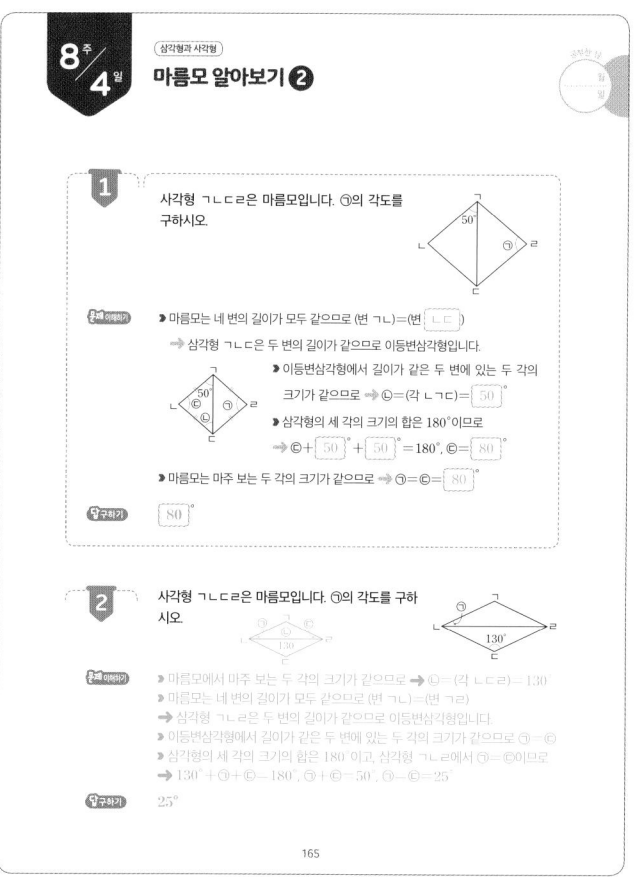

문제 이해하기

▶ 마름모는 네 변의 길이가 모두 같으므로 (변 ㄱㄴ)=(변 ㄴㄷ)
 → 삼각형 ㄱㄴㄷ은 두 변의 길이가 같으므로 이등변삼각형입니다.
  ▶ 이등변삼각형에서 길이가 같은 두 변에 있는 두 각의 크기가 같으므로 → ㉡=(각 ㄴㄷㄱ)= 50°
  ▶ 삼각형의 세 각의 크기의 합은 180°이므로
  → ㉢+ 50° + 50° =180°, ㉢= 80°
▶ 마름모는 마주 보는 두 각의 크기가 같으므로 → ㉠=㉢= 80°

구하기 80°

2 사각형 ㄱㄴㄷㄹ은 마름모입니다. ㉠의 각도를 구하시오.

문제 이해하기

▶ 마름모에서 마주 보는 두 각의 크기가 같으므로 → ㉡=(각 ㄴㄷㄹ)=130
▶ 마름모는 네 변의 길이가 모두 같으므로 (변 ㄱㄴ)=(변 ㄱㄹ)
 → 삼각형 ㄱㄴㄹ은 두 변의 길이가 같으므로 이등변삼각형입니다.
▶ 이등변삼각형에서 길이가 같은 두 변에 있는 두 각의 크기가 같으므로 ㉠=㉢
▶ 삼각형의 세 각의 크기의 합은 180°이고, 삼각형 ㄱㄴㄹ에서 ㉠=㉢이므로
 → 130°+㉠+㉢=180°, ㉠+㉢=50°, ㉠=㉢=25

구하기 25°

165

3 세 변의 길이의 합이 19 cm인 이등변삼각형과 마름모를 겹치지 않게 이어 붙여 사다리꼴을 만들었습니다. 사각형 ㄱㄴㄷㄹㅁ의 네 변의 길이의 합은 몇 cm입니까?

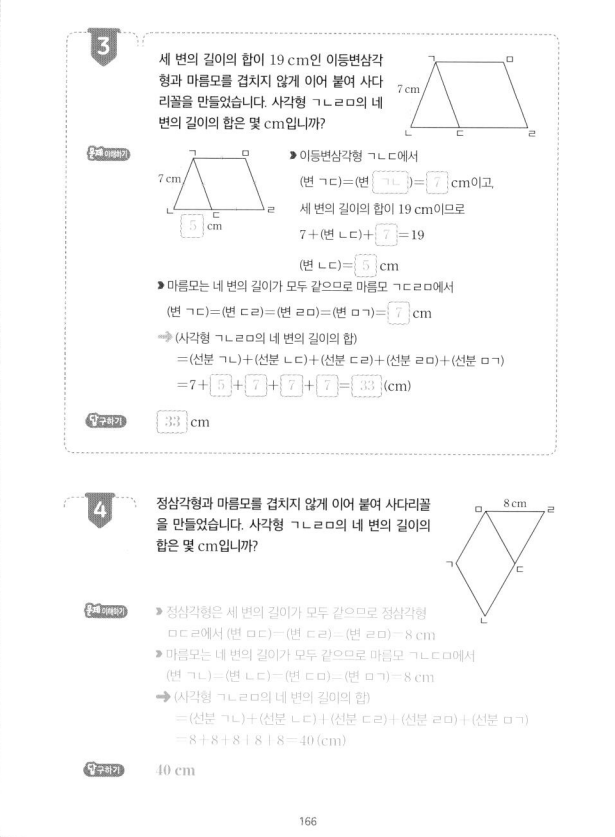

문제 이해하기

▶ 이등변삼각형 ㄱㄴㄷ에서
 (변 ㄱㄷ)=(변 ㄱㄴ)= 7 cm이고,
 세 변의 길이의 합이 19 cm이므로
 7+(변 ㄴㄷ)+ 7 =19
 (변 ㄴㄷ)= 5 cm
▶ 마름모는 네 변의 길이가 모두 같으므로 마름모 ㄱㄷㄹㅁ에서
 (변 ㄱㄷ)=(변 ㄷㄹ)=(변 ㄹㅁ)=(변 ㅁㄱ)= 7 cm
 → (사각형 ㄱㄴㄷㄹㅁ의 네 변의 길이의 합)
 =(선분 ㄱㄴ)+(선분 ㄴㄷ)+(선분 ㄷㄹ)+(선분 ㄹㅁ)+(선분 ㅁㄱ)
 =7+ 5 + 7 + 7 + 7 = 33 (cm)

구하기 33 cm

4 정삼각형과 마름모를 겹치지 않게 이어 붙여 사다리꼴을 만들었습니다. 사각형 ㄱㄴㄷㄹㅁ의 네 변의 길이의 합은 몇 cm입니까?

문제 이해하기

▶ 정삼각형은 세 변의 길이가 모두 같으므로 정삼각형 ㅁㄷㄹ에서 (변 ㅁㄷ)=(변 ㄷㄹ)=(변 ㄹㅁ)=8 cm
▶ 마름모는 네 변의 길이가 모두 같으므로 마름모 ㄱㄴㄷㅁ에서
 (변 ㄱㄴ)=(변 ㄴㄷ)=(변 ㄷㅁ)=(변 ㅁㄱ)=8 cm
 → (사각형 ㄱㄴㄷㄹㅁ의 네 변의 길이의 합)
 =(선분 ㄱㄴ)+(선분 ㄴㄷ)+(선분 ㄷㄹ)+(선분 ㄹㅁ)+(선분 ㅁㄱ)
 =8+8+8+8+8=40(cm)

구하기 40 cm

166

5 사각형 ㄱㄴㄷㄹ은 마름모입니다. ㉠의 각도를 구하시오.

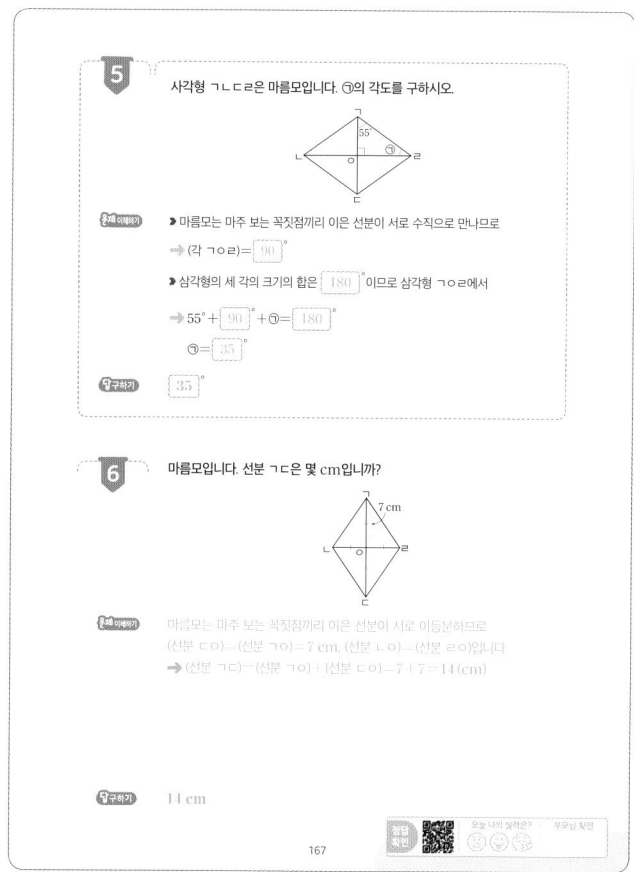

문제 이해하기

▶ 마름모는 마주 보는 꼭짓점끼리 이은 선분이 서로 수직으로 만나므로
 → (각 ㄱㅇㄹ)= 90°
▶ 삼각형의 세 각의 크기의 합은 180° 이므로 삼각형 ㄱㅇㄹ에서
 → 55°+ 90° +㉠= 180°
 ㉠= 35°

구하기 35°

6 마름모입니다. 선분 ㄱㄷ은 몇 cm입니까?

문제 이해하기

마름모는 마주 보는 꼭짓점끼리 이은 선분이 서로 이등분하므로
(선분 ㄷㅇ)=(선분 ㄱㅇ)= 7 cm, (선분 ㄴㅇ)=(선분 ㄹㅇ)입니다.
 → (선분 ㄱㄷ)=(선분 ㄱㅇ)+(선분 ㄷㅇ)=7+7=14 (cm)

구하기 14 cm

167

재미있는 **수학 놀이터**

마름모 퍼즐

네 변의 길이의 합이 20 cm인 파란색 마름모와 노란색 마름모가 모두 여섯 개 겹쳐져 있어요. 겹쳐서 생긴 초록색 도형 역시 마름모이고 아래쪽에 그린 분홍색 도형도 마름모예요. 분홍색 마름모들의 네 변의 길이를 모두 더하면 몇 cm일까요?

네 변의 길이의 합이 20 cm인 마름모의 한 변의 길이: 20÷4=5 (cm)

5 cm 1 cm 2 cm 3 cm 2 cm 1 cm
4 cm 3 cm 3 cm 4 cm
2 cm

크기가 다른 마름모의 각 변의 길이를 알아야 해.

맞아. 그래서 분홍색 마름모들의 네 변의 길이의 합을 모두 더하면 64 cm야!

분홍색 마름모들의 네 변의 길이의 합: 16+12+8+12+16=64 (cm)

168

8주/5일 단원 마무리

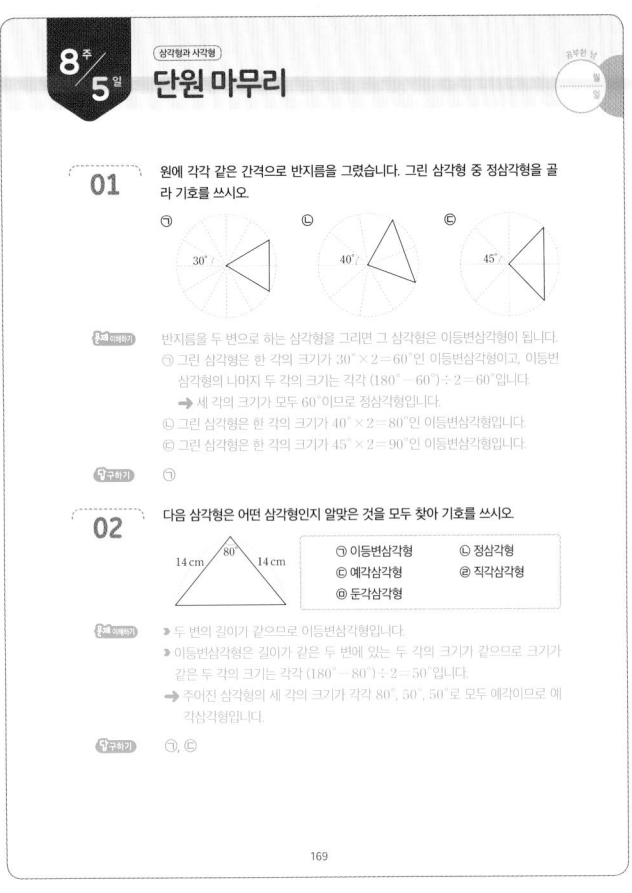

01 원에 각각 같은 간격으로 반지름을 그렸습니다. 그린 삼각형 중 정삼각형을 골라 기호를 쓰시오.

반지름을 두 변으로 하는 삼각형을 그리면 그 삼각형은 이등변삼각형이 됩니다.
㉠ 그린 삼각형은 한 각의 크기가 30°×2=60°인 이등변삼각형이고, 이등변삼각형의 나머지 두 각의 크기는 각각 (180°−60°)÷2=60°입니다.
➡ 세 각의 크기가 모두 60°이므로 정삼각형입니다.
㉡ 그린 삼각형은 한 각의 크기가 40°×2=80°인 이등변삼각형입니다.
㉢ 그린 삼각형은 한 각의 크기가 45°×2=90°인 이등변삼각형입니다.

구하기 ㉠

02 다음 삼각형은 어떤 삼각형인지 알맞은 것을 모두 찾아 기호를 쓰시오.

㉠ 이등변삼각형 ㉡ 정삼각형
㉢ 예각삼각형 ㉣ 직각삼각형
㉤ 둔각삼각형

▶ 두 변의 길이가 같으므로 이등변삼각형입니다.
▶ 이등변삼각형은 길이가 같은 두 변에 있는 두 각의 크기가 같으므로 크기가 같은 두 각은 (180°−80°)÷2=50°입니다.
➡ 주어진 삼각형의 세 각의 크기가 각각 80°, 50°, 50°로 모두 예각이므로 예각삼각형입니다.

구하기 ㉠, ㉢

169

단원 마무리

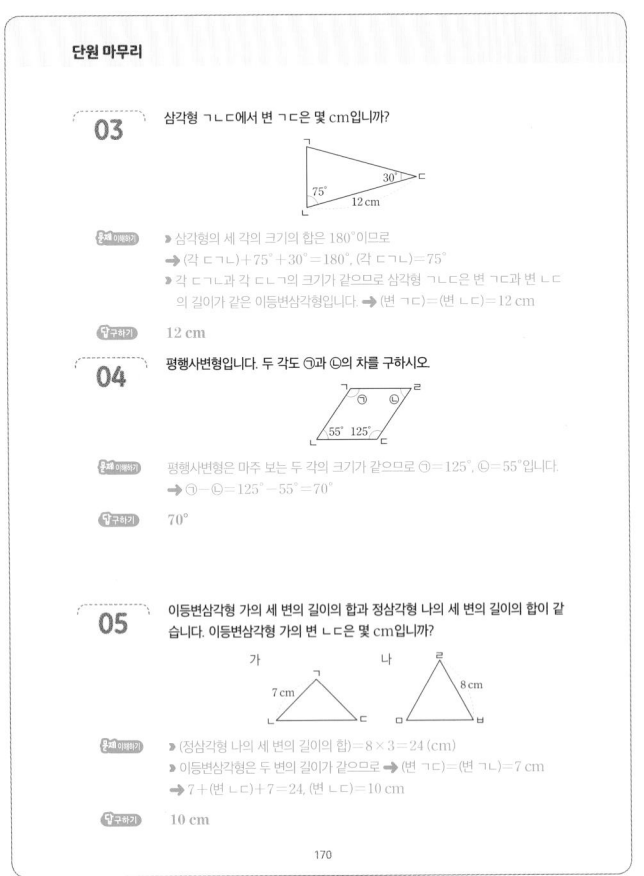

03 삼각형 ㄱㄴㄷ에서 변 ㄱㄷ은 몇 cm입니까?

▶ 삼각형의 세 각의 크기의 합은 180°이므로
➡ (각 ㄷㄱㄴ)+75°+30°=180°, (각 ㄷㄱㄴ)=75°
▶ 각 ㄷㄱㄴ과 각 ㄷㄴㄱ의 크기가 같으므로 삼각형 ㄱㄴㄷ은 변 ㄱㄷ과 변 ㄴㄷ의 길이가 같은 이등변삼각형입니다. ➡ (변 ㄱㄷ)=(변 ㄴㄷ)=12 cm

구하기 12 cm

04 평행사변형입니다. 두 각도 ㉠과 ㉡의 차를 구하시오.

평행사변형은 마주 보는 두 각의 크기가 같으므로 ㉠=125°, ㉡=55°입니다.
➡ ㉠−㉡=125°−55°=70°

구하기 70°

05 이등변삼각형 가의 세 변의 길이의 합과 정삼각형 나의 세 변의 길이의 합이 같습니다. 이등변삼각형 가의 변 ㄴㄷ은 몇 cm입니까?

▶ (정삼각형 나의 세 변의 길이의 합)=8×3=24 (cm)
▶ 이등변삼각형은 두 변의 길이가 같으므로 ➡ (변 ㄱㄷ)=(변 ㄱㄴ)=7 cm
➡ 7+(변 ㄴㄷ)+7=24, (변 ㄴㄷ)=10 cm

구하기 10 cm

170

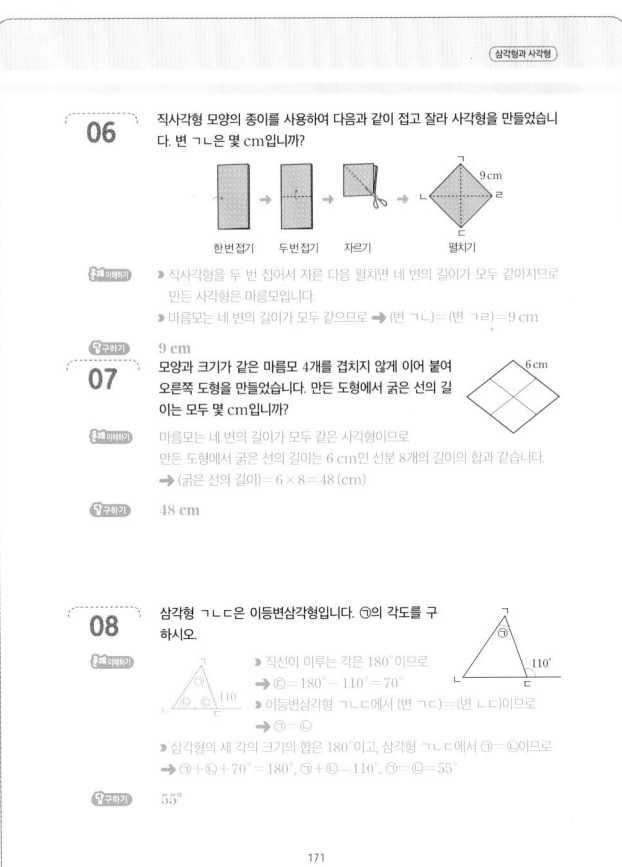

06 직사각형 모양의 종이를 사용하여 다음과 같이 접고 잘라 사각형을 만들었습니다. 변 ㄱㄷ은 몇 cm입니까?

한번접기 두번접기 자르기 펼치기

▶ 직사각형을 두 번 접어서 자른 다음 펼치면 네 변의 길이가 모두 같아지므로 만든 사각형은 마름모입니다.
▶ 마름모는 네 변의 길이가 모두 같으므로 ➡ (변 ㄱㄷ)=(변 ㄱㄹ)=9 cm

구하기 9 cm

07 모양과 크기가 같은 마름모 4개를 겹치지 않게 이어 붙여 오른쪽 도형을 만들었습니다. 만든 도형에서 굵은 선의 길이는 모두 몇 cm입니까?

마름모는 네 변의 길이가 모두 같은 사각형이므로
만든 도형에서 굵은 선의 길이는 6 cm인 선분 8개의 길이의 합과 같습니다.
➡ (굵은 선의 길이)=6×8=48 (cm)

구하기 48 cm

08 삼각형 ㄱㄴㄷ은 이등변삼각형입니다. ㉠의 각도를 구하시오.

▶ 직선이 이루는 각은 180°이므로
➡ ㉡=180°−110°=70°
▶ 이등변삼각형 ㄱㄴㄷ에서 (변 ㄱㄷ)=(변 ㄴㄷ)이므로
➡ ㉠=㉡
▶ 삼각형의 세 각의 크기의 합은 180°이고, 삼각형 ㄱㄴㄷ에서 ㉠=㉡이므로
➡ ㉠+㉡+70°=180°, ㉠+㉡=110°, ㉠=㉡=55°

구하기 55°

171

단원 마무리

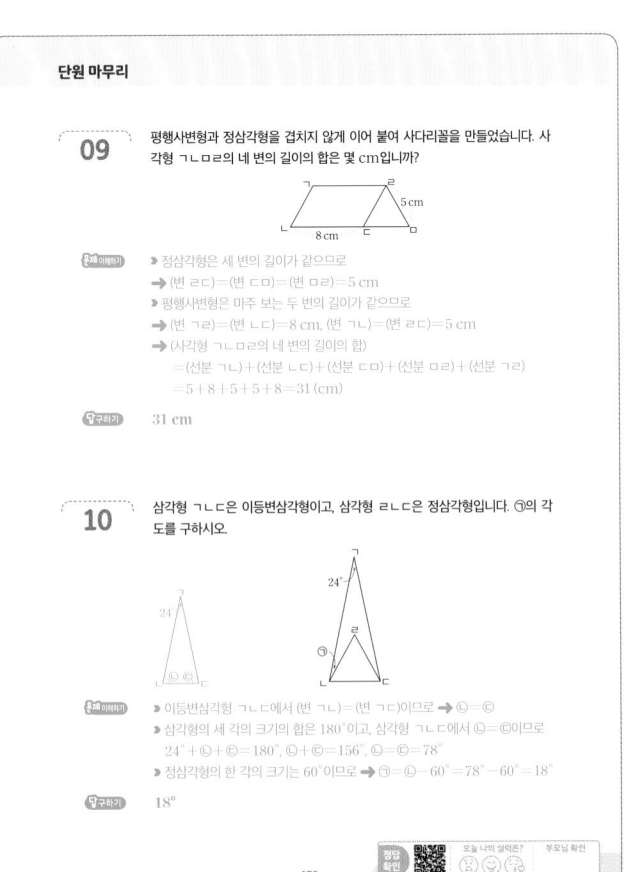

09 평행사변형과 정삼각형을 겹치지 않게 이어 붙여 사다리꼴을 만들었습니다. 사각형 ㄱㄴㅁㄹ의 네 변의 길이의 합은 몇 cm입니까?

▶ 정삼각형은 세 변의 길이가 같으므로
➡ (변 ㄹㄷ)=(변 ㄷㅁ)=(변 ㅁㄹ)=5 cm
▶ 평행사변형은 마주 보는 두 변의 길이가 같으므로
➡ (변 ㄱㄹ)=(변 ㄴㄷ)=8 cm, (변 ㄱㄴ)=(변 ㄹㄷ)=5 cm
➡ (사각형 ㄱㄴㅁㄹ의 네 변의 길이의 합)
=(선분 ㄱㄴ)+(선분 ㄴㅁ)+(선분 ㅁㄹ)+(선분 ㄹㄱ)
=5+8+5+5+8=31 (cm)

구하기 31 cm

10 삼각형 ㄱㄴㄷ은 이등변삼각형이고, 삼각형 ㄹㄷㄷ은 정삼각형입니다. ㉠의 각도를 구하시오.

▶ 이등변삼각형 ㄱㄴㄷ에서 (변 ㄱㄴ)=(변 ㄱㄷ)이므로 ➡ ㉡=㉢
▶ 삼각형의 세 각의 크기의 합은 180°이고, 삼각형 ㄱㄴㄷ에서 ㉡=㉢이므로
24°+㉡+㉢=180°, ㉡+㉢=156°, ㉡=㉢=78°
▶ 정삼각형의 한 각의 크기는 60°이므로 ➡ ㉠=㉡−60°=78°−60°=18°

구하기 18°

172

40